高职高专"十三五"规划教材

工程地质学

主　编　刘　伟　尹　琼
副主编　胡丽梅　程　涌

北　京
冶　金　工　业　出　版　社
2021

内 容 提 要

本书作为工程地质专业基础性的学科教材，系统介绍了工程地质的基础知识，并从不同工程地质问题出发，阐述了常用的工程地质调查方法及评价方法。此外，由于本书主要面对高职高专院校，故特别结合该类院校学生特点，在理论介绍方面做到简单明了，主要侧重于其实际应用。

本书可作为工程地质专业高职高专学生的教材以及相关行业的职业培训、在职员工自学教材，也可供工程地质技术人员以及设计人员参考。

图书在版编目(CIP)数据

工程地质学/刘伟，尹琼主编. —北京：冶金工业出版社，2017.2（2021.3 重印）

高职高专“十三五”规划教材

ISBN 978-7-5024-7272-6

Ⅰ.①工…　Ⅱ.①刘…　②尹…　Ⅲ.①工程地质—高等职业教育—教材　Ⅳ.①P642

中国版本图书馆 CIP 数据核字（2017）第 029033 号

出 版 人　苏长永

地　　址　北京市东城区嵩祝院北巷 39 号　邮编　100009　电话　(010)64027926

网　　址　www.cnmip.com.cn　电子信箱　yjcbs@cnmip.com.cn

责任编辑　杨盈园　美术编辑　彭子赫　版式设计　葛新霞

责任校对　禹　蕊　责任印制　李玉山

ISBN 978-7-5024-7272-6

冶金工业出版社出版发行；各地新华书店经销；北京虎彩文化传播有限公司印刷

2017 年 2 月第 1 版，2021 年 3 月第 3 次印刷

787mm×1092mm　1/16；13.25 印张；318 千字；202 页

30.00 元

冶金工业出版社　投稿电话　(010)64027932　投稿信箱　tougao@cnmip.com.cn

冶金工业出版社营销中心　电话　(010)64044283　传真　(010)64027893

冶金工业出版社天猫旗舰店　yjgycbs.tmall.com

（本书如有印装质量问题，本社营销中心负责退换）

前 言

人类工程建设日新月异，无论从高度、深度、广度上均在不断突破，由此对地质环境的影响也越来越严重，衍生出的工程地质问题对人类生产生活的影响越来越深刻，并在规模上不断增大，性质和机理也在发生新的变化，如何调查并防治该类工程地质问题已迫在眉睫。

工程地质学是工程学和地质学的交叉学科，涉及工程和地质两个方面。工程方面依据工程地质问题的易发性等分为地下工程、地基工程、边坡工程等常见工程类型；地质方面依据地质动力类型分为地壳运动、风化作用、河流侵淤作用、地下水作用、岩溶作用、人类活动等。本书上篇主要对地质基础进行介绍，下篇针对各个工程类型进行相关工程地质问题及调查方法、防治方法进行描述。在整体上本书力求兼顾实用性和系统性并举。

本书由昆明冶金高等专科学校矿业学院工程地质专业刘伟老师和尹琼老师担任主编，其余参编人员涉及湖北国土资源职业学院、江西应用技术职业学院等多个单位。其中，刘伟老师负责编写第 1 章、第 2 章、第 3 章、第 9 章、第 11 章、第 12 章、第 13 章并进行全书统稿；尹琼老师负责编写第 4 章、第 5 章、第 8 章；湖北国土资源职业学院胡丽梅老师负责编写第 6 章、第 10 章；昆明冶金高等专科学校程涌老师负责编写第 16 章；昆明冶金高等专科学校卢萍老师负责编写第 14 章；昆明冶金高等专科学校聂琪老师负责编写第 15 章；江西应用技术职业学院张晟老师负责编写第 7 章。

在本书编写过程中，编者参考了一些相关书籍和文献资料；昆明冶金高等专科学校王雅丽教授审阅了本书，并提出了许多宝贵的指导性建议；本书还得到了王育军教授和况世华教授的大力帮助，在此一并表示衷心的感谢。

由于作者水平所限，书中难免有不妥之处，诚恳地欢迎读者批评指正。

编者

2016 年 1 月

目　录

上篇　基 础 知 识

下篇　实践应用

上篇

基础知识

1 绪 论

【学习目标】

通过本章的学习，要求理解工程地质学的含义，了解该学科在实际情况中的应用，并就如何学习工程地质学有初步的认识。

1.1 工程地质学的含义

工程地质学是人类工程和地质学的交叉学科，主要研究人类工程和地质环境的相互影响，并能够针对负面影响提出有效的防治措施；主要目的在于保障人类工程的顺利建设及后续正常使用，同时对地质环境进行合理的保护。换言之，这也是研究人与自然如何相互适应并和谐共处的学科。

1.2 工程地质学的应用

工程地质学应用广泛，但目前主要应用于人类工程建设方面，人类工程可分为地上工程（房屋、水坝、道路、桥梁等）及地下工程（隧道、地下硐室等）。这些工程在建设之前，按其工程重要性及对环境的影响程度等，均需进行工程地质研究。如工程场地的整体稳定性如何，是否能适应该类工程，设计地基的承载力是否满足工程需要等。通俗来讲，就是通过工程地质研究，搞清楚所设计工程是否与所处地质环境相适应，并评估工程建设过程中及后续使用中对地质环境的影响，提出防治措施。

1.3 工程地质学的学习方法

由前述可知，工程地质学主要涉及工程和地质两个方面，该学科的学习关键在于不断充实基础性的工程知识和地质知识，而这两类知识均有着强烈的实践性，因此，实践是该学科最为重要的学习方法。

具体而言，在学校阶段，应主要侧重基础知识的积累和工程地质理念的建立。首先，多进行基础性的实验，增强对基础知识的实践体验；其次，应对实际的工程建设过程和已有工程进行初步的了解；再次，有意识地观察和思考工程与地质环境的相互关系；最后，培养科学的工程地质理念。

1.4 本章小结

工程地质学主要研究人类工程和地质环境的相互影响，并能够针对负面影响提出有效的防治措施，广泛应用于人类工程建设方面，实践是该学科最为重要的学习方法。

1.5 习题

1-1 一栋建筑，在自然状态下，其楼层高度是否会有变化？

2　岩土体的基本工程地质性质

【学习目标】

掌握常见土体和岩体的基本工程地质性质，学会对土体和岩体的基本野外鉴定方法并能够做出初步的工程分类。

2.1　土体工程地质性质

2.1.1　土的形成

我们生活当中理解的土如图 2-1 所示，而在工程地质学中土的定义则广泛得多：土是由地壳外壳坚硬的岩石在风化等其他地质作用下形成的在原地残留物或经过各种不同类型的动力搬运后，在各种自然环境中重新堆积而成的堆积物，图 2-2 所示均可称为“土”。

图 2-1　生活中理解的土

土的形成过程中最为关键的即是风化和搬运。

风化可分为物理风化、化学风化及生物风化。物理风化指该类风化仅改变岩石

图 2-2　人们不理解的“土”

的物理性质和状态，如岩石受自然界风、雨等影响发生破碎现象，或是受冷热交替、湿度变化，岩石不均匀膨胀产生破碎等；化学风化指岩石与周围环境介质（空气、水等）产生化学反应，导致其化学成分乃至矿物成分发生改变，由此产生的新矿物称为次生矿物；生物风化则指动植物及人类活动对岩石的破坏作用。在现实当中，很多风化现象并不是单一的，而是多种风化作用共同作用的结果。比如在岩石缝隙中生长的植物，它的根茎不断增大，会对岩石造成破坏，这种风化到底是生物风化还是机械风化呢？

搬运则主要有风、水、重力等自然力搬运及生物搬运等。

2.1.2 土的物质组成

土的物质成分主要由作为主骨架材料的土颗粒，以及充填于颗粒之间的水（水溶液）、空气三部分组成，因此土是由固相、液相、气相组成的三相体系（见图 2-3）。

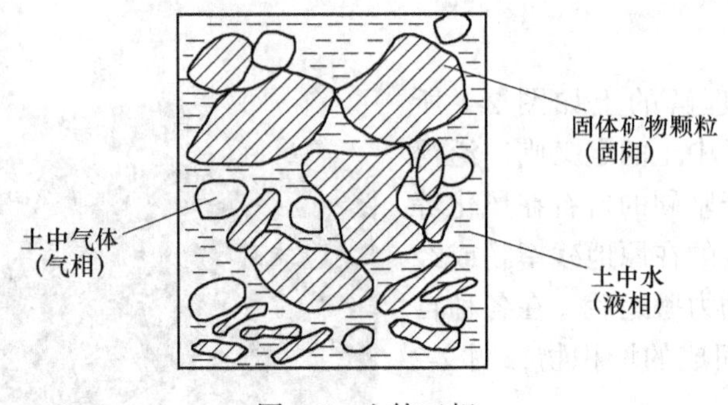

图 2-3 土的三相

2.1.2.1 土颗粒

土颗粒为土的最主要部分，它构成土的主体骨架，其矿物成分主要有原生矿物、次生矿物、可溶盐、有机质四大类。

（1）原生矿物。指在母岩风化过程中，因其物理化学性质稳定（即不易风化）而保留下来的矿物。常见原生矿物主要有石英、长石、角闪石、云母等。

（2）次生矿物。指在母岩风化过程中形成的新矿物。主要有黏土矿物、次生 SiO_2（胶态、准胶态 SiO_2）、倍半氧化物（Al_2O_3 和 Fe_2O_3）等。其中最常见、对土工程性质影响最大的是黏土矿物。

黏土矿物为含水铝硅酸盐，主要有高岭石、伊利石、水云母及蒙脱石等，如图 2-4~图 2-6 所示。

图 2-4 高岭石

图 2-5 伊利石

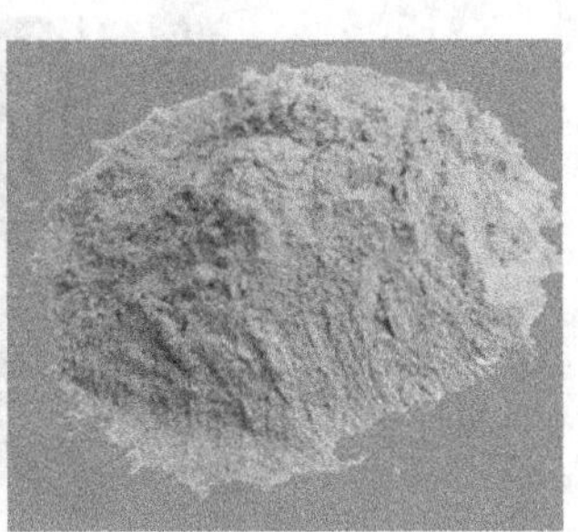

图 2-6 蒙脱石

（3）可溶盐。常见可溶盐有 NaCl、$CaSO_4$、$CaCO_4$等，它既可以以夹层、透镜体、网脉状等独立形式存在于土中，又可构成土颗粒间的胶结物。

（4）有机质。包括各种动植物的残体、微生物体及其会分解和合成的各种有机质。尽管土壤有机质的含量只占土壤总量的很小一部分，但它对土壤形成、土壤肥力等尤其是工程性质方面有着重要的影响。

2.1.2.2 土中水

土中水可分为矿物内部结合水、结合水和自由水三类。

（1）矿物内部结合水。存在于矿物结晶格架内部或参与矿物晶格构成的水称为矿物内部结合水，它已成为矿物颗粒的一部分，对土的工程性质几乎无影响。

（2）结合水。指吸附于土颗粒表面，受其分子引力、静电引力影响的水。按影响大小及与土颗粒表面的靠近程度可划分为强结合水和弱结合水。强结合水紧紧吸附于土颗粒表面，不易移动；弱结合水则在强结合水外围形成，在受到其他作用力时，可有一定的移动范围，类似糖葫芦表面那层液态糖浆。

（3）自由水。为土颗粒间隙内受重力控制的水，按其存在特点可分为毛细水和重力水两类。

毛细水主要存在于直径为 0.002~0.5mm 的毛细孔隙中；重力水是存在于较粗大孔隙中，可自由活动。

2.1.2.3 土中气体

土中孔隙未被水充填的部分会被气体充实，主要成分为空气、水蒸气及其他特殊气体等。按其存在特点可分为封闭气体和游离气体。

（1）封闭气体。存在于呈封闭状态的土孔隙中，与大气隔绝。

（2）游离气体。游离气体常存在于近地表土层中（包气带），与大气相通。

2.1.3 土的结构和构造

2.1.3.1 土的结构

土的结构指土的固体颗粒及其孔隙间的几何排列和联结方式，一般有单粒结构和团聚结构两大类。

（1）单粒结构（见图 2-7）。亦称散体结构，指颗粒直接接触和支撑、固体颗粒无连接或仅在潮湿时有微弱的毛细力连结的结构形式。当土颗粒较为粗大时，可以靠自身重力沉积下来，形成该类结构，如碎石土、砂土等。

（2）团聚结构。也称为集合体结构或絮凝结构，指细小的土颗粒，在沉积过程中，粒间引力大于重力，使其难以以单个颗粒沉积，需要聚合为集合体后才能沉积。由土颗粒团聚体形成的疏松多孔的结构称为团聚结构，常见的有蜂窝状结构和絮状结构两类，如图 2-8、图 2-9 所示。

2.1.3.2 土的构造

土的构造是指土体宏观上的构成形态，常见土的构造类型有：

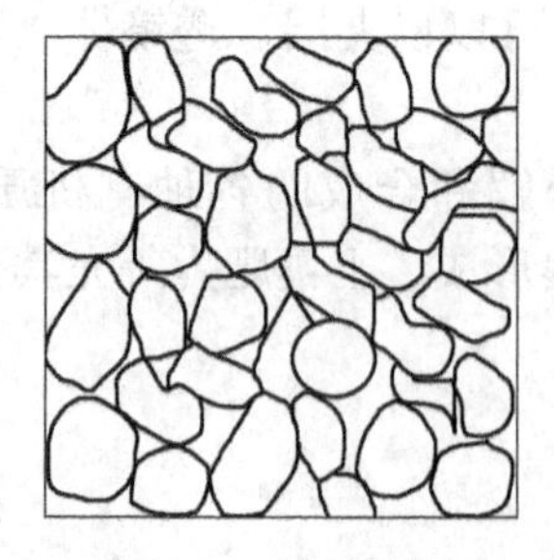

图 2-7　单粒结构

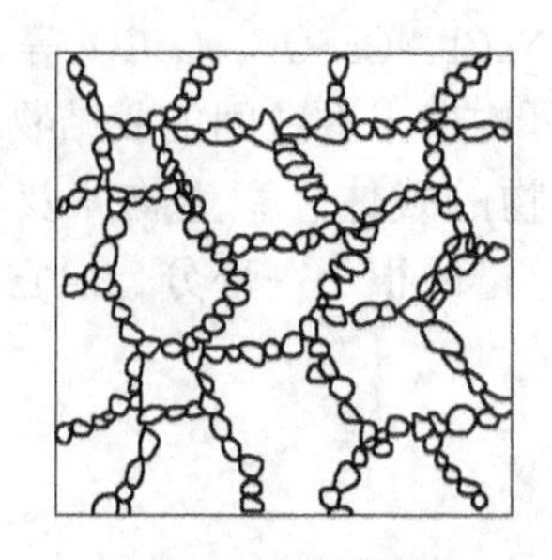

图 2-8　蜂窝状结构

图 2-9　絮状结构

(1) 层状构造。主体由成分相同或相近的土粒组成基本的土层和层理，再由土层单元构成复合土层，如图 2-10 所示。

(2) 分散构造。均匀分布的土颗粒组成的构造，如单一砂层等。

(3) 裂隙状构造。由形态各异、大小不等的土块和切割土块的裂隙共同组成的构造，如干裂的土等。

此外还有结核状构造、粗石状构造、透镜体构造等，这里不一一赘述。

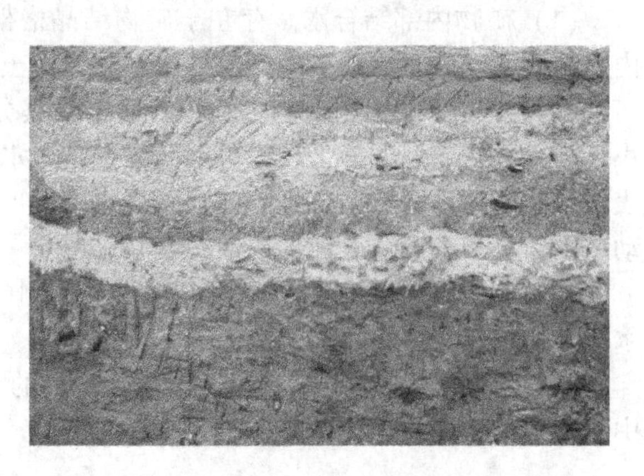

图 2-10　土的层状构造

2.1.4　土的常见物理性质指标

2.1.4.1　密度和重度

单位体积土的质量或重量称为密度或重度，依据土的不同状态可分为天然密度（重度）、干密度（重度）、饱和密度（重度）、浮密度（重度）等。

(1) 天然密度（重度）。单位体积天然土的质量（重量）称为天然密度（重度）。

(2) 干密度（重度）。单位体积土中固体颗粒部分的质量（重量）称为干密度（重度）。这里特别指出，该体积为土的总体积而非固体颗粒部分的体积。

(3) 饱和密度。在饱和状态下（即土孔隙里充满水），单位体积土的质量（重量）称为饱和密度（重度）。

(4) 浮密度（重度）。当土浸入水中时，受到水的浮力，该时土呈饱和状态，故此，土的饱和密度（重度）减去水的密度（重度），称为浮密度（重度）。

2.1.4.2　土的含水量

土中水的质量和固体土颗粒质量之比称为含水量。

2.1.4.3　孔隙性指标

(1) 孔隙比。土中孔隙体积与固体土颗粒体积之比称为孔隙比。

(2) 孔隙率。土中孔隙体积与土的总体积之比称为孔隙率。

2.1.5 土的物理状态指标

土的常用物理状态指标有密实度和稠度。

2.1.5.1 密实度

密实度用以表征土体的密实程度，一般在野外可粗略将土定性分为密实、中密、稍密、松散等几个不同密实等级。此外，通过室内实验等方法定量地表征土的密实性，如孔隙比、干密度、标贯锤击数均可间接表征土的密实程度。

（1）孔隙比。土在极端密实状态下，其孔隙比最小；极端松散状态下，孔隙比最大，孔隙比最小值和最大值形成该土的孔隙比变化区间。因此，可以依据目前土的实际孔隙比在该区间的相对位置来判断土的密实程度。

（2）干密度。当土处于极端密实情况下，其土的干密度为最大值，可以依据土的实际干密度和最大干密度的比值来判断该土的密实程度。

（3）标贯锤击数。后续将详细表述标贯指标准贯入实验。如同钉子钉入木材，木材越密实越难钉入，木材越疏松越易钉入；同理，土越松软贯入器越易贯入，土越密实贯入器越难贯入。因此，可以依据贯入器贯入土中一定深度所需要的锤击数来判断该土的密实程度。

2.1.5.2 稠度

稠度指土的软硬程度，主要针对细粒土而言。它与含水量关系密切，含水量越高土越软，越低土越硬。在实际中，土的含水量存在三个界点，这三个界点分别称为缩限、塑限和液限，其将土的含水量划分为四个区间，这四个区间对应土的固体状体、半固体状态、可塑状态、流塑状态，土含水量位于哪个区间，该土即呈现对应的状态（见图 2-11）。

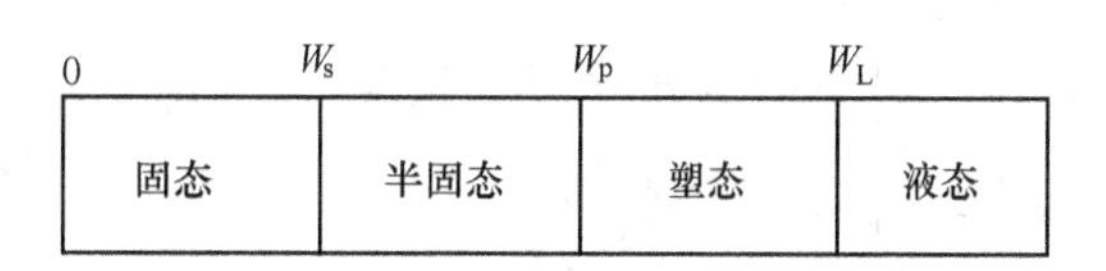

图 2-11 含水量的 3 个界点及 4 个区间

W_s—缩限；W_p—塑限；W_L—液限

依据土的液限和塑限，可得到两个表征该土可塑性的指标：液性指数和塑性指数。

（1）塑性指数。即液限和塑限的差值。

（2）液性指数。目前土的实际含水量与该土塑性指数的比值。

依据液性指数可判断该土目前的软硬程度，见表 2-1。

表 2-1 液性指数判断土目前的软硬程度

状态	坚硬	硬塑	可塑	软塑	流塑
液性指数	$I_L<0$	$0<I_L\leqslant 0.25$	$0.25<I_L\leqslant 0.75$	$0.75<I_L\leqslant 1$	$I_L>1.0$

2.1.6 土体的力学性质

2.1.6.1 土的压缩性

土在压力作用下体积缩小的特性称为土的压缩性。主要涉及的压缩性指标有压缩系数、压缩模量等。

（1）压缩系数。土在不同压力下，其孔隙比值不同，由此通过压缩试验可以得到压力（p）和孔隙比（e）的关系曲线图，即 e-p 曲线图，不同土的 e-p 曲线形状不同，该曲线上任意点的切线斜率（或任意两点割线的斜率）称为该土在相应压力下的压缩系数，如图 2-12 所示。这里特别指出，土在不同压力下其压缩系数不同。

（2）压缩模量。土的压缩模量指土在完全侧限条件下的竖向附加应力与相应的应变增量的比值。侧限条件指土样受力后侧向受到限制，不产生应变。竖向附加应力指土体除去本身自重应力受到的外力作用。

2.1.6.2　土的抗剪强度

土的抗剪强度指土体抵抗剪力保持自身不被破坏时所能承受的最大应力。理论上，土体的抗剪强度与其正应力有着正比关系，如图 2-13 所示。主要涉及两个指标：内摩擦角和内聚力。

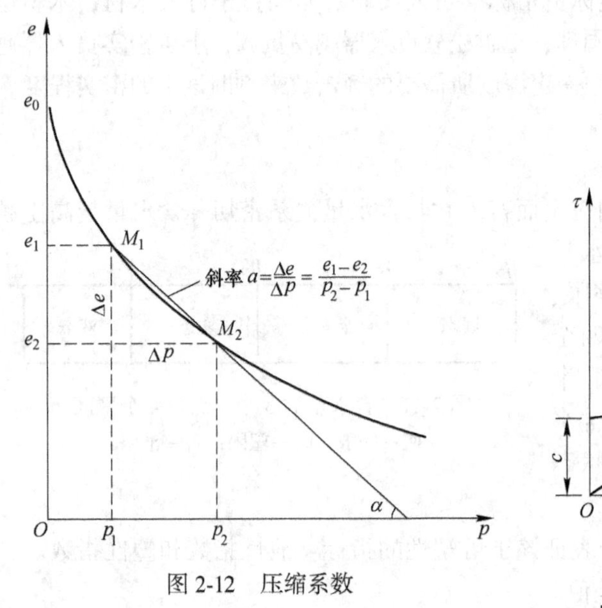

图 2-12　压缩系数

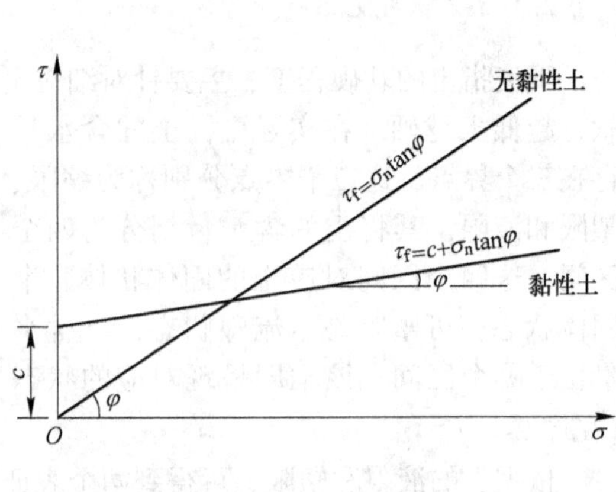

图 2-13　土的抗剪强度

τ_f—抗剪强度；σ_n—正应力；φ—内摩擦角；c—内聚力

（1）内摩擦角。土的内摩擦角反映了土的摩擦特性，一般认为包含两个部分：土颗粒的表面摩擦力，颗粒间的嵌入和联锁作用产生的咬合力。

（2）内聚力。内聚力仅对细粒土而言，指土颗粒之间的胶结作用和静电引力产生的作用力。

2.1.7　土体的工程性质

2.1.7.1　土的粒度成分

土颗粒的粒径大小直接影响土体的工程性质，而现实当中，某一土样的土颗粒都是有大有小，其粒径分布于某一范围，如何从整体上来表征该土的粒径呢？人们引入了土的又一重要指标：粒度成分。

土颗粒的直径大小称为粒径或粒度，可以把某个粒度范围内的土颗粒划分为某一粒组，如同把班上身高为1.5~1.6m的同学编为一组，并由此把同学们编成几个组一样。土的粒度成分指不同大小的土颗粒的相对含量，亦称为颗粒级配，它以各粒组颗粒的重量占该土颗粒总重量的百分数来表示。它是决定土的工程性质的主要内在因素之一，因而也是划分土类的主要依据。

为更加直观地表明土的粒度成分，可以绘制颗粒级配曲线图，如图2-14所示。

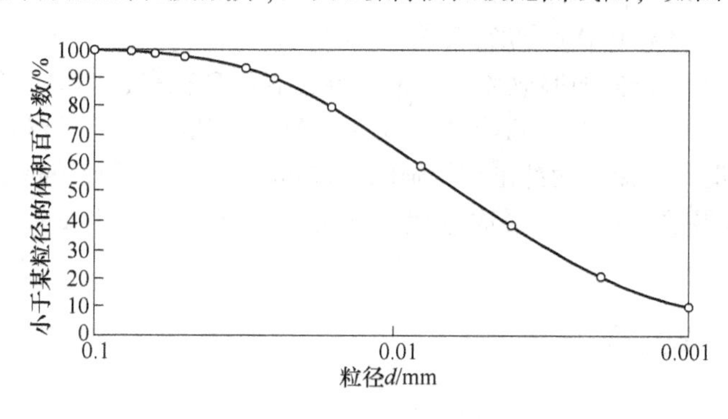

图2-14 颗粒级配曲线图

曲线越陡，表示粒径大小相差不大，土颗粒较均匀；反之，则表示土颗粒大小悬殊，土粒不均匀，即级配良好。

为定量描述土中颗粒的均匀程度，引入不均匀系数和曲率系数两个指标。

（1）不均匀系数。按相关规范，将土颗粒级配曲线上与小于某粒径的土粒重量累计百分数10%相对应的粒径定义为有效粒径，记为d_{10}；与累计百分数60%相对应的粒径则定义为限制粒径，记为d_{60}，并将d_{60}与d_{10}的比值定义为不均匀系数C_u。

（2）曲率系数。定义d_{30}^2与$d_{60}\times d_{10}$的比值为曲率系数，记为C_c，d_{30}和d_{60}、d_{10}的意义相同。

C_u大于等于5、C_c在1~3的土为级配良好土，其余为不良级配土。

2.1.7.2 无黏性土的工程性质

土颗粒大小对土的工程性质影响非常大，最为直接的表现为土的黏性。一般而言，颗粒越细，黏性越强；颗粒增大，黏性减弱，乃至忽略不计。按相关规范，若土中粒径大于0.075mm的土颗粒质量超过总质量的50%，则定义为无黏性土（包括碎石土和砂土）。

无黏性土的黏性极弱乃至于无，可忽略不计，通常有以下特征：

（1）颗粒粗大，且多为物理风化生成的肉眼可见原生矿物颗粒或更大的岩石碎屑。

（2）颗粒间无连接或无黏性，一般呈松散状态。

（3）具有单粒结构。

（4）压缩性和抗剪强度等力学性质与土的粒度成分及密实度关系密切，越是紧密的土，其强度越大，结构越稳定，压缩性越小。

（5）抗剪强度指标中仅有内摩擦角，没有黏聚力，即黏聚力为零。

（6）压缩过程迅速。

2.1.7.3 无黏性土工程特征的影响因素

（1）土的颗粒组成。组成土的颗粒越粗，土孔隙比越小，越密实；反之，颗粒越细，土孔隙比越大，越疏松。

组成颗粒越均匀，即土的不均匀系数越大，土粒之间越不易相互充填，孔隙比越大，密实度越小。

（2）土的矿物成分。主要由云母等片状矿物组成的无黏性土的孔隙比，要远大于主要由石英、长石等柱状和粒状矿物组成者。

（3）土的颗粒表面特征和形成环境。土的颗粒表面越粗糙，内摩擦角越大，土的强度越高。而土颗粒表面的粗糙程度与其形成环境关系密切，如洪积物、坡积物等往往因搬运路程较短，颗粒表面磨圆性差，而冲击物等则因颗粒间摩擦充分，颗粒的磨圆程度较高。

（4）土的形成及受荷历史。形成年代老或形成后受到过较大载荷作用的土，其密实度高，工程性质好。

2.2 岩体工程地质性质

2.2.1 岩石概念

岩石是各种矿物的集合体，是没有显著软弱结构面的石质材料，是各种地质作用的产物，是构成地壳的物质基础。

岩石和土都是矿物的集合体，是自然界地质作用的产物，并在地质作用下相互转化。土在一定温度和压力下，经过压密、脱水、胶结及重结晶等成岩作用形成岩石。岩石经风化又可转化为土。岩石和土之间既有共性，又有明显不同。一般来说，岩石的力学性质等要比土好，也有些岩石与土难以区别，如固结程度差的黏土岩、泥灰岩等，颗粒间的连接弱，工程性质与土类似，可作为土和岩石的过渡类型。

岩石在成因上可分为三大类，即岩浆岩、变质岩、沉积岩，如图2-15~图2-17所示。

图2-15 岩浆岩

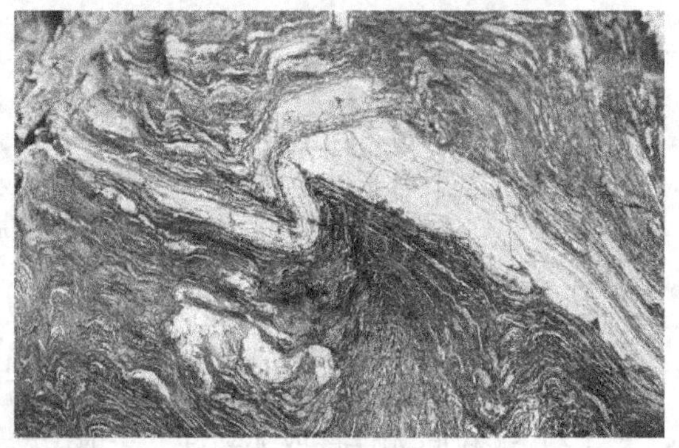

图2-16 变质岩

2.2.2 岩石的结构和构造

（1）岩石的结构。结构是一种相对微观特征，指岩石中矿物的结晶程度、颗粒大小和形状以及彼此间的组合方式，这主要取决于地质作用进行的环境。同一类岩石因生成环境不同其结构也不同。常见有等粒结构、板状结构、碎屑结构（见图 2-18）、变晶结构（见图 2-19）等。

图 2-17　沉积岩

图 2-18　碎屑结构

（2）岩石的构造。构造是一种相对宏观特征，指岩石中矿物集合体之间或矿物集合体与岩石其他组成部分之间的排列方式以及充填方式。常见有块状构造（常见于岩浆岩）、片理状构造（常见于变质岩）（见图 2-20）、层状构造（常见于沉积岩）等。

图 2-19　变晶结构

图 2-20　片理构造

2.2.3　岩石的物理性质

岩石的密度、重度、空隙性等与前述土的相关性质类似，不予赘述，仅对岩石的透水性、软化性、碎胀性等作出简单阐述。

2.2.3.1　透水性

岩石能被水透过的性质称为岩石的透水性，常用渗透系数表示，它的大小取决于空隙的数量、大小、方向和联通情况。

2.2.3.2　软化性

岩石遇水之后其强度往往会降低，将岩石浸水后其强度降低的性质称为岩石软化性。岩石软化性取决于它的矿物组成及空隙性。当岩石中含有较多的亲水矿物以及大开空隙较多时，其软化性较强。

具体表征岩石软化性的指标是软化系数，为岩石饱和状态下的抗压强度和干抗压强度的比值。

2.2.3.3　碎胀性

岩石的碎胀性指岩石破碎后体积增大的性质，通常用碎胀系数表征，即岩石破碎后的体积和破碎前体积的比值。

2.2.4　岩石的力学性质

岩石在外力作用下，内部质点相对位置发生改变，引起岩石变形。岩石变形可分为弹性变形和塑性变形两种。弹性变形指物体受外力作用发生变形，外力解除则变形恢复，为可逆变形；塑性变形指物体受外力作用发生变形，外力解除，变形不能恢复，为不可逆变形，亦称为永久变形。

2.2.4.1　单向受压条件下的岩石变形

在单向压力下，典型的应力-应变曲线可反映岩石样品受力变形破坏的全过程。由该曲线可将岩石的变形过程划分为 6 个阶段，如图 2-21 所示：

（1）*O-A* 段，微裂隙及孔隙闭合阶段；

（2）*A-B* 段，可恢复弹性变形阶段；

（3）*B-C* 段，部分弹性变形至微裂隙扩展阶段；

（4）*C-D* 段，非稳定裂隙扩展至岩石结构破坏阶段；

（5）*D-G* 段，微裂隙聚结与扩展阶段；

（6）*G-E* 段，沿破断面滑移阶段。

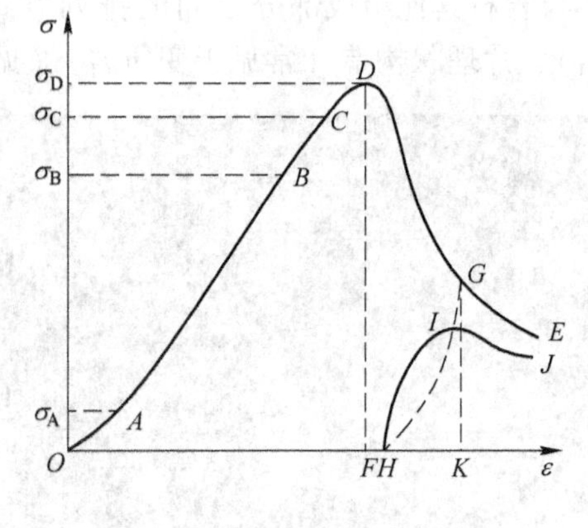

图 2-21　岩石应力-应变曲线

2.2.4.2　变形参数

岩石的变形特征可用变形模量和泊松比两个基本参数表示。

（1）变形模量。指岩石在单向受压时轴向应力与轴向应变之比。需要特别指出的是，应力类似压强，指单位面积所受之力；应变仅指变形量与原始量的比值，而非实际变形量。

（2）泊松比。指岩石在单向受压时横向应变与轴向应变之比。实际工作中常采用抗压强度的 50%的应变点的横向应变与轴向应变来计算泊松比。

2.2.4.3　岩石的强度性质

岩石抵抗物理破坏的能力称为岩石强度，根据力的作用方式不同，可分为抗压强度、抗剪强度、抗拉强度三类。

（1）单轴抗压强度。指岩石单向受压时能够承受的最大压应力。

（2）抗拉强度。岩石单向受拉时能承受的最大拉应力。

（3）抗剪强度。岩石受到剪力作用时抵抗剪切破坏的最大剪应力。与土类似，也由内摩擦角和内聚力两部分组成。

2.2.5 岩体的概念及其工程性质

通俗而言，岩体=岩石+结构面。岩体是地质历史的产物，长期地质作用在岩体内形成了各种不同的地质界面，包括物质分界面和构造面，如层理、层面、节理、片理等。这些地质界面统称为结构面，由这些结构面彼此组合切割而成的岩石块体统称为结构体。因此，岩体是以结构面和结构体为基本单元的组合体。

受结构面影响，岩体的相关工程性质与岩石有着巨大的差异。故此，对结构面相关性质的了解对于研究岩体工程性质至关重要。

2.2.5.1 结构面的认知与描述

A 成因

（1）原生结构面。成岩过程中形成的结构面，如层理（见图2-22）、流纹（见图2-23）、片理。

图2-22 层理

图2-23 流纹

（2）构造结构面。指在各种构造应力作用下所产生的结构面，如节理、断裂等。

（3）次生结构面。指在各种次生应力作用下形成的结构面，如风化裂隙、冰冻裂隙、卸荷裂隙等。

B 贯通性

按结构面的贯通情况，可将结构面分为非贯通性结构面、半贯通性结构面和贯通性结构面。

非贯通性结构面指在岩块中零星分布、彼此不能相通的细小结构面；半贯通性结构面较非贯通性结构面长，可以连通一个以上非贯通性结构面，但不能贯通整个岩块的结构面；贯通性结构面为长度达到或超过单个岩块尺寸的结构面，常形成岩块或岩体的边界，岩体的破坏常受这类结构面控制。

C 结构面密集程度

岩体中结构面的密集程度将直接决定岩体破碎程度，从而对岩体强度产生较大影响，可以用裂隙度、切割度来表征结构面的密集程度。

（1）裂隙度。沿取样线方向单位长度上结构面的数量。

（2）切割度。指岩体被结构面割裂分离的程度。

D　结构面的结合程度

主要指三个方面：张开度、充填情况和结合面粗糙情况。张开度指结合面的缝隙宽度；充填情况指结合面缝隙内有无充填物，充填程度如何，充填物的成分等一系列情况；结合面的粗糙情况指结合面是否平整或起伏不平。

2.2.5.2　岩体的变形性质

岩体是由结构面、结构体两部分组成，外力作用下出现的变形性质是由内部各部分相互协调表现出的综合性质，最为重要的是反映岩体变形过程的压力与变形关系曲线，该曲线总体上分为以下三种类型：

（1）直线型。该类岩体变形曲线为经过原点的直线，岩体加压过程中变形与压力成正比，反映岩体整体完整、裂隙不发育、变形模量较大、塑性变形较小的特点。

（2）上凹型。这类曲线反映岩体内部具有裂隙或软弱夹层，加压方向垂直于裂隙面或软弱夹层面，且岩体本身性质坚硬。载荷作用初期，裂隙逐渐闭合或软弱夹层变形较大，变形曲线倾斜较缓；随载荷增加，曲线斜率增大，塑性变形趋于稳定，变形曲线逐步呈直线关系。

（3）下凹型。这类曲线的岩体主要可能有三种情况：节理裂隙很发育，且具有泥质充填；岩石性质软弱（泥岩、风化岩等）；岩体深部存在软弱夹层。

2.2.5.3　岩体的强度性质

岩体的强度反映的是岩体抵抗外力破坏的能力。因岩体是由不同形态的岩块和结构面组成，故其强度必然受到岩块和结合面及其组合形式的影响。一般情况下，岩体的强度既不等于岩块的强度，也不等于结构面的强度，而是两者共同表现出来的强度。在特殊情况下，岩块或结构面的强度与岩体强度接近，如结构面不发育，则岩体强度与岩块强度相近；若岩体沿某一结构面整体滑动破坏，则岩体的强度完全取决于结构面的强度。多数情况下，岩体的强度介于岩块和结构面强度之间。

2.3　岩土体的工程分类

2.3.1　土体的工程分类

目前在工程应用方面主要按照土的颗粒级配和塑性指数进行工程分类，分为碎石土、砂类土、粉土和黏性土等，详见表2-2。

目前常用的土体工程地质分类命名方法如下：土性+结构+土型，如黏性土单层土体；砂卵石、中细砂双层土体；黏土、淤泥、细砂多层土体。

2.3.2　岩体的工程分类

常见的岩体工程分类方法有 *RQD* 分类法、巴顿岩体质量（*Q*）分类等。在这里仅介

绍 *RQD* 分类法，岩体的 *RQD* 值为钻进过程中大于 10cm 岩芯累计长度与钻孔进尺之比的百分数，根据 *RQD* 值将岩体分为 5 类，见表 2-3。

表 2-2　土的工程分类

土的名称		主要组成颗粒	分类标准
无黏性土	碎石类土	漂石（圆形及亚圆形为主）	粒径大于 200mm 的颗粒质量超过总质量的 50%
		块石（棱角形为主）	
		卵石（圆形及亚圆形为主）	粒径大于 20mm 的颗粒质量超过总质量的 50%
		碎石（棱角形为主）	
		圆砾（圆形及亚圆形为主）	粒径大于 2mm 的颗粒质量超过总质量的 50%
		角砾（棱角形为主）	
	砂类土	砾砂	粒径大于 2mm 的颗粒质量占总质量的 25%～50%
		粗砂	粒径大于 0.5mm 的颗粒质量超过总质量的 50%
		中砂	粒径大于 0.25mm 的颗粒质量超过总质量的 50%
		细砂	粒径大于 0.075mm 的颗粒质量超过总质量的 85%
		粉砂	粒径大于 0.075mm 的颗粒质量超过总质量的 50%
粉土	粉土	粉粒	粒径大于 0.075mm 的颗粒质量不超过总质量的 50%，且 $I_p \leq 10$
黏性土	粉质黏土	粉粒、黏粒	$10<I_p \leq 17$
	黏土	黏粒	$I_p>17$

注：1. 定名时应根据颗粒级配由大到小以最先符合者确定。

2. 塑性指数 I_p 应由 76g 圆锥仪入土深度 10mm 时测定的液限计算而得。

表 2-3　岩体完整性的 *RQD* 值指标分类

RQD	>90	75～90	50～75	25～50	<25
岩体完整性	好	较好	较差	差	极差

实际工作中，除了考虑 *RQD* 值，主要考虑岩体的坚硬程度、风化程度、完整程度等方面，基本质量岩组分类见表 2-4。

目前常用的岩体工程地质岩组命名方法如下。

（1）岩体通式：岩石强度+岩体结构+岩石名称。

如：坚硬厚层状石英岩岩性组（或岩组）；

坚硬中厚层状砂岩夹软弱泥岩岩组；

较软碎裂状花岗岩强风化岩组；

较坚硬～软弱薄层状页岩泥岩岩组。

（2）碳酸盐岩体：岩石强度+岩体结构+岩溶化程度+岩石名称。

如：较硬中厚层状强岩溶化石灰岩组；

较硬厚层状中等岩溶化白云岩组。

表 2-4　基本岩体质量分类

基本质量级别	岩体基本质量的定性特征
Ⅰ	坚硬岩，岩体完整
Ⅱ	坚硬岩，岩体较完整； 较坚硬岩，岩体完整
Ⅲ	坚硬岩，岩体较破碎； 较坚硬岩或软硬岩互层，岩体较完整； 较软岩，岩体完整
Ⅳ	坚硬岩，岩体破碎； 较坚硬岩，岩体较破碎至破碎； 较软岩或软硬岩互层，且以软岩为主，岩体较完整至较破碎； 软岩，岩体完整至较完整
Ⅴ	较软岩，岩体破碎； 软岩，岩体较破碎至破碎； 全部极软岩及全部极破碎岩

2.4　本章小结

土是由地壳外壳坚硬的岩石在风化等其他地质作用下形成的在原地残留物或经过各种不同类型的动力搬运后，在各种自然环境中重新堆积而成的堆积物；土是由固相、液相、气相组成的三相体系；一般有单粒结构和团聚结构两大类。

岩石是各种矿物的集合体，是没有显著软弱结构面的石质材料，是各种地质作用的产物，是构成地壳的物质基础；常见有等粒结构、板状结构、碎屑结构、变晶结构等；岩石在单向受力下，典型的变形过程划分为 6 个阶段。

岩体是地质历史的产物，长期地质作用在岩体内形成了各种不同的地质界面，它包括物质分界面和构造面，如层理、层面、节理、片理等，这些地质界面统称为结构面。由这些结构面彼此组合切割而成的岩石块体统称为结构体。因此岩体是以结构面和结构体为基本单元的组合体。

2.5　习题

2-1　如何测定岩体的 *RQD* 值？

2-2　典型岩石变形有哪些阶段？

2-3　泊松比的概念是什么？

3 地壳运动及相应的工程地质问题

【学习目标】

基本了解地壳运动，并掌握地壳运动诱发的工程地质问题。

3.1 地壳水平运动

地壳水平运动是指地壳物质在水平方向上的运动，这种运动使地壳受到挤压、拉伸或剪切。水平的拉张运动可形成裂谷，水平的挤压运动可形成山脉，如图 3-1、图 3-2 所示。

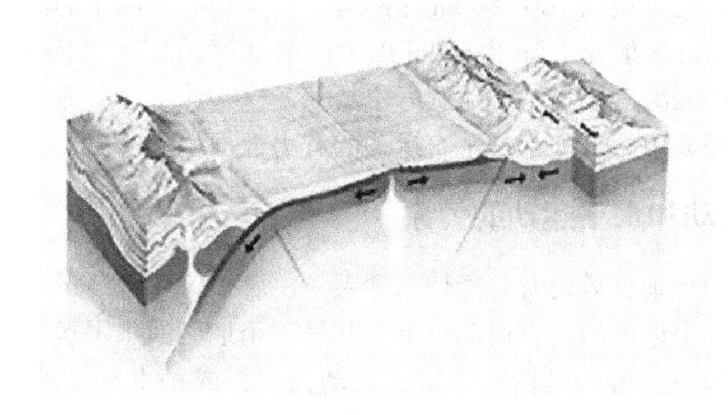

图 3-1 地壳运动示意图

图 3-2 地壳运动的地貌表现

岩石圈的水平移动已通过地质、地球物理方法及仪器测量得到证实。通过洋中脊两侧磁异常条带宽度测量，已探知大西洋洋中脊海底扩张速度东侧是 13.4mm/a，西侧是 7.0mm/a；太平洋洋中脊在赤道附近的扩张速度是 50mm/a。早在 20 世纪初，有人曾测出格陵兰岛和欧洲的距离不断增大，在不到 50 年的时间里，共移动了 420m 之多，平均达到 9m/a。在四川茂县岷江江岸的河流砾石阶地上，有两屋门户相对，在 1898 年到 1933 年的 35 年间，两屋错开了 7.7m。水平运动不止有直线的移动，还有水平的扭转。大量资料证明地壳水平运动的规模是巨大的。

3.2　地壳垂直运动

地壳的垂直运动是指地壳在垂直方向上的运动。垂直运动表现为波状运动特点，一个地区上升，升高为高地或山岭，则相邻地区下降，下沉为盆地或凹陷。垂直运动的运动速度比较缓慢，运动范围较广阔，常形成大型的构造隆起或下陷，引起海陆变迁或地势高低的改变。

在我国的天津附近打钻到 700~800m 深的地下，发现有第四纪的河流沉积物，说明在近 200 多万年内，该地区地壳下降了 800m 以上。又如我国广东沿海中山、台山、茂山、潮汕等地，在狭长的滨海沉积物中可见到海生贝壳。这些曾一度被淹没的浅海现在抬升变为陆地，正所谓沧海桑田。这些都是垂直运动的有力证据。

3.3　地壳垂直运动和水平运动的关系

地壳的水平运动与垂直运动有着密切的联系。一个地区的水平运动可引起另一个地区垂直运动；相反，一个地区的垂直运动也可引起另一个地区的水平运动。在同一地区，某一时期以水平运动为主，另一时期则以垂直运动为主，或是水平运动与垂直运动兼而有之，因而各个方向的地壳运动实际上是相互联系的。

3.4　新构造运动

地壳形成以来，一直在运动着，发生在地质历史的地壳运动称为古构造运动，发生在新三纪以来的地壳运动称为新构造运动，而把人类有文字记载的地壳运动称为近代构造运动。目前正在进行的地壳运动可用大地测量的方法以及卫星监视方法判断，距今不远的地壳运动可利用考古资料、地形及沉积物来判断。因而不同时期的地壳运动其研究方法不同。

3.4.1　新构造运动的特点

新第三纪以来形成的地貌和沉积物大都得以保留，所以把新第三纪作为新构造运动的开始。新构造运动和老构造运动相比并没有本质上的差别，运动方式既有水平运动又有垂直运动。由于时间短，有许多自身特点。

3.4.1.1　运动的振荡性

由于垂直运动在地形上和沉积物上的反应比水平运动更易于识别，因此对垂直运动的研究较多。新构造运动的振荡性主要表现在一定范围的上升和下降，升降部位的边缘往往伴有断裂。云贵高原和黄土高原都是上升区，在这些隆起区的周围都有断层发育。柴达木盆地、华北平原、松辽平原、江汉平原都是大面积的下降区，这些地区的边缘也都存在断层，这些断层因有沉积物覆盖在上面不易看出。新构造运动的振荡性还体现在沉积物的韵律变化上。如华北平原第四纪沉积物主要是由砾石、粗沙、细沙、黏土等组成，其沉积层表现出多次由细到粗和由粗到细的韵律变化，并且夹有几层海相的沉积，即华北平原经历了多次振荡性运动。

3.4.1.2　节奏性

地壳运动有快有慢，或者说是间歇性的，即有节奏性。新构造运动的节奏有长有短，时间以秒为单位的地震也是一种节奏。在研究地貌和第四纪沉积物时，通常着眼节奏的时间大体与冰期或间冰期的时间相适应。冰期时，冰川面积增大，海平面下降，地壳相对上升；间冰期时，冰川消融，海平面上升，地壳相对下降。一般以数十万年为一个阶段，这样，反应新构造运动的地貌或沉积物就可以与冰期的划分相对比。当然，作为外力作用的冰期的阶段性，并不一定恰好与新构造运动的节奏性相吻合，但也不是完全没有相关性的，只是某些地区较为复杂些。如长江三峡地区在新构造运动强烈上升的地段出现了七级阶地，而有的地方只有二、三阶地，由此各级阶地形成的时代就要有更多的证据才能予以确定。

3.4.1.3　继承性

新构造运动既然是整个地壳运动的最近一个阶段，其除了出现新的特征外，同时或多或少地继承了老构造运动的特征。新构造运动的继承性实例非常之多，如天山、祁连山都是华力西运动形成的山地。现在的地壳运动沿着断裂不断地升降，因此，研究新构造运动时要考虑古地质构造。

3.4.2　新构造运动的形迹

3.4.2.1　新构造运动在地貌上的反映

地形是由内力和外力地质作用相互作用的结果，所以地形反映了一定的构造因素。

山势。在山区由于剥蚀作用出现各种侵蚀地形，山地愈高，坡度愈大，河谷切割愈深，代表垂直上升运动愈强烈，如横断山脉地区山高谷深，相对高度差达 200m 以上，是新构造运动强烈上升的地区；山地坡度和缓，相对高差较小，山顶甚至削平，则说明新构造运动长期的停顿或下降，如大兴安岭山顶圆浑、山坡和缓、谷底宽浅，表面剥蚀作用占主导地位。

河流。河流平面、横剖面、纵剖面的形态反映了新构造运动的迹象，尤其在大范围内反映得更明显。如松花江的急转弯是松辽分水岭隆起的结果，黄河的“几”字形大弯曲是黄土高原上升的结果。河流发生袭夺也常常是由地壳运动引起的，从河流纵剖面上看，在中下游地区可以近似看成为光滑的向河口的缓倾线，出现波折就意味着某部位的隆起或断裂下沉（不过应注意与由于岩性差异和水文情况变化产生的现象区别开来）。纵剖面的比降也反映着新构造运动的性质，上升区比较陡峻，下降区比较平缓。从河流横剖面上看，呈 V 形，是地壳上升的迹象。深切河曲也都是强烈隆起的结果，四川的嘉陵江有许多河段就是深切河曲。

河流阶地。河流阶地（见图3-3）是新构造运动的产物，因而也是研究新构造运动的重要对象。阶地的类型反映新构造运动的发展过程：剥蚀阶地表示地面间接性的上升；基座阶地则表示地面发生过下降，接受了一定的沉积，而后再上升。阶地的高度反映新构造运动上升的幅度。在一定地区内，查明各级阶地分布的高度，相互对比，还可以看出阶地彼此聚散或折断的现象，阐明当地新构造运动的性质和强度。

图3-3 河流阶地

夷平面和多层地形。在各种外动力综合作用下结果，起伏的地面被侵蚀夷平，被夷平的地面称为侵蚀平原，也叫做准平原。之后经地壳运动的上升，该平原抬升，就会受到侵蚀分割成山，该山山顶的海拔高度大致相等，有的山顶还保留着古准平原面，这些山顶构成的和缓平面称为夷平面。多数山地可以发现数级阶地、夷平面与多层溶洞，反映了这个地区的几度间歇性上升的发展历史，这种地形组合称为多层地形。阶地和夷平面愈是近期的，保留得愈完整，易于辨认；愈是古老的则保留得愈差，愈难辨认。如果中间再发生了差异性升降运动，同一夷平面还会被分布在不同的高度上，辨认就更不容易了。

海岸。新构造运动改变着海岸线的位置。在沿海地区，利用海岸线变迁的遗迹也可确定新构造运动升降情况。海岸阶地、海烛凹槽、向内陆伸展很远的海滨平原和排成的古贝壳堤、高出现代海面的珊瑚礁等地形的出现，是新构造运动上升的标志。如芬兰斯堪的纳维亚半岛在海拔250m处找到曾经是海滩的贝壳，证明它在第四纪冰期后发生了抬升，这些均是新构造运动上升的证据；海湾、溺谷、三角港、淹没海岸，以及三角洲增长速度的延伸或停顿等，则是海岸下降的标志。但是海岸线的变动不只是由地壳运动造成的，还可因大陆冰川的进退而引起。据计算，如果现代陆地上的冰川全部融化，则世界海平面将上升85m；反之在冰期时，海平面也必然要低于现在的位置。因此在研究海岸的新构造运动时，不应轻易将海平面的波动简单地归结于一个原因。

3.4.2.2 新构造运动在沉积物上的反映

第四纪沉积物是一定地貌条件下的产物，地壳的上升与下降都会影响沉积物特征的变化。

岩相。沉积物的岩相反映沉积环境，相的变化也就包含了新构造运动的因素。如沉积物的剖面中粒径有由上而下从粗到细的变化，则表示该地区逐渐下沉，并发生了海蚀；反之，则表明是海退和陆地上升。

沉积物厚度。在第四纪沉积区，巨厚的碎屑堆积表示这里地壳是下降的。通过钻孔资料编制的第四纪沉积层的等厚度图，能确定该区下降的幅度和变化情况，如能确定各层的绝对年龄，还能推算出各地的下降速率。

沉积层的产状。如能观察到第四纪地层的产状和构造变形，如倾斜、断裂、褶曲等，则能直接确定当地的新构造运动的性质。

古土壤和埋藏风化壳。新构造运动的升降会影响风化和成土因素的改变，剖面特征上也会出现相应的反映。因此，古土壤和风化壳的出现，不仅能指示气候的演变，也能指示地面高度的变化。如喜马拉雅山地发现的古红壤剖面是该地区新构造运动上升的重要证据；又如长江三角洲地区有多层的埋藏泥炭，表明该地区曾多次地壳下沉，等等。

此外，还有可以各地层中所含的动植物群的变化，以及进行考古研究，来说明新构造运动的形迹。现代还可用精密测量仪器直接测得近期最新构造变动的数值，等等。

3.4.3 古构造运动的表现

古构造运动形成的各种地貌形态几乎都为后期地质作用所破坏，因此不能用研究现代及新构造运动的方法来研究古构造运动。古构造运动最可靠的证据是沉积特征、构造变形、地层接触关系等。地层厚度是地壳下降幅度的标志，在地壳稳定的情况下，一定环境下形成的沉积物的厚度有一极大值，如浅海深度不超过 200m，对应的沉积厚度不超过 200m。但是，许多地区发现的厚度达几百米或上千米的浅海沉积页岩，超过了浅海深度的范围，说明这里的地壳下降幅度大。地壳历史时期形成的大型平缓的隆起、拗陷和穹隆、断陷盆地构造等是发生区域性升降运动的证据，而形成褶皱和大规模逆冲推覆断层等是发生水平运动的记录。地层间的不整合接触关系反映地壳经历过升降运动，不整合的存在是古构造运动最有力的证据。

3.5 地壳运动诱发的工程地质问题

地壳运动决定了人类工程所在区域的整体稳定程度，常常从当地的新构造运动和地震两个方面来判断工程所在区域的稳定性，并由此将区域划分为稳定、次（不）稳定、不稳定等几个等级。

地壳运动是宏观的，但它常常会引发一些微观的工程问题，如在新构造运动强烈的地区一般易多发滑坡、崩塌及泥石流等地质灾害，对该区域的人类工程造成巨大的威胁，区域整体表现为高山纵横、沟壑深切、地表破碎等特征。

3.6 本章小结

地壳水平运动是指地壳物质在水平方向上的运动，这种运动使地壳受到挤压、拉伸或剪切。水平的拉张运动可形成裂谷，水平的挤压运动可形成山脉。

地壳的垂直运动是指地壳在垂直方向上的运动。垂直运动表现为波状运动特点，一个地区上升，升高为高地或山岭，则相邻地区下降，下沉为盆地或凹陷。垂直运动的运动速度比较缓慢，运动范围较广阔，常形成大型的构造隆起或下陷，引起海陆变迁或地势高低的改变。

判断某一地区地壳稳定性主要着眼于新构造运动及地震两个方面。

3.7 习题

3-1　地壳运动表现在哪里？

3-2　如何判断某一地区的地壳稳定性？

4　风化作用及相应工程问题

风化作用是指地表或接近地表的矿物和岩石，通过与大气、水以及生物的相互作用，发生物理或化学变化，转变成松散的碎屑物甚至土壤的过程。岩石经过风化作用后残留在原地的堆积物称为残积物，被风化的岩石圈表层称为风化壳。在日常生活中，这种作用的现象随处可见，对自然环境的塑造起着非常重要的作用。

4.1　风化作用的类型

风化作用按作用因素与作用性质的不同主要分为物理风化、化学风化和生物风化三种类型，实际当中，这三者常常是联合进行与互相助长的。

4.1.1　物理风化

物理风化又称机械风化。地表岩石在此类风化作用下仅发生机械破碎，形成较细的碎屑物，其化学成分不变，也无新矿物的出现。也可理解为地表岩石因温度变化和孔隙中水的冻融以及盐类的结晶而产生的机械崩解过程。产生物理风化的原因主要是温差反复变化，岩石裂隙和孔隙中水的冻融变化，以及岩石空隙中盐类的结晶而造成岩石的解体。具体而言，主要有以下四种方式。

4.1.1.1　温度变化

地球表面所受太阳辐射有昼夜和季节的变化，因而气温与地表温度均有相应的变化。岩石不同于铁、铜等金属，热量在其中的传递速度较慢，故此岩石表层对外界温度变化相对敏感，而内部相对迟钝，并且其比热容相对较小，这一特点导致其表层和内部在昼夜及季节温差变化的条件下不能同步发生增温膨胀和失热收缩，因而在其表层与内部之间会产生引张力。在引张力的反复作用下，易产生平行及垂直于岩石表层的裂缝，从而使岩石碎裂（见图 4-1）。这种现象其实在日常生活中经常见到，如有些玻璃杯在倒入热水后会突然破裂，这是为什么呢？有丰富生活经验的人就会知道如何防止这种情况的发生，他们会首先倒少许热水进去，让玻璃杯均匀预热，然后再缓慢倒入热水。玻璃杯之所以会破裂就是因为它受热不均匀，不能整体同步增温膨胀，导致各部分产生引张力而发生破裂。同时，岩石常由多种矿物组成，各种矿物膨胀系数不同，这就会导致在同一温度条件下不同的矿物发生不同程度的膨胀和收缩，使矿物之间的结合

图 4-1　温度变化导致岩石破裂

力被削弱，岩石最终破裂。就如同一截铁丝反复弯折导致强度降低，岩石反复增温膨胀和失热收缩会削弱它们之间的结合力一样。在这种方式的作用下，岩石易从表层开始向内部发生层层剥落，从大块变成小块，以致完全碎裂。

在温度对岩石的破坏作用中，温度变化的幅度越大（如沙漠地区昼夜温差可达60~70℃以上）、频率越高、速度越快，破坏就越迅速。

4.1.1.2　冰劈作用

冬季，室外装水的玻璃瓶子经常冻裂，这是由于自然界的水在低于0℃时会结冰，体积膨胀近9%，使得玻璃瓶被撑裂。那么空隙里充满水的岩石在这种情况下是否也会被"撑裂"呢？答案是肯定的。自然界的岩石均存在着岩石空隙，外界水进入岩石空隙中后，遇冷会结冰膨胀，使得岩石空隙扩大，冻结和融化反复进行，裂隙就会不断扩大，达到一定程度后岩石就会崩裂，这就是冰劈作用（见图4-2）。

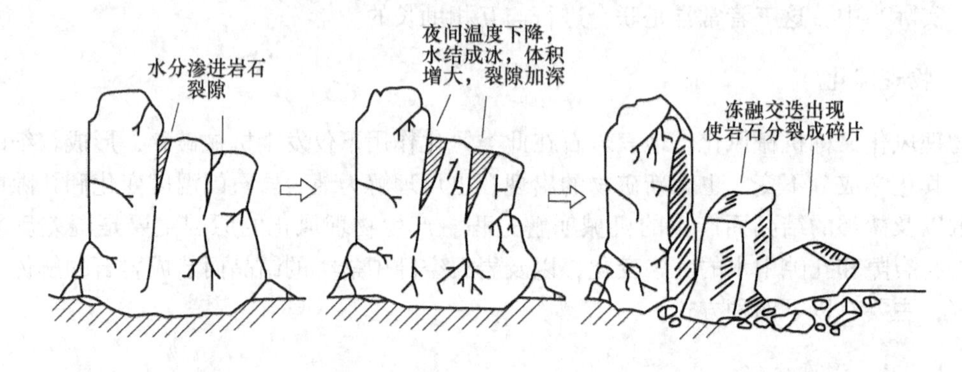

图4-2　冰劈作用

冰劈作用的发生须具备下列条件：（1）有足够的水供应；（2）岩石有与外界联通的空隙；（3）温度常在冰点上下波动。

一个地区水量匮乏，则冰劈作用就失去了其先决条件，正所谓"巧妇难为无米之炊"。岩石必须要有与外界联通的空隙，也就是必须要有水进入岩石空隙的通道，水不能正常进入岩石空隙，冰劈作用即无从谈起。温度应在冰点上下反复波动，如果温度未在冰点上下波动，而是低于冰点波动，则水一直处于冰冻状态，冰劈作用不可反复持续进行，如在北极、南极等寒冷地区，温度常年低于零度，冰劈作用非常微弱，乃至于无；有的地区昼夜温度常在0℃上下波动，岩石空隙中的水忽而冰胀，忽而消融，冰劈作用反复进行，因而冰劈作用显著，可使巨大岩块破裂、崩塌，形成碎块。

4.1.1.3　层裂

层裂又称卸载作用。地下的岩石长久以来一直处于上覆的岩石压力之下，上覆岩石一旦剥去，上履岩层给予的压力得到解除，原处于地下的岩石便发生向上或向外的膨胀，形成一系列平行于地面的裂隙。这种现象亦可常见于基坑开挖等人类工程中。在基坑开挖以后，上履地层的应力得到解除，坑底地层随即上隆膨胀，形成坑底隆起这种常见的现象。在自然界，卸载作用常见于花岗岩等块状岩石的出露地区。上层岩石在外地质力作用下崩解垮落后，内部岩石应力缓慢向外释放，使岩石膨胀破裂；之后更深部的岩石继续向外释放应力，如此继而不绝，最终剥裂开来的岩石似洋葱片层层重叠，称为洋葱构造，如图4-3所示。

4.1.1.4 盐分结晶张力作用

夜间，温度下降，但由于岩石比热容较小，相对于空气而言，温度下降较快，就此形成岩石温度较低、空气温度较高的状态，此时空气中的水蒸气遇到温度相对较低的岩石，随即变成液态水附着于岩石之上，如图4-4所示。这种现象对于戴眼镜的同学来说是极不陌生的：冬天戴眼镜的同学从外面进入温暖的屋内，会发现眼镜上起一层水雾，这就是由于眼镜温度相对屋内空气较低，导致眼镜周围的空气温度下降，空气中的水蒸气随即变成液态水附着在眼镜上。若一些岩石含有潮解性盐类（能够自发吸收空气中的水蒸气，形成饱和溶液），则这些盐类遇水会形成水溶液，随后渗入岩石空隙之中。在白天，因烈日照射，水分蒸发，盐类结晶，结晶时产生的张力作用于周围的岩石，如此反复，使得岩石缝隙扩大、破坏，这种作用持续进行，可使岩石崩裂，在崩裂的岩石碎块上能见到盐类的小晶体。这种作用主要见于气候干旱地区。这又是为什么呢？我们知道冰劈作用要求温度在冰点上下变化，这样水可在液态和固态间转化，而盐分结晶张力作用则要求该地区水分的量的变化刚好可以使得盐分忽而结晶、忽而溶解，如果该地区水分过多，温度较低，盐分在大部分时间都处于溶解状态，则无法产生张力作用。所以气候干旱的地区较为适合盐分结晶张力作用。

图4-3 洋葱构造

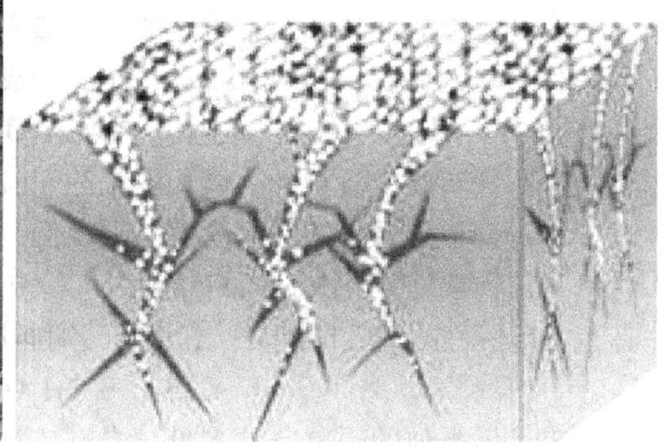

图4-4 盐分结晶形成的撑裂

4.1.2 化学风化

化学风化是地表岩石在水、氧及二氧化碳等作用下发生化学变化，使其成分分解，易溶解者流失，难溶解者残留原地，并产生新矿物的现象。

4.1.2.1 溶解作用

自然界的水含有一定数量的O_2、CO_2以及其他酸、碱物质，具有一定的溶解能力，是一种极性溶剂。岩石中的矿物大部分为无机盐，在水中都会产生一定的程度的溶解。很多情况下，因大部分矿物溶解度相对较小，以至于很难观察到它的溶解，如1份质量的云母可溶于340000份质量的水中；又如石英在常温下几乎不溶于水，但在热水中又可溶解，虽然仅溶解热水质量的万分之一。

常见岩石矿物在水中的溶解度由大到小的顺序为：食盐、石膏、方解石、橄榄石、辉石、角闪石、滑石、蛇纹石、绿帘石、钾长石、黑云母、白云母、石英。

在水的溶解作用下，易溶物质不断随水流失，导致岩石空隙加大，坚实程度降低，直至完全解体，只残留一部分难溶解矿物。

水的溶解作用受多个因素影响，如水的流动性、岩石本身的破碎程度、水的pH值及外界环境等。

水的流动是岩石溶解的必要条件，如果水不流动，岩石矿物在水中溶解饱和，则溶解作用无法继续；而水若不断流动，可将溶解的矿物不断带走，溶解作用可持续进行。

如在日常生活中，要喝一杯红糖水，要先将一整块红糖破碎成碎块状，然后加水溶解，因为碎块状的红糖在水中溶解得快。其实对整块红糖的破碎行为是增加红糖的比表面积（单位质量物料所具有的总面积），使得红糖与水的接触面积增加，从而导致红糖溶解速度加快。岩石的溶解行为与此类似，破碎的岩石与水的接触面积大，溶解速度快；而完整程度高的岩石溶解速度相对较低。

水的pH值及外界环境，如温度、压力等，对岩石矿物的溶解度有着一定的影响，如温度增加，溶解度一般相对升高等，故水的pH值及外界环境对岩石矿物的溶解有着一定的影响。

4.1.2.2 水化作用

有些矿物能够吸收一定数量的水并加入到矿物晶格中，转变成含水分子的矿物，这种现象称为水化作用。如硬石膏经水化后变成石膏，其反应式如下：

$$CaSO_4(\text{硬石膏}) + 2H_2O \longrightarrow CaSO_4 \cdot 2H_2O(\text{石膏})$$

硬石膏转变成石膏后，体积膨胀约59%，从而对周围岩石产生压力，促使岩石破坏。此外，石膏较硬石膏的溶解度大、硬度低，能加快风化速度。

另外，常见的干燥剂$CuSO_4$为白色粉末，遇水可形成五水硫酸铜（$CuSO_4 \cdot 5H_2O$），呈蓝色，即俗称的胆矾或蓝矾，五水硫酸铜遇热即可脱水，又逆反应为无水硫酸铜（$CuSO_4$）。

$$CuSO_4 + 5H_2O \longrightarrow CuSO_4 \cdot 5H_2O$$

自然界类似的现象非常多见，岩石矿物水化之后物理化学性质发生改变，一定程度上又促进了其风化作用。

4.1.2.3 水解作用

弱酸强碱或强酸弱碱盐遇水会解离成为带不同电荷的离子，这些离子分别与水中的H^+和OH^-发生反应，形成含OH^-的新矿物，称为水解作用。换而言之就是水中呈解离状态的H^+和OH^-离子与被风化矿物中的离子发生交换反应，即由水电离而成的H^+置换矿物中的金属离子。水解的结果会引起矿物的分解，使一些金属离子与OH^-离子一起溶解于水而被淋湿，还有一部分金属离子被土壤胶体吸附；水解的另一部分产物是难溶解的新矿物及复杂的硅酸和铝硅酸的胶体。大部分造岩矿物属于硅酸盐或硅铝酸盐类，属弱酸强碱盐，易于发生水解。

如钾长石发生水解时，析出的 K^+ 离子与水中的 OH^- 离子结合，形成的 KOH 呈真溶液随水迁移，析出的 SiO_2 呈胶体状态流失，硅铝酸根与一部分 OH^- 结合形成高岭石残留原地。其反应式如下：

$$4K[AlSi_3O_4](\text{钾长石}) + 6H_2O \longrightarrow Al_4[Si_4O_{10}](OH)_8(\text{高岭石}) + 8SiO_2 + 4KOH$$

在湿热气候条件下，高岭石将进一步水解，形成铝土矿（见图 4-5）。其反应式如下：

$$Al_4[Si_4O_{10}](OH)_8(\text{高岭石}) + nH_2O \longrightarrow 2Al_2O_3 \cdot nH_2O(\text{铝土矿}) + 4SiO_2 + 4H_2O$$

图 4-5 铝土矿

如 SiO_2 被水带走，铝土矿可以富集成矿。

4.1.2.4 碳酸化作用

溶于水的 CO_2 形成 CO_3^{2-} 和 HCO_3^- 离子，当水溶液中含碳酸时，对碳酸盐的溶解力较纯水可增加几十倍，其反应如下：

$$CaCO_3 + CO_2 + H_2O = Ca(HCO_3)_2$$

重碳酸钙的溶解度高，能随水流失，当其蒸发干燥时可脱水并释放 CO_2，再变为碳酸钙沉淀，这种反应在石灰岩地区非常普遍。一般 CO_2 充足时反应可一直向右进行。

在这个过程中，它们能夺取盐类矿物中的 K、Na、Ca 等金属离子，结合成易溶的碳酸盐而随水迁移，使原有矿物分解，这种变化称为碳酸化作用。

岩石中常见的硅酸盐矿物几乎都因水中含有碳酸而进行水解，产生相对较简单的物质，如钾长石易于碳酸化，其反应式如下：

$$4K[AlSi_3O_8](\text{钾长石}) + 4H_2O + 2CO_2 \longrightarrow Al_4[Si_4O_{10}](OH)_8(\text{高岭石}) + 8SiO_2 + 2K_2CO_3$$

在这一反应式中，K_2CO_3 和 SiO_2 均被水带走，高岭石残留原地。

斜长石也能碳酸化。长石是火成岩中最主要的造岩矿物，容易被碳酸化和水解，从而转变成为黏土矿物。

4.1.2.5 氧化作用

氧化作用表现为两个方面：一是矿物中的某种元素与氧结合，形成新矿物；另一种是许多变价元素在缺氧的成岩条件（还原环境）下以低价形式出现在矿物中，当地表处于富氧条件（氧化环境）时容易转变成高价元素的化合物，导致原有矿物的解体。

前一方面的典型实例是黄铁矿经过氧化作用转变成褐铁矿，其反应式如下：

$$2FeS_2(\text{黄铁矿}) + 7O_2 + 2H_2O \longrightarrow 2FeSO_4(\text{硫酸亚铁}) + 2H_2SO_4$$

$$12FeSO_4 + 3O_2 + 6H_2O \longrightarrow 4Fe_2(SO_4)_3(\text{硫酸铁}) + 4Fe(OH)_3(\text{褐铁矿})$$

$$Fe_2(SO_4)_3 + 6H_2O \longrightarrow 2Fe(OH)_3(\text{褐铁矿}) + 3H_2SO_4(\text{硫酸})$$

后一方面的例子如含有低价铁的磁铁矿（Fe_3O_4）经氧化后转变成为褐铁矿。磁铁矿中所含的31.03%二价铁的氧化物均变成为三价铁的氧化物。

由于氧化作用，很多硫化物矿床在近地表表现为氧化矿，在深部表现为硫化矿。如在找矿当中经常说到的“铁帽”系指原生硫化矿床、金（银）矿床、伴生金硫化矿床经表生风化淋蚀作用后，形成以Fe、Mn、Si、Al和Ca等为主的氧化物、含水氧化物、次生硫酸盐、各种矾类及黏土质混合物的堆积体，如图4-6所示。

图4-6　铁帽

4.1.3　生物风化

生物风化是由生物活动所引起的岩石破裂分解。

4.1.3.1　根劈作用

植根于岩石裂隙中的植物根须不断变粗、变长和增多，像楔子一样对裂隙两壁施加压力，破裂岩石，称为根劈作用，如图4-7所示。这是生物的机械破坏作用，极为常见。显然植物的这种力量有些不可思议，其实还有更加不可思议的情况。科学家曾做过一个实验：人的头盖骨用一般人类工具很难打开，但若在颅内种上一粒种子，生长的小植物就可将头盖骨顶开，植物的生长力量常常会让我们目瞪口呆。

4.1.3.2　生物酸解

生物在新陈代谢过程中，从土壤和岩石中吸取养分，同时也分泌有机酸、碳酸、硝酸等酸类物质以分解矿物，促使矿物中一些活泼的金属阳离子游离出来，一部分供生物吸收，一部分随水流失。如山区基岩上生长的蓝绿藻、苔藓与地衣等均能够分泌有机酸与CO_2；菌类能够利用空气中的氮制造硝酸；岩石和土壤中的微生物能够分泌大量的有机

图 4-7 根劈作用

酸。土壤中的细菌数量巨大，每克有数百万个之多，对岩石的解离起很大作用。

在还原环境下聚积起来的生物遗体，逐渐发生腐烂分解，形成暗色和黑色的胶状腐殖质。一方面，腐殖质富含钾盐、磷、氮及碳的化合物，这些成分可促进植物的生长；另一方面，腐殖质中的有机酸同样对矿物、岩石起着化学破坏作用。

4.2 影响岩石风化的因素

4.2.1 气候特征

气候是通过气温、降雨量以及生物活动而表现的，气温的高低对于岩石的机械破坏程度、各种化学反应速度、生物界的面貌以及新陈代谢速度有重大影响。降雨量多少关系到水在风化作用中的活跃程度，直接或间接影响岩石风化速度。生物的繁殖状况直接关系生物风化作用的进行及其对其他风化作用的影响，所以气候是影响岩石风化的重要因素。

气候明显受纬度、地势、距离海洋远近等因素控制，而且有分带性：在不同气候带，岩石风化的特征不同。在两极及低纬度的高山区，气候寒冷，水的活跃程度低，植被较少，化学风化缓慢而微弱，岩石易受冰蚀破碎为具有棱角状的粗大碎块，常形成崩解层，黏土很少；在干旱区，以物理风化为主导，化学风化较弱，岩石多因温度变化风化成为棱角状碎屑，由于遇水少，蒸发强烈，易溶矿物也难于溶解；在温热气候区，降水量大，植被发育，生物活动强烈，化学风化和生物风化占重要地位，温度变化造成的风化占次要地位；在热带湿润气候带，温度较高，雨量充沛，化学风化和生物风化特别强烈而迅速，往往深达数十米以下的岩石也会受到破坏，易形成巨厚的风化层。

4.2.2 地形特征

地形特征主要包含三个方面：高度、起伏程度、山坡朝向。

地形高度不同，气候条件即有所区别。比如经常会觉得山顶风大、较冷，山脚风小、温暖。尤其是中低纬度的高山区具有明显的垂直气候分带，山麓气候炎热，而山顶气候寒冷甚至终年冰冻，如云南的玉龙雪山。

玉龙雪山位于云南省丽江市玉龙纳西族自治县，是中国最南的雪山，也是横断山脉的沙鲁里山南段的名山，北半球最南的大雪山。南北长35km，东西宽13km，面积525km²，是云南亚热带的极高山地。从山脚河谷到峰顶具备了亚热带、温带到寒带的完整的垂直带自然景观，以险、奇、美、秀著称于世。云下岗峦碧翠，有时霞光辉映，雪峰如披红纱，娇艳无比。山上山脚温差大，地被迥异，从生机索然到生机勃勃，判若两个世界，如图4-8所示。

图4-8 玉龙雪山垂直分带

不同高度带的植物群面貌显著不同，因而，风化作用的类型和方式亦随高度而变化。

地形起伏程度对于风化的性质与特征具有重要的控制意义。在地势起伏大的山区，如巨大的悬崖陡壁上，各种风化产物均易被其他外力作用搬离，难以在原地残留，因而基岩多裸露，风化十分快速，物理风化极为活跃；相反，在起伏相对不大的地区，风化产物多残留原处，或经短距离运移便在低洼处堆积下来，形成覆盖层，从而减缓风化作用的速度。

山坡的朝向主要影响日照条件，山的向阳坡日照强，冰雪易消融；而山体的背阳坡日照短，冰雪可能常年不融。两者的岩石风化特点显然有别。此外，该处是否处于风口或是背风处，对风化的影响也极为重要。

4.2.3 岩石特征

4.2.3.1 *岩石成分及类型*

岩石抗风化能力与它所含矿物的成分及含量有密切关系。主要造岩矿物抗风化能力由小到大的次序是：橄榄石、钙长石、辉石、角闪石、钠长石、黑云母、钾长石、白云母、黏土矿物、石英、铝和铁的氧化物。方解石也属于易风化矿物。

可见，矿物在风化过程中的稳定性与其在鲍文反应序列中晶出的顺序有关，结晶越早的越不稳定，结晶越晚的越稳定。因而就火成岩论，由铁、镁质矿物和基性斜长石组成的超镁铁质元素和镁铁质岩石最容易风化，酸性火成岩较难风化，中性火成岩则介于其中。

沉积岩是在近地表环境下形成的，性质相对稳定。如常见的石英岩和石英砂岩，其主要成分为石英，抗风化能力强，地形上常呈突出的地形。黏土岩的化学性质较稳定，以物理风化为主，但是因岩石的强度低，在剥蚀作用的参与下往往成为低地。石灰岩在干寒地区以机械风化为主，在湿热地区则化学风化突出。硅质岩除少数非晶质结构者外，一般难以化学风化。变质岩的风化性质也因其成分差异而有差别。

从以上分析可以总结出一个规律：各种矿物的稳定性与它们生成的环境条件关系密切。生成环境与地表环境的差异越大，越容易风化，如在高温和含水量极低条件下形成的矿物，较之最后从较低温和含有更多水分的岩浆中结晶出的矿物更易于风化。

矿物的晶格构造与风化难易程度也有很大关系。如在岛状构造的硅酸盐矿物中，由于四面体间 Fe^{2+} 对氧具有很强的亲和力，在风化条件下，Fe^{2+} 离子极易氧化，导致晶格破坏，所以橄榄石虽硬度大，但化学性质极不稳定。对于具有单键构造的辉石，每个硅氧四面体上有两个氧离子与其他四面体共用，另外两个氧离子的剩余负电荷是由晶格间的盐基离子来中和的，并通过它们把四面体的晶链链接起来，在风化过程中，这些盐基离子被 H^+ 置换时辉石晶格即渐松散，容易风化破碎。角闪石属于双链结构，较单链结合更牢固些，所以较辉石稳定。

架状构造硅酸盐矿物的抗风化能力都较强，但不同矿物间也有差异。正长石的四面体中 1/4Si 为 Al 所代替，剩余的负电荷为 K^+ 所中和，所以，虽然架状构造牢固，但晶格 K^+ 为其他离子置换时，也易引起瓦解。在石英结构中无同晶类质替代现象，所以最为稳固。

矿物化学成分与抗风化能力也有一定的关系。凡易溶解的钙、镁、钾、钠等元素含量愈多，铁、铝、硅等元素含量相对较少时，愈易风化；反之，则愈稳定。

4.2.3.2　*岩石的结构构造*

岩石中矿物和碎屑物颗粒的粗细、分选程度及胶结程度等决定岩石的致密程度和坚硬程度，从而影响岩石的风化。如松散多孔或粗粒多孔的岩石比细密而坚硬的岩石易于风化。矿物颗粒细小，且等粒状结构的岩石，比粗粒状的和斑状的岩石抵抗物理风化的能力强。至于岩石成层的厚薄、层间原生缝隙的有无和多少均影响岩石的可渗透性，对岩石风化的难易也产生影响。一般来说，较坚硬的砂岩、板岩与石英岩等，它们的风化作用是以物理崩解为主，具有层理或片理构造的岩石，水分和空气容易侵入层理和片理裂隙中而加速其风化。

4.2.3.3　*岩石的完整性*

完整性差的岩石，渗透性强，且本身强度较低，易于风化。岩石中节理密集之处往往风化强烈，尤其是在两组解理交汇的地方，风化速度快，有时几组方向的节理可将岩石分割成众多多面体小块。小岩块的边缘和偶角从多个方向受到温度及水溶液等因素的作用，最先被破坏且破坏深度较大，久而久之，其棱角逐渐圆化，变成球型或椭球形，这种风化称为球状风化，如图 4-9 所示。它是物理风化和化学风化联合作用的结果，但化学风化起主要作用。块状而均粒的花岗岩、闪长岩、辉长岩以及厚层砂岩等球状风化最普遍。

球形风化是物理风化和化学风化共同作用的结果，其中以化学风化为主。在我国华南，气候炎热潮湿，化学风化强烈，常有球状风化现象，所以常可见到圆滑的山脊及夹有大小“石蛋”的地形。

4.2.3.4　*岩石的风化差异性*

抗风化能力不一的岩石共生在一起，则抗风化能力强的岩石突出，抗风化能力弱的凹入，称为差异风化，如图 4-10 所示。

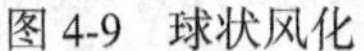
图 4-9　球状风化

图 4-10　差异风化

实际上，风化作用的进行受多种因素的联合制约。在研究岩石的风化特征时，应注意对各种因素作全面分析。

4.3　与风化作用相关的工程地质问题

4.3.1　风化作用对岩体工程地质性质的影响

风化作用可以促使岩体的原有裂隙进一步扩大，并且产生新的风化裂隙。这种裂隙一方面使岩体的矿物颗粒间的连接松散，另一方面使矿物颗粒盐解理面崩解。风化作用的物理过程能造成岩体结构、构造和整体性遭到破坏，其具体表现在空隙度增大，比重减小，吸水性和透水性显著增高，强度和稳定性大大降低。同时随着化学作用的加强，引起岩体中某些矿物发生次生变化，从根本上改变岩体原有的工程地质性质。

4.3.1.1　改变岩体结构

（1）破坏颗粒间的连接。大多数岩石都是矿物组合体，矿物颗粒之间存在着连接力，一旦连接遭到破坏，岩石的工程地质性能就会有所下降。

（2）加剧岩体的裂隙化。温度升降或干湿变化都会使岩体产生肉眼看得见的显裂隙和看不见的微裂隙。

4.3.1.2　改变岩体的矿物成分

主要是产生次生矿物，如高岭石、伊利石和蒙脱石等，这些次生矿物可改变岩土体的工程性质，如膨胀土即是由土中蒙脱石等含量较高形成。

4.3.2　风化带的划分

为更加明确风化作用对工程的影响，需进行风化带的划分，见表 4-1。

4.3.3　风化作用对岩体工程地质性质的影响

为制定防治岩石风化的正确措施，首先必须查明建筑场地影响岩石风化的主要地质营力、风化作用的类型、岩石风化速度、风化壳垂直分带及其空间分布、各风化带岩石的物理力学性质，同时必须了解建筑物的类型、规模及其对地质体的要求。

表 4-1 岩体风化程度的划分

风化程度	野 外 特 征	风化程度参数指标	
		波速比 K_v	风化系数 K_f
未风化	岩质新鲜，偶见风化痕迹	0.9~1.0	0.9~1.0
微风化	结构基本未变，仅节理面有渲染或略有变色，有少量风化裂隙	0.8~0.9	0.8~0.9
中等风化	结构部分破坏，仅节理面有次生矿物，风化裂隙发育，岩体被切割成岩块。用镐难挖，岩芯钻方可钻进	0.6~0.8	0.4~0.8
强风化	结构大部分破坏，矿物成分显著变化，风化裂隙很发育，岩体破碎，用镐可挖，干钻不易钻进	0.4~0.6	<0.4
全风化	结构基本破坏，但尚可辨认，有残余结构强度，可用镐挖，干钻可钻进	0.2~0.4	
残积土	组织结构全部破坏，已风化成土状，锹镐易挖掘，干钻易进，具有可塑性	<0.2	

注：1. 波速比 K_v 为风化岩石与新鲜岩石压缩波速之比；
2. 风化系数 K_f 为风化岩石与鹇岩石饱和单轴抗压强度之比；
3. 岩石风化程度，除按表列野外特征和定量指标划分外，也可根据当地经验划分；
4. 花岗岩类岩石，可采用标准贯入试验划分，$N \geqslant 50$ 为强风化；$50 > N \geqslant 30$ 为全风化；$N < 30$ 为残积土；
5. 泥岩和半成岩，可不进行风化程度划分。

防治岩石风化的措施一般包括两个方面：一是对已风化产物的合理利用与处理；二是防止岩石进一步风化。

4.3.3.1 对风化岩石的处理措施

当风化壳厚度较小（如数米之内），施工条件简单时，可将风化岩石全部挖除，使重型建筑物基础砌置在稳妥可靠的新鲜基岩上。

一般工业民用建筑物，强风化带甚至剧风化带亦能满足要求时，不用挖除，但必须选择合理的基础砌置深度。对于重型建筑物，特别是重型水工建筑物，对地基岩体稳定要求较高，其挖除深度应视建筑物类型、规模及风化岩石的物理力学性质而定，需要挖除的只是那些物理力学性质变得足以威胁到建筑物稳定的风化岩石。如我国三峡水利枢纽，大坝选在强度较高的前震旦系结晶岩上，根据巨型大坝的要求，经多年反复研究，在弱风化带内部以声波纵速为 4000m/s 为界分为上下两带，弱风化带上带及其以上的剧、强风化带需要挖除，将大坝基础砌置于弱风化带下带的顶部。

当风化壳厚度虽较大，但经处理后在经济上和效果上比挖除合理时，则不必挖除。如地基强度不能满足要求，可用锚杆或水泥灌浆加固，以加强地基岩体的完整性和坚固性。若为水工建筑物，其地基防渗要求高，则可用水泥、沥青、黏土等材料进行防渗帷幕灌浆处理。

当地基存在囊状风化，且其深度不大时，在可能条件下可将其挖除；当囊状风化深度较大时，应视具体条件或用混凝土盖板跨越，或进行加固处理。

开凿于剧强风化带中的边坡和地下硐室应进行支挡、加固、防排水等措施，以保证施工及应用期间边坡岩体及洞室围岩的稳定性。

4.3.3.2 预防岩石风化的措施

大部分岩石经风化后改变了原岩的物理力学性质，形成巨厚的风化壳。这是在地质历史时期发生的结果，其速度一般较慢，在工程使用期限内不致显著降低岩体的稳定性。但是有的岩石，如黏土岩及含黏土质的岩石风化速度较快，它们一旦出露，只经数日甚至数分钟就开始出现风化裂隙，经数年甚至数月原岩性质就会发生显著变异。对于施工前能满足建筑物要求，但在工程使用期限内因风化而不能满足建筑物要求的岩石，甚至在施工开挖过程中易于风化的岩石，必须采取预防岩石风化的措施。

预防岩石风化的基本指导思想是：通过人工处理后，使风化营力与被保护岩石隔离，以使岩石免遭继续风化；降低风化营力的强度，以减慢岩石的风化速度。如为防止因温度变化而引起的物理风化，可在被保护岩石表面用黏性土或砂土铺盖，其厚度应超过该地区年温度影响深度 5~10cm。一般说用亚黏土作铺盖材料时效果较好，它既可防止气温变化的影响，又因其渗透性微弱可防止气液的侵入。若是防止水和空气侵入岩体，可用水泥、沥青、黏土等材料涂抹被保护岩石的表面，或用灌浆充填岩石空隙。

在国外曾采用各种化学材料浸透岩石，使之充填岩石空隙，或在空隙壁形成保护薄膜，以防止风化营力与岩石直接接触。有的采用化学材料中和风化营力，使其风化能力降低。这些方法由于费用昂贵，技术又较复杂，目前在我国尚未普及推广。

当以风化速度较快的岩石作地基时，基坑开挖至设计高程后须立即浇注基础，回填封闭。有时基坑开挖未达设计高程前，可根据岩石的风化速度，预留一定的岩石厚度，待浇注基础工作准备妥当后，再全段面挖至设计高程，然后迅速回填封闭，或分段开挖，分段回填。这些措施均能达到防止岩石风化的目的。

4.4 本章小结

风化作用按作用因素与作用性质的不同，主要分为物理风化、化学风化和生物风化三种类型。实际当中，这三者常常是联合进行与互相助长的。

影响岩石风化的因素有气候特征、地形特征、岩石特征等三类。

风化作用对岩体工程地质性质的影响主要表现在：（1）改变岩体结构；（2）改变岩体的矿物成分。

防治风化的措施主要分为两类：（1）对风化岩石的处理措施；（2）预防岩石风化的措施。

4.5 习题

4-1 生物有哪些风化作用？

4-2 哪类岩石易于风化？

4-3 如何防治风化作用？

5　河流侵淤作用及相应工程地质问题

陆地表面经常或间歇有水流动的凹槽，称为河流，即为流动的水和凹槽的总称。河流是水循环的一个重要组成部分，是地球上重要的水体之一。河流还是最活跃的地质外动力之一，它塑造陆地形态，改变地球外貌，并将大量由河流侵蚀而成的物质连同风化剥蚀产物一并输入湖泊和海洋。河流沉积物及其岩石是地表的重要组成部分，常常含有重要的矿产和油气资源。自古以来，河流和人类的关系就十分密切，它是重要的自然资源，在灌溉、航运、发电、水产、供水等方面发挥着巨大的作用。一方面，很多文明都孕育于河流，如黄河文明、长江文明以及幼发拉底河、底格里斯河附近的美索不达米亚文明等；另一方面，河流泛滥引发的洪灾在全球自然灾害的破坏程度排序中位居前列，严重地影响着人类的社会生活。因此要开发利用河流，变水害为水利，就必须深入研究河流。

5.1　河流概述

5.1.1　地表水流

地表水流分为坡面水流、沟谷水流、河流水流三类。

在降雨过程中，雨水沿自然斜坡流动，其流速小、水层薄，水流方向受地面起伏影响大，无固定流向，形成网状细流，称为片流，即坡面水流。片流能比较均匀地洗刷山坡上的松散物质，并在山坡的凹入部位或山麓堆积起来，形成坡积物。坡积物在山脚地带常常联结成一种覆盖斜坡的裙状地形，称为坡积裙（见图5-1）。

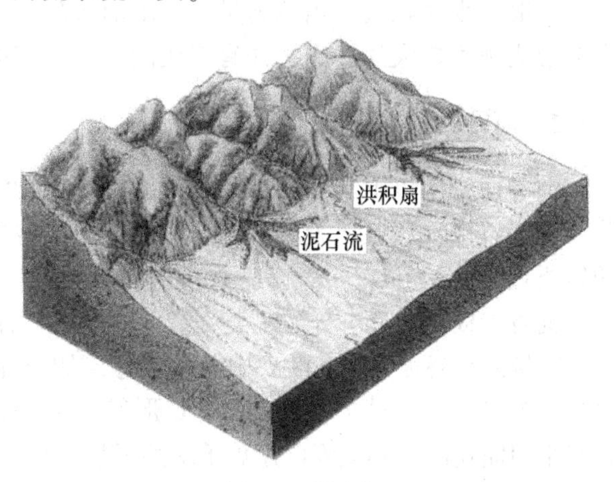

图5-1　坡积裙

坡面水流总是趋向于沿着坡面最倾斜的地方进行流动，久而久之，坡面最倾斜的地段就会受雨水冲刷形成沟槽。沟槽形成后，坡面水流更多地向沟槽集中，并以其较大的能量刷深和扩大沟槽，沟槽就发展成为沟谷，片流也就转变成沟谷水流。沟谷水流具有固定流向，水源为大气降水补给。雨后水量大，无雨水量小，乃至干涸。沟谷由小到大，逐渐发展。短的不到数米，长的达数千米到数万米，谷深数米、数十米至数百米。切割较深、规模较大的沟谷称为冲沟（见图5-2）。它的上端叫沟头，下端叫沟口。大雨时，冲沟的水量增大，将大量碎屑物质搬运到山前或山坡的低平地带，迅速堆积，形成洪积物。

洪积物往往呈扇状分布，扇顶在沟口，扇形向山前低平地带展开，称为洪积扇（见图5-3）。洪积物的分选性和磨圆度均较差，但从水平分布看，近沟口较粗，远沟口较细。

一系列洪积扇相互联结，可形成洪积平原。其中埋藏着的丰富地下水可成为城市建设的基地。内蒙古的呼和浩特至包头一带，即位于大青山山前的洪积平原上。

图 5-2　冲沟

图 5-3　洪积扇

冲沟的发展有两种趋势：一是停止向下冲刷，冲沟表现出沟底宽阔平缓、沟坡缓缓上凸的特征，沟底堆积较细的砂土和黏土，它标志着冲沟的衰老；另一种是流水深切沟底达地下水面，冲沟流水逐得到地下水源补充，暂时性的冲沟流水便转变成具有经常流水的河流，冲沟发展成为河谷。

冲沟的发展受几方面的因素制约：汇水面积的大小、当地雨量的多寡、地形陡峭程度、地层的破碎程度等。

一般汇水面积大、当地雨量多、地形较陡、地层较破碎的地区，冲沟发育较快，常常容易形成规模较大的冲沟，并有形成潜在泥石流的趋势，应给予密切关注。

5.1.2　河谷的横剖面

河谷通常由以下几个要素组成：经常有流水的部分，称为河床；河床两旁的平缓部分，称为谷底；谷底以上的斜坡，称为谷坡；谷坡与谷底的交接处，称为坡麓；谷坡上部的转折处，称为谷缘。

河谷按横剖面形态分为三类：(1) V 形谷。谷坡很陡，谷底狭窄，甚至无平坦的谷底，河床直接嵌在谷坡之间。峡谷中流水湍急，如玉龙雪山下的金沙江虎跳峡峡谷，谷深 3000 多米，驰名中外（见图 5-4）。(2) U 形谷，谷底较宽，谷坡较陡（见图 5-5）。(3) 碟形谷，谷底平坦而宽阔，其宽度可达数千米甚至数万米，谷坡较缓，没有明显的坡麓。

图 5-4　虎跳峡

图 5-5　U 形谷

此外，关于河谷的横剖面，还应了解“湿周”、“过水断面”、“大断面”、“水力半径”等相关术语。

过水断面。指某一时刻水面线和河底线包围的面积。

湿周。过水断面上被水浸湿的河谷部分。

大断面。指最大洪水时的水面线与河底线包围的面积。

水力半径。过水断面面积与湿周之比。

5.1.3　河流的纵剖面

一条河流由较陡峻的山体流经宽缓的平原而入海，沿其中轴方向构成一条向海倾斜、中段略为下凹的曲线，是为河流的纵剖面。换而言之，河流纵剖面是指沿河流轴线的河底高程或水面高程的变化，故而河流纵断面可分为河底纵断面和水面纵断面两种，河流纵断面可以用比降来表示，即河段上下游高程差与河段长度的比值。

5.1.4　流域

一条河流及其支流所构成的总区域，称为该河流的流域，该区域内所有的地表水流均注入该河流水系之中。分隔不同流域的高地或山地称为分水岭（见图5-6），分水岭最高点的连线称为分水线或分水界。如秦岭是黄河和长江的分水岭，而秦岭的山脊线便为黄河和长江的分水线。其中，相邻的支流之间也有分水岭。这些较小的分水岭同样将不同支流的流域分隔开来。

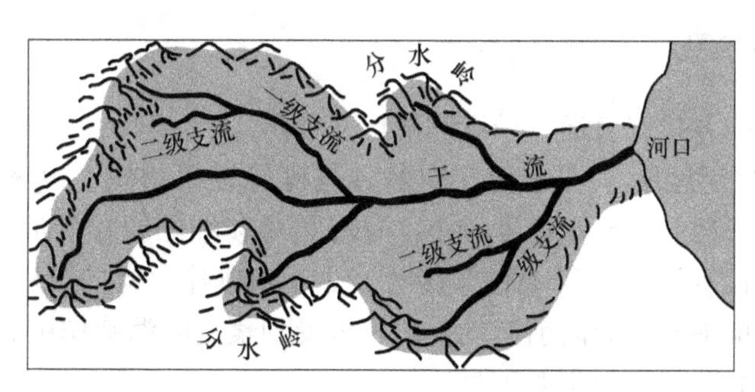

图5-6　分水岭

分水线可分为地表分水线和地下分水线。地表分水线主要受地形影响，而地下分水线主要受地质构造和岩性控制。分水线不是一成不变的。河流的向源侵蚀、切割，下游的泛滥、改道等都能引起分水线的移动，不过这种移动过程一般进行的很缓慢。而上述的流域亦即分水线所包围的区域，由于分水线有地表及地下之分，故流域也可分为汇集地表水的区域和汇集地下水的区域。

流域可分为闭合流域和非闭合流域。地表分水线与地下分水线重合的流域称为闭合流域；相反，称为非闭合流域。

流域面积、流域形状、流域高度、流域坡度、流域的倾斜方向、干流流向等是流域的重要特征。这些特征对河川径流的影响是明显的，如流域面积大，河水量也大，洪水历时长，且涨落缓慢；流域形状圆形较狭长形的洪水集中，且洪峰流量大；流域高度越高，河水量越多。

5.1.5　河流水情要素

水位。河流水位是指河流某处的水面高程。

水位过程线。指水位随时间变化的曲线。

水位历时曲线。指大于和等于某一数值的水位与其在研究时段中出现的累积天数绘制而成的曲线。

流速。河流中水质点在单位时间内移动的距离。

流量。指单位时间内通过某过水断面的水的体积。

流量过程线。是流量随时间变化过程的曲线。

5.2　河流的搬运作用

5.2.1　流水质点的运动方式

流水质点具有两种流动形式：一种是质点间相互平行进行流动，形成的流线不交错，称为层流；另一种是质点以复杂的流线形式交错，质点互相混合，称为紊流。河水流动的形式基本都是紊流，只有在流速非常缓慢，或水很浅，河床底部较平滑时才会发生层流（见图 5-7）。

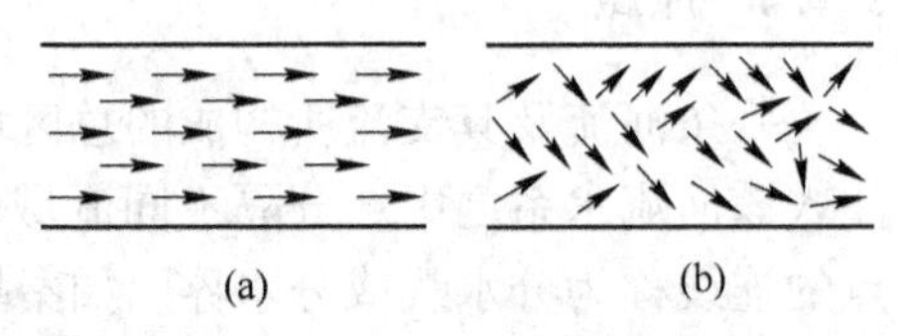

图 5-7　流水质点运动方式

（a）层流；（b）紊流

5.2.2　物质搬运的方式

流水搬运物质的方式有底运、悬运和溶运三种。

（1）底运又称牵引搬运，是指河床中的砂与砾等较粗物质，以滚动、滑动、拖动等方式沿河床底部的搬运。若流水速度较小，只有相对较细的颗粒沿河床底部滚动和滑动；若流速较大，便有较多颗粒在河床底部移动，并互相碰撞。有的颗粒（主要是砂）因互相碰撞而被瞬时性推举向上而向前运动，以及因受到紊流的涡旋作用而短暂上浮，呈跳跃式前进。底运物是磨蚀河床的主要工具。

（2）悬运。黏土、粉砂等细小颗粒由于流水的紊流作用而呈悬浮状态进行搬运。它是河流搬运物质的主体。洪水或暴雨后河水变得浑浊，即为悬运物骤增的结果。悬运物对河床没有直接明显的侵蚀作用，但悬运物可提高河水的密度，增加其搬运能力，由此增强对河床的侵蚀作用。

（3）溶运。易溶岩石及矿物溶解于河水中，以离子状态进行搬运。

5.2.3　河流的搬运能力和搬运量

河流能够搬运多大粒径碎屑的能力，称为河流的搬运能力，它受河流流速和流水密度的制约。在平坦的河床上，当流速小于 18cm/s 时，细小的微粒也难以移动；当流速达 70cm/s 时，直径数厘米的颗粒也能搬运。

河流能够搬运碎屑物质的最大量称为搬运量。它受河流流速、流水密度和流量尤其是流量的制约。长江中下游在一般的流速下携带的仅是黏土、粉砂和砂，但数量巨大；而一条快速的山间河流可以携带巨砾，但搬运量很小。

5.3 河流的侵蚀作用

河流侵蚀其流经的岩石与沉积物的过程称为河流的侵蚀作用。

5.3.1 侵蚀的方式

(1) 溶蚀作用。河水将岩石中的易溶解矿物组分溶解，促使岩石被侵蚀，河道被破坏。主要见于由碳酸盐及其盐类岩石组成的地区。

(2) 磨蚀作用。流速以其携带的砂泥和砾石为工具，磨蚀破坏河床。

5.3.2 侵蚀的方向

河流的侵蚀存在下蚀、旁蚀、溯源侵蚀三种趋势。

5.3.2.1 下蚀

下蚀又称底蚀，指河水垂直向下侵蚀、加深河谷的作用。如流水中的急速旋转的涡流促使其携带的砾石像钻具一样作用于河底，河底被钻出一个个的窝穴（见图 5-8）。

图 5-8 涡旋形成的窝穴

实际中，河流不可能无限制的下切侵蚀，往往受某一基面所控制。比如一条汇入湖泊的河流，当它下蚀至与湖面齐平时，河流坡度消失，流水失去动力，下蚀即无法进行，那么该湖泊即为这条河流的侵蚀基准面。侵蚀基准面的高度并非长期固定不变。地壳的抬升或下降，均可能改变侵蚀基准面的高度，强化或弱化河流下蚀的能力，并使侵蚀与沉积的关系发生转换。

河床坡度局部较大造成的急流以及河床局部地段呈阶梯状跌水形成的瀑布，可加剧河流的下蚀作用。

瀑布的下蚀作用极为强烈。在瀑布跌落处常形成深潭。由于水力的冲击和旋涡水流的掏蚀，掘掉瀑布陡壁下部的软岩层，使上面突出的硬岩层失去支撑而崩落，导致瀑布向上游方向后退。如美国纽约州西边的尼亚加拉河瀑布，落差达 57m，每年后退约 0.3m，3 万年来共后退 10.4km。我国黄河壶口瀑布平均每年后退 5cm（见图 5-9）。

图 5-9　壶口瀑布

5.3.2.2　*旁蚀*

旁蚀又称侧蚀，指河水冲刷河道两侧以及谷坡，使河床左右迁徙、谷坡后退、河床及谷底加宽的作用。

（1）旁蚀的作用方式。旁蚀的作用方式主要有横向环流和科里奥利效应。

横向环流。流水通过弯道时，因惯性作用产生的离心力，导致河流表面流水从凸岸涌向凹岸，凹岸水面抬高，凸岸水面降低，而河流内部流水则从凹岸涌向凸岸，就此形成横向环流（见图 5-10）。在横向环流的作用下凹岸侵蚀，侵蚀下来的物质向凸岸搬运沉积。

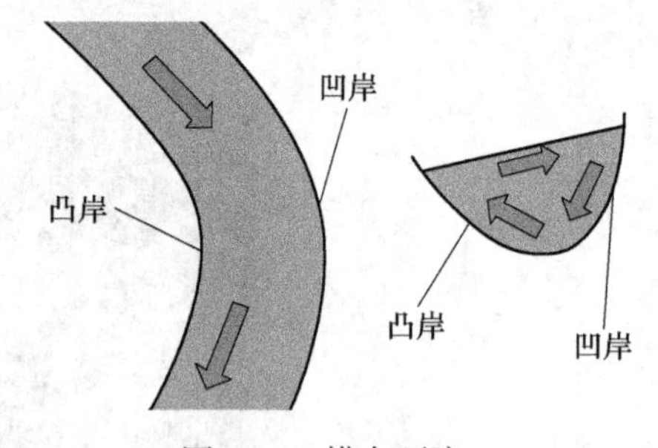

图 5-10　横向环流

科里奥利效应。在科里奥利力（简称为科氏力，在这儿指地球自转导致的偏移力）的作用下，水体运动的方向在北半球恒偏向前进方向的右侧，在南半球偏向前进方向的左侧。在河流右弯处，离心力和科氏力方向一致，对凹岸的侵蚀力增强；在河道左弯处，则离心力与科氏力方向相反，抵消部分作用力，对凹岸的侵蚀力减弱。

（2）河床的变化。由于旁蚀作用，河床将发生下列变化：第一，弯道凹岸的河底加深扩展，尤其在弯道的下游前缘表现最为强烈；第二，凹岸因其下部被掏蚀，上部崩塌，形成悬崖，凸岸变成平缓的堆积滩，故弯道横剖面形态不对称；第三，由于凹岸不断加深扩展，并向下游方向移动，凸岸的堆积滩不断增大，也向下游方向移动，其结果是使河床呈弯曲状不断向下游方向迁移。

早期的河谷狭窄，横剖面呈 V 形，河谷两侧有连续的山嘴；中晚期，随着弯道的发展，谷坡不断后退，山嘴被削去，现场平坦而宽阔的槽状谷底堆积体逐渐扩大并连城一片，河谷的横剖面变成 U 字形；晚期，河谷会演变成碟形，此时，谷底就转变为冲积平原。

（3）自由河曲。在平坦宽阔的冲积平原上流动的河流，其弯道的演化自由充分，这种河流弯道称为自由河曲。自由河曲中，河湾曲折的地带称为河曲带（见图 5-11）。随着河湾的演化，河曲带加宽，河道长度增大，河床坡度减小，流速减低。洪泛期，水流能冲破河湾颈部，取直道前进，造成河道的截弯取直。河道截弯取直以后，原来的河湾被废弃，堵塞成湖，称为牛轭湖。我国长江中下游自宜昌以下，发育很好的自由河曲和牛轭湖如图 5-12 所示。

图 5-11 河曲带

图 5-12 牛轭湖

5.3.2.3 溯源侵蚀

溯源侵蚀是指河流向其源头方向侵蚀的作用。

溯源侵蚀主要发生在河谷的沟头。因为沟头聚集了山坡上的诸多片流，其流量和流速较大，垂向侵蚀能力较强，沟头便向上坡方向延伸。此外，当侵蚀基准面因某种原因下降时，河口段也能发生显著的溯源侵蚀作用。不难理解，溯源侵蚀作用是和下蚀作用相伴而生的，溯源侵蚀是下蚀作用的必然结果。瀑布掏空侵蚀造成的后退属于一种局部性的溯源侵蚀作用。

溯源侵蚀使河流由小变大，由短变长。它使许多相互分隔、规模较小的流水联合起来。

随着河流向源头方向伸长，其分水岭就逐渐变窄，高度随之降低。如果分水岭两侧河流的溯源侵蚀能力相同，则分水岭只发生高度的降低，其位置不发生移动；如果一侧河流的溯源侵蚀能力超过另一侧，则分水岭不仅高度降低，位置也会随着溯源侵蚀能力弱的河流一侧移动。

此外，一条河流向源头方向加长可导致它与另一条河流交切，截夺后者上游的河水，造成河流袭夺。在袭夺发生处易形成近 90°的急转弯，称为袭夺弯。袭夺他河的河流，称为袭夺河；被袭夺者，称为被夺河。被夺河的中下游称为截头河。截头河的上游与袭夺河之间的干涸谷底称为风口。

5.4 河流的沉积作用

河流的溶运物质及部分悬运物，往往要待搬运入湖、海以后，通过湖、海水的作用才会发生沉淀。而河流底运物及部分悬运物可通过侵蚀、沉积的反复过程不断向河口方向移动，并在河谷的适当部位，如在河口，最终沉淀下来。

5.4.1　沉积发生的原因

（1）流速降低。在河道由狭窄突变为开阔的地段、河流弯道的凸岸、支流的交汇处、河流的泛滥平原上、河流的入湖、入海处等，均会发生流速明显降低的现象。

（2）流量减少。原因很多，如遇枯水期、河流被袭夺、在干旱区河水遭受强烈蒸发等。

（3）河流超负。山崩、滑坡以及洪水等将大量碎屑物注入河床，或单纯由于流量减少，均可使河流超负，使较粗的碎屑物在河床中沉积下来。这种沉积过程称为加积作用。河床因加积作用而抬高，并朝宽而浅平的方向演化。河水在宽而浅的河床上流过，会频繁发生分散与汇集作用，形成辫状河（见图 5-13）。辫状河的多条岔道及岔道间的沙坪均不稳定，其位置和宽度易于改变。

图 5-13　辫状河

（4）河床底部变平。河床底部在某些地段变得比较平坦，导致涡流减弱，容易发生沉积。

5.4.2　冲积物

河流沉积的物质称为冲积物。它具有下列特征：

（1）由碎屑物组成。主要为砂、粉砂、黏土，有时（如山区河流沉积）可出现较多砾石。黄金、金刚石等重要矿物可局部富集，形成矿产。

（2）分选性较好。流水搬运能力的变化比较有规律。近源区者，河道较窄，冲积物大小混杂；远源区者，冲积物经过长距离搬运，其大小趋于一致，分选良好。

（3）磨圆度较好。较粗的碎屑物质在搬运过程中互相摩擦，碎屑物与河底之间不断摩擦，促使其外形变圆滑，如河床中的卵石。

（4）成层性明显。河流沉积作用具有规律性变化。如在河床侧向迁移过程中，河谷同一地点在不同时期所处的部位是不断发生变化的，接受沉积物的特征就不一样。就同一地点而言，洪水期沉积物粗且量大，枯水期沉积物细而量少；沉积物颜色夏季较淡、冬季较深，等等。因而在沉积物剖面上表现出明显的成层现象。

（5）韵律性清楚。两种或两种以上有某种关联性的沉积物在平面上有规律的交替重复，称为韵律性或旋回性。典型的河流沉积物韵律包括下部的河床沉积（砂砾、粗砂）、中部的河漫滩沉积（粉砂）、上部的牛轭湖沉积（泥质）。它们是河床在侧向摆动时逐次沉积的产物，如河床反复进行侧向摆动，则可以形成若干个韵律。

（6）具有波痕、交错层等原始沉积构造。其波痕多为非对称形态，交错层主要呈单向倾斜。构成交错的物质除以砂为常见者外，可出现砾石，即由扁平、长条状的砾石呈单向倾斜排列而显示交错层。这是动能较强的山区河流所具有的特征。

5.4.3 冲积物的地貌类型

5.4.3.1 心滩

心滩是由河床中部的沉积物构成的形态，形成于河流从狭窄流入开阔段的部位。最初形成的是雏形心滩。雏形心滩可因后来的冲刷而消失，也可通过进一步沉积而发展加大。由于雏形心滩的存在，过水断面缩小，水流速度增大，并促使主流线偏向两岸，从而使两岸遭受冲刷，发生后退，产生环流。这种环流不同于前叙的横向环流。这时，表层水流从中部分别流向两岸，底层水流从两侧流向中间，形成两股环流，促进河床中部发生沉积作用。流水携带的碎屑沿雏形心滩周围不断淤积，使之不断扩大和堆高，转变成心滩。心滩在洪水期被淹没，在枯水期露出。如心滩因大量沉积物堆积而高出水面，则成为江心洲（见图 5-14）。江心洲仅在特大洪水时才被淹没。一般来说，洲头（朝向流水流来的一端）不断侵蚀，洲尾不断沉积，江心缓慢向下游移动扩展。在移动过程中，几个小洲可能合并成一个大洲；江心洲也可能向岸靠拢与河漫滩相联结。

图 5-14 江心洲

5.4.3.2 边滩与河漫滩

（1）边滩。即点沙坝，是横向环流将凹岸掏蚀的物质带到凸岸沉积形成的小规模沉积体。

（2）河漫滩。是边滩变宽、加高且面积增大的结果。在洪水泛滥时可被淹没。在丘陵和平原区，因河床底部开阔，多形成宽阔的河漫滩（见图 5-15），其宽度由数米到数万米以上，可以大大超过河流本身的宽度。我国黄河、长江下游都有极宽阔的河漫滩。黄河下游，常因洪水在河漫滩上漫溢成灾。洪水漫溢时，水流分散，流速降低，加上滩面生长的植物阻碍洪水的流动，泥质和粉砂等较细物质便在河漫滩上沉积下来，形成河漫滩沉积物。

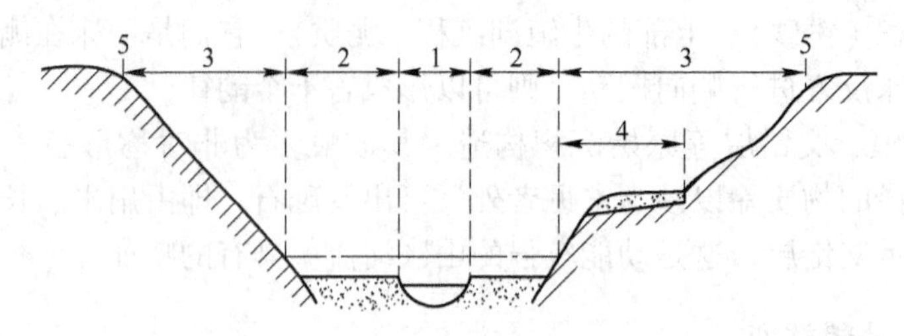

图 5-15 河谷示意图

1—河床；2—河漫滩；3—谷坡；4—阶地；5—谷缘（谷肩）

———枯水位；----洪水位

河漫滩沉积物的下面常常发育砂和砾石等早先在床底及河漫滩中沉积的碎屑物，是河床曾在谷底上迁移的痕迹。河漫滩沉积物和下面的河床沉积物一起构成了河漫滩二元结构。这种结构是丘陵及平原地区河流沉积物具有的普遍特征。

由于河床往复摆动，河漫滩不断扩大，相邻的河漫滩最终将连成一片，从而形成广阔的冲积平原，即主要由冲积物组成的平原。沿河床两侧常出现堤状地形，称为自然堤。其形成是因为洪水溢出河岸时，流速骤然减低，较粗物质立即在紧靠河床的边缘部位沉积下来。为预防洪水泛滥，人们常加筑人工堤于自然堤上。

（3）三角洲。由河口部位的沉积体构成的形态。河流入海时，河水和海水混合，流速骤减，遂发生沉积。最简单的情况是河流注入淡水湖形成的三角洲（见图 5-16）。因河水密度和湖水一样，河水与湖水充分混合，并迅速减速，从而发生沉积。一般规律是，在近河口处沉积较粗物质，稍远为中粒物质，更远为细粒物质。

在典型情况下，湖泊三角洲具有三层结构（见图 5-17）。其底部沉积于平坦的湖底，离河口较远，沉积物往往是黏土，产状水平，称为底积层；三角洲的中部，离河口较近，沉积物较粗，具有向湖心倾斜的原生状，称为前积层；三角洲的上部沉积发生在湖面附近，主要由河流漫溢而成，沉积物比前两层粗，产状水平，称为顶积层。随着三角洲向前推进，顶积层可转变成三角洲平原。构成三角洲的这三部分在垂直方向上是上下关系，在横向上则是距河口远近的关系。

图 5-16 三角洲

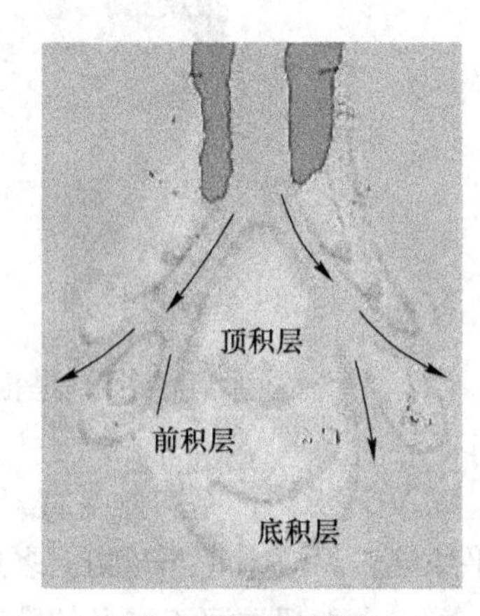

图 5-17 三层结构

入海口形成的三角洲比湖成三角洲的结构复杂。入海口三角洲的前积层坡度比较平缓，仅仅是几度以内，但在水平范围上延伸很远。海成三角洲兼有海浪和潮汐形成的物质，成分比较复杂。三角洲上常沉积大量饱含有机质的淤泥，它们经过长期地质作用，可形成石油和天然气。当今有不少三角洲已经成为石油和天然气的重要产地，如我国黄河三角洲和美国密西西比河三角洲等。

入海口三角洲的形成需要有以下条件：第一，河流的机械搬运量要大，形成三角洲的沉积物能够充分补给；第二，近河口处坡度要缓，海水要浅，可使三角洲得以扩大发展；第三，近河口处无强大的波浪和潮流冲刷，沉积物能得以充分保存。因此，三角洲不是在所有河口都能发育。如我国钱塘江口并未形成三角洲，因为这里的海湾和潮汐作用很强，大量的泥沙物质均被冲刷掉了。

三角洲的平面形态是多样的，有鸟嘴状、扇状等，如我国长江三角洲即为鸟嘴状。

5.5　影响河流侵蚀与沉积的因素

5.5.1　流速

流速指单位时间内水流流过的距离。河流的中等流速约为5km/h，洪水期间的流速可增加到25km/h。

从水流的横剖面观察，平直河道的最大流速位于中部，河道弯曲部位的最大流速位置偏于弯道凹岸。

流速是制约河流侵蚀、搬运与沉积的关键因素。高流速意味着河流侵蚀与搬运能力强；低流速则可导致其搬运物发生堆积。流速的轻微变化也会引起河流搬运的碎屑物发生变化。调查表明，最低流速所搬运的并非黏土和细粉砂，而是沙。原因是，前者颗粒细微而均匀，具有明显的分子引力，其物质质点之间能发生紧密的粘连，提高了抗侵蚀能力。

5.5.2　河床的坡度

山区河流的坡度约为10~40m/km，平原区宽缓河流的坡度约为0.1m/km或更小。

坡度决定流速。坡度在河源头大，向河口方向逐渐减小，途中也可因岩性或构造等因素而局部性增大。

5.5.3　河床横剖面形态和河床的粗糙度

同样的河流截面积，越是宽浅的河床，河流与河床的接触面积越大，受到的河床摩擦阻力越大，流速越慢；而深窄的河床，河流与河床的接触面积较小，受到的河床阻力较小，流速越快。

河床的粗糙度即河床表面的粗糙程度，是由河床上的碎屑物颗粒粗细程度决定的。砾石质河床比粉砂、黏土质河床粗糙度大，对水流的摩擦阻力相应增大，流速必然要小。

5.5.4　流量

流量是单位时间内通过一定过水面积的水量。它取决于流域面积和降水量，并随季节而变化。在洪水期，河流的流量通过其支流水体的大量补给而急剧增加。持续的大暴雨可以使河流的流量增加数十倍。

洪水期增加的流量除用于加强河流的侵蚀和搬运能力，从而加深、加宽其河床外，必然会提高流速使其水体更快排泄。

在枯水期，流量及流速减低，致使大量的负荷物沉积下来。河流的流量向下游方向总是逐渐增加的。在干旱期，因河水被蒸发以及朝地下渗透，导致河流的流量向下游方向减少。

5.6　河流侵淤作用相关工程地质问题

与河流侵淤作用相关的工程地质问题，主要表现在相应水利工程方面，如水库、桥梁等。

5.6.1　水库

水库为人工形成的静水域，河水流入水库后流速顿减，水流搬运能力下降，所挟带的泥砂就沉积下来，堆于库底，形成水库淤积。淤积的粗粒部分堆于上游，细粒部分堆于下游，随着时间的推延，淤积物逐渐向坝前推移。修建水库的河流若含有大量泥砂，则淤积问题将成为该水库的主要工程地质问题之一。我国黄河干流上的三门峡水库，若不采取措施，几十年后将全部淤满。山陕高原上有一些小水库，建成一年后库容竟全部被泥砂淤满。

有人对我国 20 座水库淤积状况作过统计，根据统计资料，在不到 14 年内，20 座水库平均库容损失率为 31.3%，年平均损失率为 2.26%。

水库淤积的形式，有壅水淤积和异重流淤积两种。

携带泥沙的河流进入水库蓄水段后，泥沙扩散到全断面，随着水流搬运能力沿流程降低，泥沙沉积于库底，并形成上游粗下游细，有规律分布的三角洲，这就是壅水淤积。

异重流淤积（见图 5-18）多发生于多细粒泥沙河流中。当水库水流含沙量高，并有足够的流速时，浑水潜入清水下面，沿库底向下游继续运动，并可一直运行到坝前，在回流作用下使水库变浑，细土粒缓缓落于库底。如果及时开启大坝排沙底空闸门，异重流淤积物能随水排出库外。

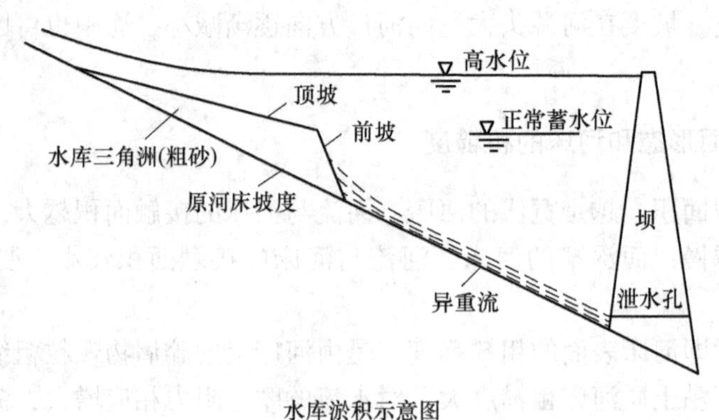

图 5-18　异重流淤积

5.6.2　桥梁

桥渡工程中墩台基础的稳定安全问题：

当河床由松散冲积物组成，墩台基础砌置较浅，或未采用特殊的人工基础，在水流作用下墩台将失去稳定性，可能造成整座桥梁工程的倾斜破坏。

工程地质勘查在此的主要任务是预测水流对地基的最大冲刷深度，为保证墩台基础的稳定安全，应砌置在最大冲刷深度以下。因此，水流最大冲刷深度的确定，是关系到桥渡工程安全稳定和经济合理的重要课题。

冲刷深度的计算主要涉及一般冲刷深度和局部冲刷深度。

$$h_1 = ph$$

式中，h_1为一般冲刷深度（冲刷后河床深度）；h 为冲刷前河床深度；p 为冲刷系数。

$$h_2 = ph\left(\frac{U_1}{U_0}\right)^m$$

式中，h_2为局部冲刷深度；U_1为河流天然平均流速；U_0为组成河床的土粒的允许流速，m 为指数。最大冲刷深度 $h=h_1+h_2$。

5.7 本章小结

陆地表面经常或间歇有水流动的凹槽，称为河流，即为流动的水和凹槽的总称。

河流补给可分为降雨补给、融水补给、湖泊和沼泽补给和地下水补给等类型。

流水搬运物质的方式有底运、悬运和溶运三种，河流的侵蚀的方式主要为溶蚀和磨蚀，侵蚀方向则有下蚀、旁蚀、溯源侵蚀三种趋势。

影响河流侵蚀与沉积的因素主要为：流速、河床坡度、河床横剖面形态和河床的粗糙度和流量。

水库相关河流地质作用主要为壅水淤积和异重流淤积两种，桥梁工程主要涉及墩台基础的稳定安全问题。

5.8 习题

5-1 冲沟的发展趋势有哪些？受何影响？

5-2 河流阶地如何形成？

5-3 河流两岸人类工程是否受到河流影响？如何影响？

6　地下水及相应工程地质问题

地下水广泛赋存于地面以下岩石空隙之中，其中的淡水量占全球淡水总量的14%，在水资源中占有极为突出的地位，亦是改造地球外貌的重要外力因素。

6.1　地下水概述

6.1.1　地下水的赋存条件

6.1.1.1　岩石的空隙

地下之所以能储存水是因为岩石或沉积物具有空隙，包括孔隙、裂隙和溶穴。岩石颗粒之间的空隙，称为孔隙；岩石的裂缝即为裂隙；可溶性岩石受溶蚀后形成的孔洞称为溶穴或溶洞，地下水皆赋存于岩石的空隙之中。

孔隙的数量用孔隙度表示，是指单位体积岩石或沉积物（包括孔隙在内）中孔隙体积所占的比例。如以 n 表示孔隙度，V_n表示孔隙体积，V 表示岩石或沉积物体积，其表示式为：

$$n = \frac{V_n}{V} \times 100\%$$

决定孔隙度大小的主要因素包括：（1）颗粒的粗细。粗者（如砾石）孔隙度低，细者（如细砂）孔隙度高。（2）分选程度。分选好者高，分选差者低，如颗粒均匀的砂和砾石其孔隙度为30%～35%，而砂与砾石混合物的孔隙度为15%～20%。（3）颗粒的形状。近球形者高，不规则形状低。（4）胶结程度。胶结程度差者高，胶结程度好者低。此外，颗粒排列的疏密程度对孔隙度也有影响。如火成岩中岩石致密、气孔和裂隙均不发育者，其孔隙度极低。

岩石中裂隙的发育程度用裂隙率表示，它是岩石中裂隙的总体积和岩石总体积之比。岩石中洞穴的发育程度则以喀斯特率度量，它是溶洞总体积和岩石总体积之比。

6.1.1.2　岩石的透水性

岩石的透水性是指岩石被水透过的能力。岩石透水性主要取决于岩石空隙的多寡以及空隙本身的连通性，空隙多且连通性好则岩石透水能力强，反之则弱。依据岩石透水性的强弱，可将岩层分为透水层和隔水层。如淤泥和黏土等不易透水，故称为隔水层；如果岩石空隙粗大并相互连通，水能自由透过，这种岩层称为透水层。透水层中如饱含地下水，则称为含水层。

6.1.1.3　地下水面

水井中的水会成一个自由水面。相邻水井的水面构成一个连续的面，即地下水面。此面以上的岩石其空隙被水和气体同时充填，称为包气带；地下水面以下的岩石其空隙充满水，称为饱水带。地下水面就是饱水带的顶面。

6.1.2　地下水的化学成分

地下水通常无色无味，含有多种元素。含量较高的是克拉克值高且在水中有较大溶解度的O、Ca、Mg、Na、K，以及克拉克值不高但溶解度大的元素，如Cl等。有些元素如Si、Fe等，虽然克拉克高，但其溶于水的能力很弱，在地下水中含量一般不高。各种元素在地下水中主要以离子形式存在。如Cl^-、SO_4^{2-}、HCO_3^-、Na^+、K^+、Ca^{2+}、Mg^{2+}等，它们决定了地下水化学成分的基本类型。

地下水所含各种元素的离子、分子和化合物的含量，称为矿化度，常用单位为g/L。根据其大小，可分为五种类型的水：矿化度小于1g/L的称为淡水，1~3g/L的称为弱咸水，3~10g/L的称为咸水，10~50g/L的称为强咸水，大于50g/L的称为卤水。矿化度的大小与水中所含离子成分有一定联系。矿化度低的以含HCO_3^-、Ca^{2+}、Mg^{2+}为主，矿化度高的以含Cl^-、Na^+为主，矿化度中等的以含SO_4^{2-}、Na^+、Ca^{2+}为主。钙、镁盐类含量高的水称硬水，煮沸时会出现较多沉淀物。

6.1.3　地下水的补给和排泄

含水层从外界获得水，称为补给。大气降水是最重要的补给来源。此外，水位高于地下水面的河流与湖泊也是地下水的重要补给来源。相反，如果何流与湖泊的水位低于地下水面，地下水反而会向河湖排泄。土壤孔隙中水气冷凝形成的凝结水对干旱沙漠区的地下水有一定的补给意义。农田灌溉用水及来自其他含水层的水也能起补给作用。

含水层失水称为排泄。排泄的渠道主要是泉、蒸发、泄流以及人工排泄与开采。

泉是地下水的天然露头，常见于山区及丘陵区的沟谷、山麓以及冲积扇的边缘。平原区泉就少得多。地下水受静水压力作用，上升并溢出地表所形成的泉称为上升泉（见图6-1），如喷泉；仅受重力驱使而向下自然流出的泉称为下降泉（见图6-2）。

泉水的形成有多种途径，如含水层被侵蚀，地下水在流动中遇到透水性弱的岩石或隔水层的阻拦，断层充当隔水层阻挡地下水流，地下水沿断层上升等。济南是举世闻名的泉城，城内有100多个泉，大多数具有上升泉性质。原因是市区北侧地下水流经闪长岩及辉长岩体时遇阻，被迫上升而出露地表。

图6-1　上升泉

图6-2　下降泉

从补给区向排泄区流动的地下水称为地下径流。地下水在岩石的有限空隙中流动时，因摩擦阻力大以致流速缓慢。

6.2 地下水的类型

6.2.1 根据地下水埋藏条件划分

地下水根据埋藏条件可划分为包气带水、潜水及承压水，如图6-3所示。

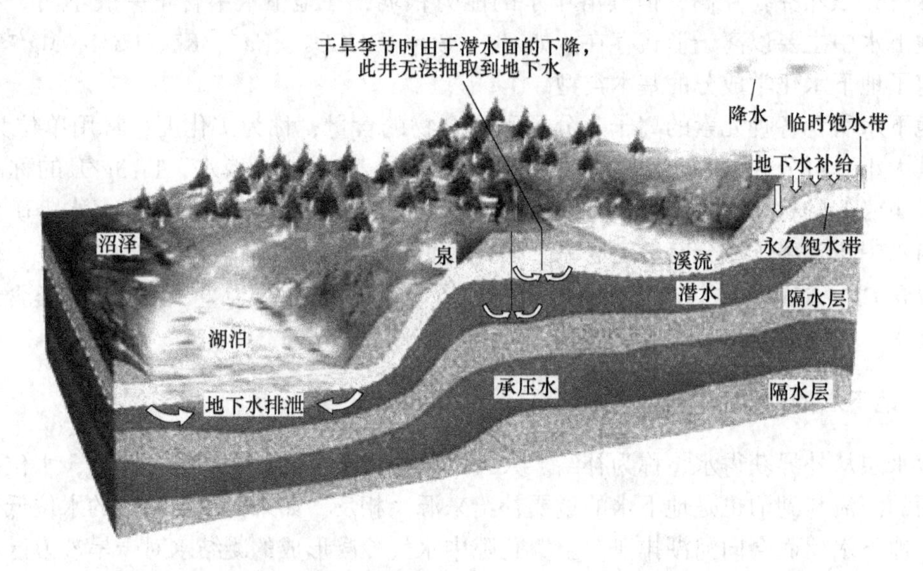

图6-3 包气带水、潜水、承压水示意

6.2.1.1 包气带水

包气带是介于地面与地下水面之间的地带。包气带中的水是以气体状态存在的气态水，或是因静电引起而吸附于颗粒、裂隙、溶穴表面的结合水，或是因毛细管作用而存在的毛细管水，以及“过路”重力水。过路重力水出现于雨后不久，这时下渗水的重力效应大于固体质点表面对水的引力，因而水向下运动。包气带水影响植物生长与土壤的物理性质，但不能被开采取用。

包气带中如有局部隔水层存在，隔水层以上的透水层便可局部蓄水。这种水称为上层滞水。它能自由流动，可以为人们所取用，但其水量不大，并有季节性变化：在补给充沛的季节水量大，在干旱季节水量少，甚至消失。在地形切割处，它能以泉的形式排泄。

6.2.1.2 潜水

地面以下第一个稳定隔水层上面的饱和水称为潜水。它的上面没有稳定的隔水层，主要是通过包气带与大气相通。潜水层的顶面，称为潜水面，即地下水面。

潜水面和下伏隔水层顶板之间的距离称为潜水层厚度；潜水面到地面的距离称为潜水的埋藏深度。

潜水面有高低起伏，水顺着潜水面的倾斜方向从高处向低处流动，流动的速度很慢，每天仅数厘米或每年若干米。流速取决于潜水面的坡度和岩石空隙的大小。正是因为潜水运动的速度慢，具有一种堆积效应，以致潜水面的高度是在高地者高，低地者低。

深部的水因受上覆岩层的强大压力，也可以以运动，流向压力小的河、湖之中。

潜水存在于孔隙、裂隙或溶穴中，分布广泛。潜水的埋藏状况取决于自然地理环境和地质条件。山区由于地形强烈切割，潜水埋藏深度可达十余米、几十米或更深；平原区地形平坦，切割微弱，潜水埋藏一般在几米以内。同一地区潜水的埋藏深度具季节性变化，雨季或多雨年份补给充分，潜水面上升，埋藏深度变浅，且水量丰富；干旱季节或干旱年份则反之。与此相应的是，在雨量丰富及地形切割强烈的地区，潜水的循环和更新较快，在干旱气候地区潜水因蒸发而浓缩，其矿化度较高。潜水由于埋藏相对浅，分布范围广，是常用的水源。一般民用井都是取用潜水。

6.2.1.3　承压水

承压水是充满于上下两个稳定隔水层间的含水层中的水。承压水因被围限在两个隔水层之间，承受着静水压力。如用钻孔打穿隔水层顶板，水便能沿着钻孔上升，甚至喷出地表，成为自流井。如地形条件不利，承压水只能上升到含水层顶板以上某一高度。

承压水是在岩性、地质构造、地形等条件相互配合下形成的，其中地质构造有决定性意义。最适宜的地质构造是向斜盆地或单斜盆地。如向斜盆地，含水层中心部分埋没于隔水层之下，两端出露于地表。含水层从高位一侧的补给区获得补给，向低位一侧的排泄区排泄，中间是承压区。

从总体看，承压水因含水层的面积较大、水量较丰富、排泄范围有限且动态比较稳定，因而是比较理想的地下水源。

承压水只有在含水层出露于地表，或在与地表连通处才能获得补给。如补给条件不佳且位于深部者，一旦被迅速且大量开采，就易出现水位持续下降，直至枯竭现象。因此，不能认为压力高的承压含水层就是最好含水层，更不能认为这种水源可以取之不尽用之不竭。

6.2.2　根据含水层空隙性质划分

（1）孔隙水。存在于孔隙之中，多呈均匀而连续的层状体分布，构成具有统一水力联系的含水层。主要见于第四纪松散沉积物及部分基岩的孔隙。

（2）裂隙水。存在于岩石裂隙中。裂隙的规模、密集程度、张开程度、连通程度各处不同，因此裂隙水的分布不均匀，且水力联系较差。此外，水的运动受裂隙方向及其连通程度的制约，并受补给条件的影响，因而裂隙水在不同部位的富水程度相差悬殊。有的部位裂隙发育密集、均匀且相互连通，故而水的分布相对均匀，可彼此连接，有统一的水位，称为层状裂隙水；有的部位裂隙稀疏，分布不均匀、彼此隔绝或仅局部连通，水呈脉状分布，故缺乏统一的水位，称为脉状裂隙水。

（3）岩溶水。存在于岩溶作用形成的溶隙、溶孔、溶穴中。该类水有含水量大，分布极不均匀的特点，同一标高范围内，或者同一地段，甚至相距几米，富水性可相差数十倍至数百倍。

6.3 地下水的地质作用

6.3.1 地下水的侵蚀

地下水的侵蚀主要变现为它的潜蚀作用，包括以下两种方式：

(1) 冲刷。地下水流分散，流速缓慢，冲刷力微弱。但是，长时间的冲刷也可以造成大型孔洞并引起表层塌陷。洞穴规模大的地下水流速较快，冲刷力增强。黄土主要由粉砂组成，颗粒细小，结构松散，且含有碳酸盐类矿物，因而最易被地下水冲刷和破坏。

(2) 溶蚀。地下水含有 CO_2，对石灰岩及含碳酸盐类矿物的岩石能起溶蚀作用。其反应式如下：

$$CaCO_3 + CO_2 + H_2O = Ca^{2+} + 2HO_3^-$$

分解出的 Ca^{2+} 和 HCO_3^- 随水流失。

由于地下水是在岩石空隙中运动，流速缓慢，水与岩石的接触面较大，因而其溶蚀作用显著。在湿热气候条件下，溶蚀是可溶性岩石遭受破坏的主要原因，并因此形成一种特殊的地貌——喀斯特（岩溶）。它是指由地下水（兼有部分地表水）对可溶性岩石进行以化学溶蚀为主、机械冲刷为辅的地质作用以及由这些作用形成的地貌。

6.3.2 地下水的搬运作用和沉积作用

6.3.2.1 搬运作用

除溶穴水有较强的机械搬运能力外，其他地下水主要以真溶液及交替溶液两种方式进行搬运。搬运物以重碳酸盐为主，有时也有氧化物、硫酸盐、氢氧化物、二氧化硅、磷酸盐、氧化锰以及氧化铁等。

6.3.2.2 沉积作用

(1) 按沉积的方式可分为：

机械沉积。地下暗河流到开阔地段时，因流速降低，便将其携带的碎屑物如细砾、砂和黏土等堆积下来。它们略有分选和磨圆，总体量少，有时混有某些有用矿物。对这些矿物进行研究可帮助确定地下水的补给源地，甚至指导寻找盲矿体。

化学沉积。以化学方式搬运的物质发生的堆积作用称为化学沉积。引起化学沉积的主要原因有：1) 当地下水上升，流出地表，或者在开阔处，水中所含二氧化碳因压力降低而溢出，导致水中 $Ca(HCO_3)_2$ 分解成 $CaCO_3$ 而沉淀；2) 水温降低，尤其是温泉流出地表时，水温剧降，在泉口附近发生沉淀；3) 水分蒸发，使溶液的浓度增加而产生沉淀。此外，以胶溶体搬运的物质通过胶凝作用发生沉淀。

(2) 按沉积发生的场所可分为：

孔隙沉积。松散沉积物孔隙中的沉积，如 $CaCO_3$、$Fe(OH)_3$、SiO_2 等，对松散沉积物起胶结作用。如果孔隙沉积围绕某一矿物颗粒发生，可形成结核。如黄土中的钙质结核与铁锰结核。

裂隙沉积。在岩石的裂隙中沉积，可形成脉状沉积体，如方解石脉、石英脉等。

溶穴（洞）沉积。富含 $Ca(HCO_3)_2$ 的地下水，沿着孔隙、裂隙渗入空旷的溶穴（洞），由于温度与压力改变，二氧化碳散出，加之蒸发作用加强，通过化学沉积方式沉淀出 $CaCO_3$。如泉水自洞顶下滴，边滴边沉淀，可形成自洞顶向下垂直生长的石钟乳。

6.4　地下水的相关工程地质问题

当前国内外重大工程活动中出现的灾害性事故，与地下水（地表水的下渗）的关系越来越显著。归纳其原因有两个：（1）工程地质勘察工作深度不够，质量不高；（2）设计方案、施工技术与工程地质及其水文地质条件勘察脱节。目前工程地质界和岩土工程界对地下水的认识和研究还不充分，而水文地质界更关心地下水的形成、赋存特点以及相关的供水水文地质、矿山水文地质等在内的完整的理论体系。目前关于地下水与岩土的关系和相互作用以及由地下水诱发的工程事故和地质灾害研究状况，不能满足工程建设的需要。

地下水在岩土中以不同的形式存在，有结合水、毛细水和重力水，它们对工程地质产生着不同的影响。

6.4.1　结合水对工程地质的影响

结合水存在于黏性土中，黏土颗粒表面通常带负电荷，在土粒电场范围内，极性分子的水和水溶液中的阳离子，在静电引力作用下，被牢牢吸附在土颗粒周围，形成一层不能自由移动的水膜，这种水称为结合水。结合水可分为强结合水和弱结合水，强结合水是指紧靠土粒表面的结合水，它没有溶解盐类的能力，不能传递静水压力；弱结合水是紧靠强结合水的外围形成的一层结合水膜，它仍然不能传递静水压力，但水膜较厚的弱结合水能向邻近较薄的水膜缓慢移动。当土中含有较多的弱结合水时，即表现为高塑性、易膨胀收缩性、低强度和高压缩性。结合水在土中的含量主要取决于土的比表面积的大小。要理解水的相互作用关系才能掌握土的工程性质。如黏土矿物的颗粒细、比表面大，能大量吸附结合水。结合水使粒间透水的孔隙大为缩小，甚至被充满，导致黏性土透水性差。另外，存在的结合水使颗粒互不接触，便具有滑移的可能；同时相邻土粒间的结合水因受颗粒引力的吸附，使粒间具有一定的联结强度，所以黏性土又具有黏性和可塑性。

6.4.2　毛细水对工程地质的影响

毛细水主要存在于直径为0.5~0.002mm的孔隙中。孔隙更小者，土粒周围的结合水膜有可能充满孔隙而使毛细水不复存在。粗大的孔隙，毛细力极弱，难以形成毛细水。故毛细水主要存在于粉砂、细砂、粉土和粉质黏土中。毛细水对工程地质的影响主要表现在以下几个方面：

（1）在非饱和的砂类土中，土粒间可产生微弱的毛细水联结，增加土的强度，但当土浸水饱和或完全失水时，土粒间的弯液面消失，由毛细力产生的粒间联结也随之消失。特别是细砂、粉砂中，由于这种联结不稳定，从安全角度出发，往往不予以考虑。

（2）毛细水对土中气体的分布与流通有一定影响，常常是导致产生封闭气体的原因。封闭气体可以增加土的弹性和减小土的渗透性。

（3）当地下水埋深浅，由毛细孔隙上升至地表时，能引起沼泽化、盐渍化，导致地下水对建筑材料的腐蚀性。还会使地基、路基土浸湿，致使地下室潮湿，降低土的力学强度。在寒冷地区，会加剧冻胀作用。

6.4.3　重力水对工程地质的影响

6.4.3.1　潜水位上升引起的工程地质问题

（1）潜水位上升后，由于毛细水的作用可能导致土壤盐渍化、沼泽化，改变岩土物理力学性质，岩土和地下水对建筑材料的腐蚀性增强，在寒冷地区还可加剧冻胀破坏。

（2）地下水位上升，可使岩土被饱和、软化，降低岩土抗剪强度，诱发斜坡、岸边岩土体产生变形、滑移、崩塌失稳等不良地质现象；还可导致地下洞室被充水淹没，基础上浮、建筑物失去稳定性。

（3）一些具有特殊性质的岩土结构被破坏，强度降低，压缩性增大，如湿陷性黄土出现湿陷、盐渍土出现溶陷，膨胀性岩土出现膨胀破坏等。

6.4.3.2　地下水位下降引起的工程地质问题

地下水位下降也会对工程地质产生影响，如地裂、地面沉降、地面塌陷、海水入侵、地裂缝的产生和复活、地下水源枯竭、水质恶化等一系列不良现象。

（1）地面沉降。地下水位下降诱发的地面沉降可用有效应力原理来说明。饱和土体受力后土中某点的总附加应力可分为有效应力和孔隙水压力两种。饱和土体受力后，土中某点的总应力等于有效应力与孔隙水压力之和，饱和土体的压缩过程就是孔隙水压力向有效应力转化的过程，也就是孔隙水压力消散和有效应力增长的过程。土层的有效应力发生变化是导致土层压缩的根本原因。在水位下降后，原水位与降后水位之间的土体以及降后水位以下的土体，都是饱和土体，随着时间的推移原水位与降后水位之间的土体由饱和土变成不饱和土，降后水位以下的土体一直都是饱和土，它们的压缩过程遵循有效应力原理。有效应力的增加引起土的压缩。过量开采地下水会引发地面沉降，就是这个原因。同样的道理，在工程中施工时，常常需要人工降低地下水位，从而引起降水影响范围内的土层产生固结沉降，轻者造成邻近的建筑物、道路、地下管线的不均匀沉降；重者引起建筑物开裂、道路破坏、管线错断等危害。另外，如果抽水井的设计不合理或施工质量差，抽水时就会将土中的粉粒、砂粒等细小颗粒随同地下水一起带出地表，导致降水井周围土层很快产生不均匀沉降，造成工程破坏。同时，抽水井抽水时，井内水位下降，井外含水层中的地下水不断流向滤管，一段时间后，在抽水井周围就会形成漏斗状的弯曲水面——降落漏斗。在降落漏斗范围内各点的地下水位下降的幅度不一致，会造成水井周围土层的不均匀沉降。

（2）地表塌陷。在岩溶发育地区，由于地下水位下降改变了水动力条件。地下水的流动及其水动力条件的改变是岩溶塌陷形成的最重要动力因素。地下水径流集中和强烈的地带，最易产生塌陷，如在断裂带、褶皱轴部、溶蚀洼地、河床两侧，以及一些土层较薄而土颗粒较粗的地段产生塌陷。

（3）海水入侵。近海地区的潜水或承压含水层往往与海水相连，在天然状态下，陆地的地下淡水向海洋排泄，含水层保持较高的水头，淡水与海水保持某种动态平衡，因而陆地淡水含水层能阻止海水入侵。如果大量开发陆地地下淡水，引起大面积地下水位下降，可能导致海水向地下水含水层入侵，使淡水水质变坏。

(4) 地裂缝的产生和复活。近年来，在我国很多地区发现地裂缝，西安是地裂缝发育最严重的城市。据分析这是由地下水位大面积大幅度下降诱发的。

(5) 地下水源枯竭、水质恶化。盲目开采地下水，当开采量大于补给量时，地下水资源会逐渐减少，以致枯竭，造成泉水断流、井水枯干、地下水中有害离子量增多、矿化度增高。

6.4.3.3 地下水的渗透破坏

地下水的渗透破坏主要有潜蚀、流砂、管涌。

(1) 潜蚀。地下水在空隙中渗透流动，渗透水流在一定水力坡度（即地下水水力坡度大于岩土产生潜蚀破坏的临界水力坡度）条件下产生较大的动水压力，冲刷、挟走细小颗粒，称为机械潜蚀。同时它还能溶滤岩土中的可溶盐，称为化学潜蚀。两种潜蚀作用使岩土体中空隙不断增大，甚至形成洞穴，导致岩土体结构松动或破坏，以致产生地表裂隙、塌陷，影响工程的稳定。

防止岩土层发生潜蚀破坏可以通过改变水力坡度和改善岩土性质来实现。改变水力坡度即在上游延长渗流路径，或者降低水头差；改善岩土性质，即增强岩土的抗渗能力，通过增加岩土的密实度，降低岩土层的渗透性。

(2) 流砂。流砂是指松散细小颗粒土被地下水饱和后，在动水压力即水头差的作用下，产生的悬浮流动现象。流砂多发生在颗粒级配均匀的粉细砂中，有时在粉土中也会产生流砂。

流砂现象产生的原因是水在土中渗流所产生的动水压力对土体作用的结果。动水压力的大小与水力坡度成正比，即水位差愈大，渗透路径愈短，则动水压力愈大。当动水压力大于土的浮重度时，土颗粒处于悬浮状态，土颗粒往往会随渗流的水一起流动，形成流砂。细颗粒、松散、饱和的非黏性土特别容易发生流砂现象。

一旦出现流砂，土体边挖边冒流砂，土完全丧失承载力，致使施工条件恶化，基坑难以挖到设计深度。严重时会引起基坑边坡塌方；临近建筑因地基被掏空而出现开裂、下沉、倾斜甚至倒塌。

由于流砂对岩土工程的危害极大，因此除了尽量避免水下大开挖施工，还要采取相应的办法治理流砂。由于产生流砂的主要原因是动水压力的大小和方向，因此，防治流砂应从“治水”着手。防治流砂的基本原则是减少或平衡动水压力；设法使动水压力方向向下；截断地下水流。其具体措施有：

1）枯水期施工法。枯水期地下水位较低，基坑内外水位差小，动水压力小，就不易产生流砂。

2）抢挖并抛大石块法。分段抢挖土方，使挖土速度超过冒砂速度，在挖至标高后立即铺竹、芦席，并抛大石块，以平衡动水压力，将流砂压住。此法适用于治理局部的或轻微的流砂。

3）设止水帷幕法。将连续的止水支护结构（如连续板桩、深层搅拌桩、密排灌注桩等）打入基坑底面以下一定深度，形成封闭的止水帷幕，从而使地下水只能从支护结构下端向基坑渗流，增加地下水从坑外流入基坑内的渗流路径，减小水力坡度，从而减小动水压力，防止流砂产生。

4）冻结法。将出现流砂区域的土进行冻结，阻止地下水的渗流，以防止流砂发生。

5）人工降低地下水位法。即采用井点降水法（如轻型井点、管井井点、喷射井点等），使地下水位降低至基坑底面以下，地下水的渗流向下，则动水压力的方向也向下，从而水不能渗流入基坑内，可有效防止流砂的发生。故此法应用广泛且较可靠。

（3）管涌。地基土在具有某种渗透速度的渗透水流作用下，其细小颗粒被冲走，岩土的孔隙逐渐增大，慢慢形成一种能穿越地基的细管状渗流通路，从而掏空地基或坝体，使地基或斜坡变形、失稳，此现象称为管涌。管涌通常是由于工程活动引起的，但是在有地下水出露的斜坡、岸边或有地下水溢出的地表面也会发生。

为防止管涌的发生，一般可从以下两个方面采取措施：1）改变几何条件，在渗流逸出部位铺设反滤层是防止管涌破坏的有效措施；2）改变水力条件，降低水力梯度，如打板桩。

6.4.3.4 地下水的浮托作用

当建筑物基础底面位于地下水位以下时，地下水对基础底面产生静水压力，即产生浮托力。如果基础位于粉土、砂土、碎石土和节理裂隙发育的岩石地基上，则按地下水位100%计算浮托力；如果基础位于节理裂隙不发育的岩石地基上，则按地下水位50%计算浮托力；如果基础位于黏性土地基上，其浮托力较难确切地确定，应结合地区的实际经验考虑。

地下水对其水位以下的岩体、土体也同样产生浮托力，因此在确定地基承载力设计值时，无论是基础底面以下土的天然重度或是基础底面以上土的加权平均重度，地下水位以下一律取有效重度。

6.4.4 地下水的工程影响分析

地下水对岩土体的力学性质的影响，主要体现在三个方面：（1）地下水通过物理、化学作用改变岩土体的结构，从而改变岩土体强度指标，如 c、φ 值的大小；（2）地下水通过孔隙静水压力作用，影响岩土体中的有效应力；（3）由于地下水的流动，在岩土体中产生渗流，对岩土体产生一个剪应力，从而降低岩土体的抗剪强度。

6.4.5 地下水相关的工程问题和地质灾害

地下水的存在引起了大量的工程问题，造成多样的地质灾害，见表6-1。

表6-1 与地下水有关的地质灾害表

与地下水相关的灾害性活动	灾害的主要表现
基坑失稳	管道漏水造成支护失效；基坑排水诱发管涌、流沙
抽水与地面沉降	地面下沉，海水入侵，不均匀沉降造成建筑物破坏
黄土湿陷性	地下水资源流失，地表塌陷，路基失稳

续表 6-1

与地下水相关的灾害性活动	灾害的主要表现
冻土	冻胀融沉，路基失效
矿山、隧道涌突水	煤矿突水和隧道涌水常造成大量财产甚至生命损失
砂土液化	基础失稳，主要由地下孔隙水压力引起；地震情况下曾诱发大量的砂土液化现象
坝基渗漏和坝基失稳	坝基渗漏对大坝和坝基的稳定会造成严重危害，渗透压力增加，减小基底的抗滑力
滑坡、泥石流	钟荫乾（1991）对湖北西部山区 700 余处滑坡实地调查表明，受降雨触发的滑坡占80%以上
水库地震	水库修建后诱发了地震，如新安江水库
地下水的腐蚀	造成地下结构的失效，如混凝土强度的降低

6.5 本章小结

地下之所以能储存水是因为岩石或沉积物具有空隙，包括孔隙、裂隙和溶穴。

地下水根据埋藏条件可划分为包气带水、潜水、承压水三类；根据赋存条件可分为孔隙水、裂隙水、岩溶水三类。

除岩溶水有较强的机械搬运能力外，其他地下水主要以真溶液及交替溶液两种方式进行搬运。地下水的沉积主要分为机械沉积和化学沉积两类。

6.6 习题

6-1 地下水对人类工程有哪些破坏性影响？

7　岩溶作用及相应工程地质问题

7.1　基本概念及研究意义

岩溶也称为喀斯特（karst），是指以碳酸盐为主的可溶性岩石（石灰岩、白云岩、石膏、岩盐）地区，由于地表径流和地下水流对岩石的溶蚀作用和机械破坏作用，在岩体中形成洞穴，或在岩层的表面形成奇峰异石等独特的地貌景观。南斯拉夫的喀斯特高原是典型地区，并因此得名“喀斯特”。1966 年 5 月在中国第二次全国岩溶学术会议上将“喀斯特”以“岩溶”作为中国的通用术语。

凡是以地下水为主、地表水为辅，以化学过程（溶解与沉淀）为主、机械过程（流水侵蚀和沉积、重力崩塌和堆积）为辅的对可溶性岩石的破坏和改造作用都叫岩溶作用。这种作用所造成的地表形态和地下形态叫岩溶地貌。岩溶作用及其所产生的水文现象和地貌现象统称为岩溶。

岩溶在我国分布非常广泛，典型的分布区有广西桂林、阳朔、柳州以及云南东部、贵州的大部分地区，广西的桂林山水、云南的路南石林皆闻名于世。这些奇异的景观都发育在碳酸盐岩地区。整个西南石灰岩地区连成一片，面积共达 550000km^2；全国石灰岩分布面积约 1300000km^2，约占全国总面积的 13.5%。

我国是岩溶比较发育的地区，随着经济建设的发展，岩溶区的工程建设项目越来越多。因此而引发的岩溶工程地质问题诸如岩溶地基的稳定性、岩溶渗漏、岩溶塌陷等越来越受到人们的关注。因此，全面准确地勘察岩溶区的工程地质条件，应用正确的岩溶处理方法就显得非常重要。

7.2　喀斯特（岩溶）地貌

（1）溶沟和石芽（见图 7-1）。溶沟是石芽表面上的沟槽。沟槽的宽度和深度一般由数厘米到数米，形态各异。沟槽之间的脊称为石芽。其形成是由于地表水流沿可溶性岩石表面进行溶蚀和冲刷所致。形体高大、沟坡近于直立且发育成群者，称为石林，常见于湿热带地区。我国云南路南县的石芽最高达 30m 以上，峭壁林立，十分壮观。

图 7-1　溶沟和石芽

（2）落水洞。地表水沿近垂直的裂隙向下溶蚀，形成直立或陡倾斜的洞穴，下接地下河或溶洞，是地表水转入地下河或溶洞的通道，这种洞穴称为落水洞。落水洞一般深 10 余米至数十米，最深达 100m 以上。

（3）溶斗。又称为漏斗。平面呈圆形或椭圆形，直径一般由数十米到数百米，深度常为数米或数十米，最深达400多米。纵剖面形态有碟状、锥状和井状等。底部常有洞，引导地表水向下排泄。

地表水流沿垂直裂隙向下渗漏、溶蚀时，先在松散沉积物之下的基岩石形成隐伏的小洞，随后空洞发展扩大，导致上部堆积体和基岩崩落、塌陷，形成溶斗。溶斗被坍塌物堵塞后，可积水成湖，称为喀斯特湖。

（4）干谷和盲谷。发育在河床中的落水洞吸收河水，使其转入地下，河流因之被截断。落水洞以上有水流的河谷段继续受河流侵蚀，河床降低；落水洞以下的河谷段因断水逐转变成干谷。干谷底相对高起。有水的河谷段与高起的干谷相接，河谷就好像进入了死胡同，这种向前没有通路的河谷称为盲谷。

（5）峰丛、峰林和孤峰（见图7-2、图7-3）。峰顶尖锐或呈圆锥状突出，而基部相连，宏观上似丛状者称为峰丛，它是喀斯特发展较早阶地的地貌。峰体上部挺立高大，基部仅少许相连或未连，称为峰林。耸立于喀斯特平原上的孤立山峰称为孤峰，它是峰林进一步发展的结果。其相对高度一般为50~100m，较峰林为低，为喀斯特发育晚期的产物。

在喀斯特山地中，通常峰丛位于山地中部，峰林位于山地边缘，而孤峰则耸立于平原之上。

（6）溶洞。地下水沿可溶性岩层的构造面（层面、断裂面等）活动，使其剥蚀、崩塌而形成的地下洞穴。初期，联系通道小，地下水运动缓慢，以溶蚀为主；随后，孔洞扩大，相互串通，以致水流量大，动能增大，引起冲刷。在陡立构造带发育的溶洞多为直立或陡倾斜狭长状；在平缓构造带发育者多呈水平状横向伸展。沿潜水发育的溶洞常表现为迂回曲折、时宽时窄、狭长规模较大的水平溶洞系统。美国肯塔基州的猛犸洞长达240km，为世界之冠。一些延伸较长的溶洞是地下暗河和暗湖的所在。

图7-2　峰丛

图7-3　峰林

如果地壳上升，潜水面下降，因地下水而发育的溶洞可被抬高而成为干洞；随后，如地壳在较长时间内保持稳定状态，在新的潜水面附近可发育另一溶洞系统。如果地壳多次间歇性上升，就造成多级溶洞。各级溶洞的高度常与河流阶地高度一一对应。如江苏宜兴善卷洞有上、中、下三层，相互连通。

（7）溶蚀谷与天生桥（见图7-4）。溶洞或地下暗河因其洞顶塌陷而暴露于地表，成为两壁陡峭的谷底，称为溶蚀谷。地下河洞顶如有局部残留就构成天生桥。

（8）喀斯特洼地与喀斯特平原。溶斗扩大，相邻溶斗连接合并，形成统一的盆状洼地，称为喀斯特洼地。面积常达数至数十平方千米。洼地内常有漏斗或落水洞，洼地底部

图 7-4　天生桥

较平坦，有残积或冲击土层。广西的喀斯特洼地很多，直径由数百米到 1～2km，底部常有厚约 2～3m 的红土，表层为耕地。

如地壳长期保持稳定，侧向溶蚀作用就能充分进行，喀斯特洼地可进一步发展成为高程低、面积大（可达数百平方千米）的广阔平原，成为喀斯特平原。

我国南方喀斯特地貌面积广大，种类齐全，世界罕见。研究程度很高。其形态优美，山水交融，是世界闻名的旅游胜地。

7.3　岩溶发育的基本条件

7.3.1　岩石的可溶性

岩石的可溶性主要取决于岩石成分和岩石结构。岩石成分指岩石的矿物成分和化学成分。岩石结构指组成岩石的颗粒（或晶粒）的大小、形状和排列，以及岩石的胶结物性质等。从岩石的成分来看，可溶性岩石基本可分为三类：碳酸盐类岩石、硫酸盐类岩石、卤盐类岩石。就溶解度而言，卤盐>硫酸盐>碳酸盐。但是，卤盐类岩石和硫酸盐类岩石分布不广，岩体较小，而碳酸盐类岩石分布很广，岩体一般都很大。所以发育在碳酸盐类岩石中的岩溶较之卤盐类和硫酸盐类岩石中的岩溶要普遍得多。

碳酸盐类岩石的矿物质成分主要是方解石 $CaCO_3$或白云石 $Ca \cdot Mg(CO_3)_2$，其次是 SiO_2、FeO_3、Al_2O_3，以及黏土物质。石灰石的成分以方解石为主，白云岩的成分以白云石为主。硅质灰岩是含有燧石结核或条带的石灰岩。泥灰岩则为黏土物质与 $CaCO_3$的混合物。一般说来石灰岩比白云岩易溶蚀，白云岩比硅质灰岩易溶蚀，硅质灰岩又比泥灰岩易溶蚀。

就碳酸盐的结构而言，它在一定程度上反映了岩石的成因。它的沉积模式与碎屑岩有相似之处。其结构特征与沉积环境密切相关，主要受沉积地区的水流和波浪作用的控制。不同成因类型的碳酸盐类，具有不同的结构类型，不同结构类型又不同程度地影响岩溶发育。

碳酸盐岩结构对岩溶发育的影响，主要是原生孔隙性的影响。一般来说盆地或大陆架深水区沉积生成的碳酸盐岩孔隙小而少，不利于岩溶发育；而过渡性沉积区生成的碳酸盐岩多孔隙，有利于岩溶发育。

7.3.2　岩石的透水性

岩石的透水性取决于岩石的裂隙度和孔隙度。对可溶岩的透水性来说，裂隙度较之孔隙度更为重要。可溶性岩石一般都有一定的孔隙度，但如果不存在许多开扩裂隙，其透水性是比较差的；是贝壳灰岩的孔隙大而多，孔隙度很高，因此透水性很强。

纯灰岩刚性强，节理虽然稀疏，但裂隙开扩，长而且深，透水性好，所以是能发育长大的溶洞。泥质灰岩刚性弱，节理虽然较密，但裂隙紧闭，而且泥质灰岩经溶蚀后残留很多黏土，常阻塞裂隙，所以透水性较差。石膏与岩盐具有可塑性，节理细微，透水性更差。

通常，厚层可溶岩中隔水层较少，岩石的裂隙也比较开扩，透水性较好；薄层可溶岩所夹隔水层较多，裂隙也比较紧闭，透水性较差。

褶皱或断裂使岩石透水性加强，对岩石发育具有一定的控制作用。岩石在褶皱弯曲的过程中往往产生裂隙，尤其是在褶皱轴部裂隙更加密集和开扩，使透水性更加增强，有利于碳酸盐岩的溶蚀和岩溶发育。褶皱区背斜顶部有张裂隙，宽度较大，分布深，岩溶以漏斗及竖井等垂直形态为主。相对低洼的向斜轴部、下部也有张裂隙，且易积水，多发于地下河，由于洞顶坍塌，又产生漏斗和落水洞，所以向斜轴部垂直和水平通道都易发育。因此，在褶皱区，地表岩溶具有沿褶皱走向呈带状分布特征。

断裂构造常为较大的地表水和地下水汇集的地方，往往发育成管状水道和地下河。

此外，可溶岩的岩溶化程度本身也影响岩石的透水性。随着岩溶作用的不断发展，空洞和管道越来越大，越来越多，彼此之间的联系也越来越好，因而岩石的透水性就愈益提高，岩溶作用的条件就越来越好。

7.3.3　水的溶蚀力

纯水的溶解能力是极其弱微的，只有当有 CO_2加入时，水的溶解能力才有很重要的岩溶意义。所以水的溶蚀力的大小取决于水中 CO_2含量的多少。水中 CO_2的来源主要有三个方面：大气中的 CO_2、有机成因的 CO_2、无机成因的 CO_2。

水中 CO_2含量的多少与水温和大气 CO_2的分压力有关。水温高，CO_2含量少；水温低，CO_2 含量高。大气中 CO_2的分压力越大，水中的 CO_2越高；反之，则水中 CO_2 含量就低。

7.3.4　水的流动性

在自然界不流动的水质很容易达到饱和状态，而流动性可使不同浓度的饱和水溶液相混合产生混合溶蚀作用。故自然界的水才具有较强的溶蚀能力。

沿途温度升高或压力降低时，也会使水中 CO_2含量减少，造成碳酸钙的重新沉积，这就是洞穴中宽广的地方沉积景观丰富，而狭窄地方沉积少的缘故。

7.4　岩溶发育规律

就整个岩溶地区来说，地貌的发育与地下水面有密切关系，而地下水面又随当地河流或海平面的变化而变化。因此，可以认为整个岩溶地区地貌发育的基面是河流或海平面，但就岩溶地区地下岩溶来说，其发展深度是以可溶性岩石底板为下限。因此，可溶性岩石的底板就是地下岩溶发育的基面。假定有一个上升的宽平高地，地壳上升以后长期稳定，且由产状平缓、岩性致密和厚层的石灰岩所构成，则岩溶地貌的发育如图 7-5 所示。

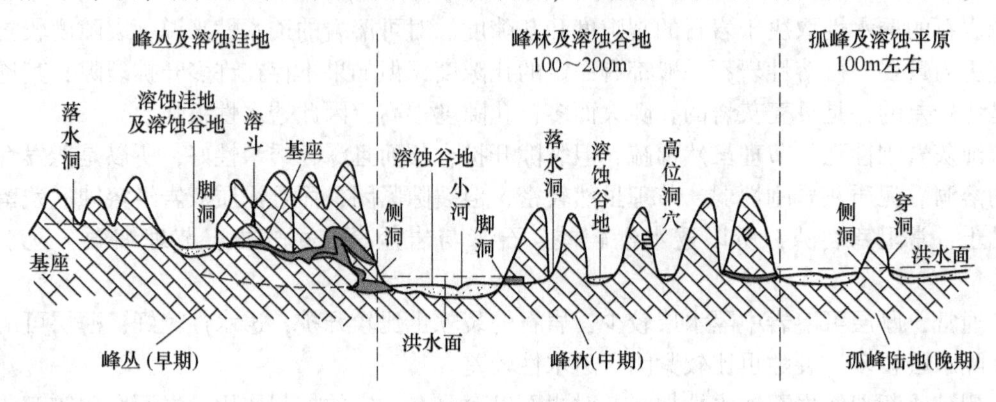

图 7-5 岩溶地貌发育

首先，岩溶地区发育出石芽、溶沟、漏斗和落水洞等地貌。地表水部分转入地下，循裂隙进行溶蚀。此时裂隙扩大不多，地面河流仍居优势。随着裂隙的不断扩大，岩体内形成许多独立的洞穴系统。在较大的洞穴系统内，地下水面的位置较低；较小的洞穴系统内，地下水面的位置较高，一般无统一的地下水面。随着地下洞穴充分发育，独立的洞穴逐渐归并，成为一个完整的系统，并形成一个统一的地下水面。地下水面以上的溶洞干涸，地下水面附近的洞穴内有地下河。此时，地下水的垂直分带十分明显，地面河流已大部转入地下，成为非常缺水的蜂窝状地面。之后，由于长期的溶蚀和侵蚀，地面逐渐被蚀低，离地面较浅的溶洞，因洞顶崩塌而出露地表，地下河的某些河段，也因地下河不断扩大和顶板的崩塌，出露地表，成明流与暗流交替出现。最后，地下河逐渐转变为地面河。在地下河转化为地面河的过程中，地下河的顶板崩塌愈多，破坏及搬运作用也愈强烈，地面破碎，形成大型的溶蚀洼地和峰林等地貌。由于地下河道及溶洞的大量崩塌形成了地表水系，岩溶盆地不断蚀低扩大。这时地面降低了，在岩溶盆地底部或平原上堆积石灰岩残余堆积物——红土，溶蚀平原上残留有石灰岩残丘及孤峰，地面起伏已很小，接近于准平原。

7.5 影响喀斯特发育的因素

（1）气候。雨量及气温关系到水的冲刷以及溶蚀的速度和强度。气候潮湿、降雨量大以及常年气温较高是喀斯特发育的有利因素。因而，我国广西、云南、贵州、广东、四川等地喀斯特普遍发育；我国西部和北方由于气候干燥寒冷，喀斯特发育缓慢。

（2）岩石性质。喀斯特发育的物质基础是具有可溶性岩石。包括卤族盐类（如岩盐、钾盐）、硫酸盐类（如石膏、硬石膏和芒硝）、碳酸盐类（如石灰岩、白云岩及富含碳酸盐成分的碎屑沉积岩）。这三类岩石中，卤族盐类及硫酸盐最易溶解，但分布面积有限；碳酸盐类岩石虽然溶解度相对较小，但分布广泛，对于喀斯特发育最为重要。

在碳酸盐类岩石中，最有利于喀斯特发育的是较纯的石灰岩，而白云岩与含泥质、硅质等杂质的石灰岩，喀斯特发育程度减弱。

岩石结构对喀斯特发育也有影响。一般来说，粗、中粒晶质结构的岩石因其空隙较大，故比细微晶粒者更为有利。

（3）地质构造。断裂破碎带有利于喀斯特发育。如果断裂延伸远，且张裂程度大，则更有利。在两组断层相交的地段溶斗、溶洞极易形成。向地下深处裂隙逐渐消失，延伸透水性降低，喀斯特趋向于消失。

褶皱也影响喀斯特发育。背斜轴部及其倾伏端，向斜轴部及其翘起端，是喀斯特发育的有利部位。

岩层产状也有影响。岩层水平时，喀斯特可沿水平方向充分发展；岩层陡立时，喀斯特向下发展，但规模不大；岩层缓倾时，水的运动和扩展面较大，喀斯特发育较好。

同一地区、同一种岩石在不同地段，由于受到不同的地质构造因素制约，其喀斯特地貌往往具有显著差别，对此需洞察。

（4）水的作用。包括水的溶蚀能力和水的流动性。水的溶蚀能力主要取决于水中二氧化碳的含量；它因发育溶解作用而消耗，又通过大气的扩散而得到补充。但扩散补充的过程一般很慢，若气温高则可加速这一过程。热带石灰岩的溶解速度比寒带的快（估计要快4倍），除了因气温高、溶解反应速度较快以外，二氧化碳能得到较快补充也是一个重要原因。

地表水和地下水的流动性，涉及流速、流量和交替循环的强度等方面，它们都影响水对岩石的破坏能力。而水的流动性又受到岩石的透水性、排水条件、地下水的排泄和补给情况等因素的制约。

（5）构造运动。构造运动的稳定性决定喀斯特地貌演化的进程。在地壳处于相对稳定的条件下，如果气候因素无重大变化，喀斯特地貌的形成和发展可按以下阶段进行：

早期。地表水沿岩层表面的裂隙向下流动，形成大量溶沟和石芽、少量落水洞和溶斗，出现地下河道。

中期。溶斗和落水洞扩大，地表密布着规模不等的喀斯特洼地、干谷。除主要河道外，地表水流大都进入地下河道，形成完整的地下水系。

晚期。溶洞进一步扩大，地下河及溶洞的顶部不断坍塌，地面破碎，许多地下河变成明流，形成溶蚀谷、天然桥、喀斯特洼地以及峰林。

末期。溶洞顶部进一步坍塌，地下河均转变为地表水系，地面高程降低，残留少数孤峰或残丘，出现喀斯特平原。

有一种细而长的石钟乳，形似下垂的一根根挂面，称为鹅管。石钟乳横切面具有同心环带，中心常是空的。渗水滴落洞底后，$CaCO_3$在洞底沉淀并向上生长，形成石笋。石笋的外形一般为岩锥状、塔状，横切面具有同心环带及细纹，是实心的。

如果水滴的饱和度大，跌落的高度小、滴水量小，石笋的顶端便呈浑圆状突起；如果水滴跌落的高差大，滴水量大，石笋的顶端便呈坑状内凹。由于石笋是从洞底向上长的，洞内的温度状况就在石笋的同心纹上留下敏感的记录。测定各自同心纹的 $CaCO_3$、所含的^{16}O与^{18}O的比值，可判定洞内的气温的变化进程。这是研究第四纪全球气候变化的重要途径。

石钟乳与石笋长大后连成一体，称为石柱。石钟乳、石笋、石柱合称为钟乳石。此外，如果水沿着洞壁渗出，在洞壁上就形成石帘、石帷幕、石瀑布和石幔等形态各异的沉积层。

洞穴中常有呈脉状或囊状产出的磷灰石堆积体。其生成是由于穴居动物的骨骼、粪便聚积或磷质成分从围岩中淋滤而出，富集时可作为磷矿床开采。

洞穴内钟乳石的生长速度，目前有三种测定方法：1）对石钟乳、石笋等的长度进行定期测量。2）用放射性同位素^{14}C年龄测定法测定。如对桂林甑皮岩中的石钟乳、石笋和钙华板作^{14}C年龄测定，石钟乳的横向增厚速度为0.11mm/a；石笋的横向增厚速度为0.05mm/a；钙华板的沉积速度为0.133mm/a。3）用历史的方法算。例如，桂林龙隐岩洞壁上有一处宋代张敏中等13人的题名石刻，石刻面上垂下一枝长约1.6m的石钟乳，借此推算该石钟乳已有800多年，其生长速度约为2mm/a。

图7-6　钙华

泉口沉积。发生在泉出口处。沉积物疏松多孔，称为泉华。钙质的称为钙华（见图7-6）或石灰华，硅质的称为硅华。我国云南、贵州一带碳酸盐岩发育，除喀斯特地貌外，钙华也非常发育。

7.6　岩溶塌陷

7.6.1　岩溶塌陷的概念及产生原因

岩溶地面塌陷是指覆盖在溶蚀洞穴之上的松散土体，在外动力或人为因素作用下产生的突发性地面变形破坏，其结果多形成圆锥形塌陷坑。

岩溶地面塌陷是地面变形破坏的主要类型，多发生于碳酸盐岩、钙质碎屑岩和盐岩等可溶性岩石分布地区。激发塌陷活动的直接诱因除降雨、洪水、干旱、地震等自然因素外，往往与抽水、排水、蓄水和其他工程活动等人为因素密切相关，而后者往往规模大、突发性强、危害也就大。岩溶地面塌陷发现于碳酸盐岩分布区，其形成受到环境和人类活动的双重影响。

7.6.1.1　*可溶岩及岩溶发育程度*

可溶岩是由岩溶地面塌陷形成的物质基础，而岩溶洞穴的存在则为地面塌陷提供了必要的空间条件。大量塌陷事件表明，塌陷主要发生在覆盖型岩溶和裸露型岩溶分布区，部分发育在埋藏型岩溶分布区。

溶穴的发育和分布受岩溶发育条件的制约，一般主要沿构造断裂破碎带、褶皱轴部张裂隙发育带、质纯层厚的可溶岩分布地段、与非可溶岩接触地带分布。岩溶的发育程度和岩溶洞穴的开启程度，是决定岩溶地面塌陷的直接因素。可溶岩洞穴和裂隙一方面造成岩体结构的不完整，形成局部不稳定；另一方面为容纳陷落物质和地下水的强烈运动提供了充分的空间条件。一般情况下，岩溶越发育，溶穴的开启性越好，洞穴的规模越大，则岩溶地面塌陷也越严重。

7.6.1.2　覆盖层厚度、结构和性质

松散破碎的盖层是塌陷体的主要组成部分，由基岩构造成的塌陷体在重力作用下沿溶洞、管道顶板陷落而成的塌陷为基岩塌陷。塌陷体物质主要为第四系松散沉积物所形成的塌陷叫土层塌陷。据南方十省区统计，土层塌陷占塌陷总数的96.7%。

7.6.1.3　地下水运动

地下水运动是塌陷产生的动力条件——主要动力。地下水的流动及其水动力条件的改变是岩溶塌陷形成的最重要动力因素，地下水径流集中和强烈的地带最易产生塌陷，这些地带有：

(1) 岩溶地下水的主径流带；
(2) 岩溶地下水的（集中）排泄带；
(3) 地下水位埋藏浅、变幅大的地带（地段）；
(4) 地下水位在基岩面上下频繁波动的地段；
(5) 双层（上为孔隙、下为岩溶）含水介质分布的地段，或地下水位急剧变化的地段；
(6) 地下水与地表水转移密切的地段。

地下水位急剧变化带是塌陷产生的敏感区，水动力条件的改变是产生塌陷的主要触发因素。

水动力条件发生急剧变化的原因主要有降雨、水库蓄水、井下充水、灌溉渗漏、严重干旱、矿井排水、强烈抽水等。

此外，地震、附加荷载、人为排放的酸碱废液对可溶岩的强烈溶蚀等均可诱发岩溶地面塌陷。

7.6.2　岩溶塌陷的防治措施

我国对岩溶塌陷的防治工作开始于20世纪60年代，目前已有一套比较完整和成熟的方法。防治的关键是在掌握矿区和区域塌陷规律的前提下，对塌陷做出科学的评价和预测，即采取以早期预测、预防为主，治理为辅，防治相结合的办法。

塌陷前的预防措施主要有：合理安排厂矿企业建设总体布局；河流改道引流，避开塌陷区；修筑特厚防洪堤；控制地下水位下降速度和防止突然涌水，以减少塌陷的发生；建造防渗帷幕，避免或减少预测塌陷区的地下水位下降，防止产生地面塌陷；建立地面塌陷监测网。

塌陷后的治理措施主要有：塌洞回填；河流局部改道与河槽防渗；综合治理。

一般来说，岩溶塌陷的防治措施包括控水措施、工程加固措施和非工程性的防治措施。

7.6.2.1　控水措施

(1) 地表水防水措施。防地表水进入塌陷区，可以采取以下措施：

1) 清理疏通河道，加速泄流，减少渗漏；

2）对漏水的河、库、塘铺底防漏或人工改道；

3）严重漏水的洞穴用黏土、水泥灌注填实。

（2）地下水控水措施。根据水资源条件，规划地下水开采层位、开采强度、开采时间，合理开采地下水，加强动态监测。危险地段对岩溶通道进行局部注浆或帷幕灌浆处理。

7.6.2.2　工程加固措施

（1）清除填堵法。用于相对较浅的塌坑、土洞。

（2）跨越法。用于较深大的塌坑、土洞。

（3）强夯法。用于消除土体厚度小、地形平坦的土洞。

（4）钻孔充气法。设置通风调压装置，破坏岩溶封闭条件，减小冲爆塌陷发生的机会。

（5）灌注填充法。用于埋深较深的溶洞。

（6）深基础法。用于深度较大，不易跨越的土洞，常用桩基工程。

（7）旋喷加固法。浅部用旋喷桩形成一“硬壳层”（厚10~20m即可），其上再设筏板基础。

7.6.2.3　非工程性的防治措施

（1）开展岩溶地面塌陷的风险评价。

（2）开展岩溶地面塌陷的试验研究，找出临界条件。

（3）增强防灾意识，建立防灾体系。

岩溶塌陷的防治尽管难度较大，但只要因地制宜，采取综合措施，岩溶塌陷灾害是完全可以防治的。

7.7　岩溶地基稳定性问题

由于岩溶的发育致使建筑物场地和地基的工程地质条件恶劣，因此在岩溶地区修建各类工程建筑物时必须对岩溶进行工程地质研究，以预测和解决因岩溶而引起的各种工程地质问题。归纳起来，岩溶区的工程地质问题主要有以下几类。

7.7.1　地基稳定性及塌陷问题

在岩溶地区，由于地表覆盖层下有石芽溶沟，岩体内部有暗河、溶洞，建筑物的地基通常是很不均匀的。上覆土层还常因下部岩溶水的潜蚀作用而塌陷，形成土洞。土洞的塌陷作用常常是突然发生的。土洞出现的地区往往就是地下岩溶发育的区域。

工业与民用建筑物的压力作用范围多在地面以下10m左右。所以，建筑物的地基既涉及上覆土层，也涉及下伏基岩。岩溶区的土层特点是厚度变化大、孔隙比高，因此，地基很容易产生不均匀下降，从而导致建筑物倾斜甚至破坏。

根据岩溶发育的特点，岩溶地区可能遇到以下几类地基。

7.7.1.1　石芽地基

由于地表岩溶作用，石灰岩表层溶沟发育。纵横交错的溶沟之间多残留有锥状或尖棱状的石芽，致使石灰岩基面高低不平，形成石芽地基。石芽间的溶沟常被土充填，因此强度较低，压缩性较高，易引起地基的不均匀沉降，进而影响建筑物的稳定性。因此，在石芽地基上修建建筑物时，必须查清基岩的埋深、起伏情况、覆盖土层的压缩性及石芽的强度。

7.7.1.2　溶洞地基

溶洞地基的稳定性取决于溶洞的规模、埋深及充填情况。当溶洞的规模大、埋深浅、溶洞顶板承受不了建筑物的荷载时，就会使溶洞顶板坍塌、地基失稳。当建筑物地基直接遇到溶洞时，可视溶洞的规模及充填物情况进行适当处理。规模小，可采用清除或堵塞，或盖板跨越；规模大，则不宜作为建筑物的地基。为了确保溶洞地基的稳定性，必须根据溶洞的规模、溶洞顶板岩层的性质确定洞穴离地面的安全深度，即溶洞顶板的安全厚度。当溶洞埋深大于安全厚度时，地基是稳定的；否则地基不稳定，必须进行处理。

7.7.1.3　土洞地基

在覆盖型岩溶地区，可溶岩的上覆土层中常常发育着空洞，一般称为土洞。当土洞顶板在建筑物荷载作用下失去平衡而产生下陷或塌落时，则危及建筑物的安全。因此，凡是岩溶地区有第四纪土层分布的地段，都要注意土洞发育的可能性。应查明土洞的成因、形成条件，土洞的位置、埋深、大小，以及与土洞发育有关的溶洞、溶沟的分布。

由于溶洞的形成与地表水和地下水的关系极为密切，土洞的处理措施首先是治水，然后根据具体情况可采取以下方法处理：

（1）当土洞埋深较浅时，可采用挖填和梁板跨越。

（2）对直径较小的深埋土洞，因其稳定性好，危害性小，故可不处理洞体，而仅在洞顶上部采取梁板跨越。

（3）对直径较大的深埋土洞，可采用顶部钻孔灌砂（砾）或灌碎石混凝土以充填空间。

7.7.2　渗漏和突水问题

岩溶地区岩体中有许多裂隙、管道和溶洞，在进行水库、大坝、隧道、基坑等活动时，如存在承压水并有富水优势断裂作为通道，则可能会遇到地下突水而导致基坑、隧道等工程的排水困难甚至淹没，也可能因岩溶渗漏而造成水库无法蓄水。

库区应选在地势低洼，四周地下水位较高，上游有大泉出露而下游无大泉出露，上下游流量没有显著差异的河段上，要避免邻区有深谷大河。如果发现库底有渗漏，可采用堵（堵落水洞）、铺（铺盖黏土）、截（筑截水墙）、围（在落水洞四周建围墙）、引（引入库内或导出库外）等方法进行处理。

对岩溶突水的处理原则上以疏导为主。对隧道中的岩溶水，可用水管引入隧道边沟或中心排水沟排出。水量过大时，可用平行导坑排水。

岩溶地基变形破坏主要形式有地基承载力不足、不均匀沉降、地基滑动、地表坍塌等。目前对岩溶洞体稳定性评价方法有定性、半定量和定量之分。对稳定围岩，将洞体顶板视作结构自承重体系，可用结构力学分析法；对不稳定围岩，一般用散体理论分析法。岩溶地基处理方法视具体情况采取“不处理”、“绕避”、“处理”三类措施。

7.7.2.1 岩溶地基可不加处理的场合

属于下列情况的，岩溶地基可不加处理：

岩溶在基础影响范围以外；溶洞处于地基压缩层深度以下或垂直附加应力与洞顶地层自重应力之比不大于10%时，洞顶板无破碎现象，受力地基边缘无土洞、漏斗、落水洞地段；基础位于微风化硬质岩表面且宽度小于1m的竖向洞隙旁，洞隙被密实充填且无被水冲蚀可能地段；洞体厚跨比大于1，围岩完整性好或洞体小于基础底面。

7.7.2.2 可采取绕避措施的场合

当遇到以下情况时，宜采取“绕避”措施：

岩溶区。断裂、孔隙发育，宽度和密度较大，其底与溶洞、暗河相通的地段；溶洞、暗河发育地区，溶洞的洞径大、顶板薄、裂隙发育、基岩破碎，暗河水流较大且洞内无或少充填物的地段；岩溶水以表流和暗流交替出现，岩溶发育复杂无规律；落水洞分布较密且漏水严重，塌陷时常发生的地段；基岩起伏、流塑或可塑软土分布广且厚度变化大、地下水活动强烈地段；地基处理费用太高的地段。

土洞区。土层薄、裂隙发育且地表水入渗条件好，其下伏基岩有通道、暗河或呈负岩面的地段；石芽或出露岩体与上覆土体交接处，岩体裂隙、通道发育为地表水集中入渗的地段；地层下岩体两组结构面交汇或处于宽大裂隙带上的地段；隐伏深大岩溶洞、隙、沟、槽、漏斗等，其临近基岩面以上有软弱土层分布地段；人工降水降落漏斗的中心地段及地面低洼、地面水体近旁的地段。

当岩溶体地基的强度和稳定性不能满足工程要求，应据岩溶具体情况、工程要求、施工条件，按照安全性与经济性原则选择适当的地基处理方法。

7.7.3 常用地基处理方法

7.7.3.1 填垫法

填垫法可分为充填法、换填法、挖填法、垫褥法等几类。

充填法适用于裸露岩溶土洞，其上部附加荷载不大的情况。最底部须用块石、片石作填料，中部用碎石，上层用土或混凝土填塞，以保持地下水的原始流通状况，使其形成自然的反滤层。

当已被充填的岩溶土洞的充填物物理力学性质不好时，可采用换填法。须清除洞中充填物，再全部用块石、片石、砂、混凝土等材料进行换填。石横电厂厂房岩溶地基处理采用此法取得了很好的效果。

对浅埋的岩溶土洞，将其挖开或爆破揭顶，如洞内有塌陷松软土体，应将其挖除，再以块石、片石、砂等填入，然后覆盖黏性土并夯实，称为挖填法。此法适用于轻型建筑物，并且要估计到地下水活动再度掏空的可能性。为提高堵体强度和整体性，在填入块石、片石填料时，注入水泥浆液；对于重要工程基础或较近的溶洞、土洞，除去洞中软土后，将钢筋或废钢打入洞体裂隙后再用混凝土填洞，对四周的岩石裂隙注入水泥浆液，以黏结成整体，并阻断地下水。

岩溶洞、隙、沟、槽、石芽等岩溶突出物，可能引起地基沉降不均匀，将突出物凿去后做30~50cm砂土垫褥处理，称为垫褥法。

7.7.3.2 加固法

加固法通常包括灌浆法、顶柱法、强夯法、挤密法、浆砌法等。

对埋深较大的岩溶土洞，宜采用密钻灌浆法加固。应视岩溶洞隙含水程度和处理目的来选择材料。用于填塞时，可用黏土、砂石、混凝土、水泥砂浆等；用于防渗时，可用水泥浆和沥青作帷幕，灌浆顺序可先外围后中间，先地下水上游后下游；用于充填加固时，用快干材料或砂石等将洞隙先行填塞，开始时压力不宜过高，以免浆料大量流出加固范围。在对广州白云机场候机楼扩建工程岩溶地基处理过程中，程鉴基运用双液化学硅化法对复杂多层含水溶洞成功进行加固。

当洞顶板较薄、裂隙较多、洞跨较大，顶板强度不足以承担上部荷载时，为保持地下水通畅，条件许可时可采用附加支撑减少洞跨，称为顶柱法。一般在洞内做浆砌块石填补加固洞顶并砌筑支墩作附加支柱。贵州一铁路构筑物以半挖半填形式通过一顶板厚2~3.2m的大型溶洞上方，在洞内砌筑了4根浆砌片石柱以支撑溶洞顶板，即解决了顶板稳定问题。

在覆盖形岩溶区，处理大面积土洞和塌陷时，强夯法是一种省工省料、快速经济且能根治整个场地岩溶地基稳定性的有效方法。一般夯击遍数1~8遍，夯点距3m。如无地下水影响，两遍夯击间歇时间可不受限制。在夯击过程中，如果夯锤突然下陷，说明下部有隐伏土洞，此时可随夯随填土或砂砾土料处理。

对岩洞土洞中软土较深地段，适宜采用挤密法。采用砂柱、石灰柱、松土桩、混凝土桩或者钢管等打入洞内，形成复合地基，提高地基稳定性和强度。贵州六盘市师范单身住宅楼应用此法处理效果甚佳。

7.7.3.3 跨越法

跨越法包括板跨法、梁跨法、拱跨法等。

深度较大、洞径较小不便入内施工或洞径虽大、但因有水的溶洞，可据建筑物性质和基底受力情况，用混凝土板或钢筋混凝土板封顶，称为板跨法。桂林某厂车间柱基基础下面采用钢筋混凝土板跨越下伏溶洞或土洞，在各杯口周围同样预留灌浆孔，保证了各柱沉降比较均匀，处理效果良好。

对埋藏较深但仍位于地基持力层内的规模较小的塌陷或土洞，可用弹性地基梁或钢筋混凝土梁跨越土洞或塌陷体。贵州某影剧院岩溶地基的处理采用倒挂式沉井墩式基础作支承，然后在沉井、墩基及基岩上架设20.6m的弹性地基梁跨越溶洞，处理效果甚佳。

在地下建筑工程的边墙、堑式挡墙、堤式坡脚挡墙及桥墩、桥台等地基下常见洞身较宽、深度又大、洞形复杂或有水流的岩溶地基，宜采用拱跨形式。拱分为浆砌片石拱、混凝土拱、钢筋混凝土拱。

7.7.3.4 桩基法

溶洞、塌陷漏斗较深较大或溶洞多层发育，可采用桩基础。在基岩起伏处，其上覆土层性质较软弱、厚度又大、不易清除时，宜采用钻孔或冲孔灌注桩、爆扩桩，视工程需要作支承桩或摩擦桩，桩头锚入基岩内；采用打入桩时，桩尖应锚入基岩；采用人工挖孔桩时，多数情况开挖时宜设护壁。湖南某厂锅炉房采用钻孔灌注桩有效处理了深达 12.3m、宽 4.8m 的溶洞。广西某市中心广场 24 层贸易大厦采用冲孔和挖孔相结合，解决了复杂、多层、含水岩溶地基强度和稳定性问题。

7.8 本章小结

岩溶也称为喀斯特，是指以碳酸盐为主的可溶性岩石（石灰岩、白云岩、石膏、岩盐）地区，由于地表径流和地下水流对岩石的溶蚀作用和机械破坏作用，在岩体中形成洞穴，或在岩层的表面形成奇峰异石等独特的地貌景观。

岩溶发育的基本条件有岩石的可溶性、岩石的透水性、水的溶蚀能力及水的流动性。与岩溶相关的工程地质问题有岩溶塌陷和岩溶地基稳定性问题。

7.9 习题

7-1 在岩溶地区常见的岩溶地貌有哪些？

7-2 岩溶发育的影响因素有哪些？

7-3 岩溶地基的处理办法有哪些？

8 人类活动及相应工程地质问题

人类工程活动多种多样，现仅以常见的人类工程活动——公路修筑为例进行讨论。

公路的修建活动是人类社会最基本的工程活动，它主要涉及两类工程地质问题：边坡的稳定性和路基的稳定性。

8.1 边坡稳定性

公路在修建过程中，不可避免的要进行切坡（见图 8-1），并由此形成公路上下两侧边坡，公路所在地区的山体应力就此失衡。应力失衡必然伴随着后续的山体自我平衡恢复过程，而边坡的失稳现象即是山体自我恢复平衡的表现。如果要避免边坡失稳，必然需要人为地恢复山体应力平衡。

图 8-1 公路切坡

8.1.1 边坡稳定性的评价

边坡稳定性主要从以下几个方面进行评价：

（1）坡体高度及陡峭程度。坡体高度越高、越陡峭，稳定性越差。

（2）坡体规模。坡体规模越大，其规模效应愈发凸显，失稳的可能性越大，诱发的工程后果越严重。

（3）坡体地层的完整性及坚硬程度。坡体地层的完整性越高、越坚硬，稳定性越好。

（4）坡体地层构造与边坡的组合关系。一般而言顺向坡稳定性差，而反向坡稳定性相对较好。顺向坡指地层倾向与坡向相同，反向坡指地层倾向与坡向相反。

（5）边坡水文地质情况。受雨水侵蚀严重的坡体稳定性差。地下水位较高亦对坡体有不利影响。

8.1.2 边坡失稳的防治

边坡失稳（见图 8-2）的防治主要有以下几方面措施：

（1）坡体周围修建截洪沟及排水沟，降低水的影响。

（2）高陡的坡体直接进行消减。

（3）坡脚进行反压。坡脚是坡体剪切力集中区域，极易形成剪切破坏，使得整体坡体失稳，故此应进行反压。

（4）修建挡土墙，支挡土的侧向下滑力。

（5）坡体进行绿化，增加坡体本身的稳固程度。

（6）危岩清理，如图 8-3 所示。

（7）安装被动防护网。

已治理的边坡如图 8-4~图 8-8 所示。

图 8-2 边坡失稳

图 8-3 清理危岩

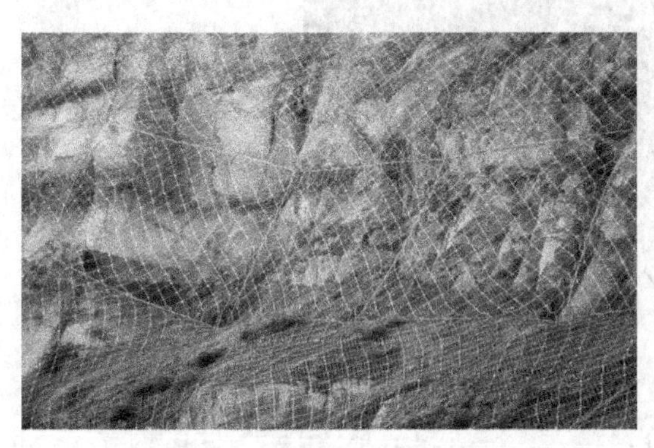

图 8-4 已治理的边坡（一）

图 8-5 已治理的边坡（二）

图 8-6 已治理的边坡（三）

图 8-7 已治理的边坡（四）

图 8-8 已治理的边坡（五）

8.2 路基稳定性

路基是路面的基础，它和路面共同承受行车荷载的作用，没有坚固、稳定的路基就没有稳固的路面，路基的强度和稳定性是保证路面强度和稳定性的先决条件，路基的强度与稳定性，受水、温度、土质的影响。路基的常见病害是沉陷。由于路基土中含水量偏大造成压实度不足引起沉陷的事例最多。土中的水分过大，土粒被水膜包围而分散得过远，含水量越大，水膜越厚，水分不能排除，由于水的密度比土的密度小，导致土的密度反而下降了，因此，在压实工作中应经常注意并检查土的含水量，并视需要采取相应措施，尽可能消除和减轻水对路基造成的危害。压实度、含水量、先进的设计施工是确保路基强度的先决条件，而严格检查、测试才能使好的设计和施工落到实处。

影响路基的水流可分为地面水和地下水两大类，与此相适应的路基排水工程，则分为地面排水工程和地下排水工程。

（1）中央分隔带排水及护坡道。中央分隔带排水设施是由于高等级公路的修建才出现的。中央分隔排水设施由纵向排水沟（明沟、暗沟）、渗沟、雨水井、集水井、横向排水管等组成。至于采用何种形式，可视公路等级及排水条件设计适合于本地区的中央分隔带排水沟管形式。

（2）排水设计对于公路路基的稳定性及路面的使用寿命有着显著的影响。公路排水（见图 8-9、图 8-10）设计应包含以下两个方面的内容：其一是要考虑如何减少地下水、农田排灌水对路基稳定性及强度的影响，一般称为第一类排水；其二是要考虑如何将路表水迅速排出路基之外，最大限度地减少雨水对路基、路面质量的影响，减少因路表水排水不畅或路表水下渗对路基、路面结构和使用性能产生的损害，这称为第二类排水。

第一类排水设计通常采用适当提高路基最小填土高度或在路基底部设置隔水垫层等办法。施工期间一般都考虑在施工前开挖临时排水边沟，排除施工期地表水并降低地下水，同时在路基底部掺加低剂量石灰处理，设置 40cm 厚的稳定层等。采用这一系列措施可起到事半功倍的效果。

第二类排水设计一般包括：

1）通过路面横坡、边沟、边沟急流槽等，将路表水迅速排出路基以外。

2）设计中央分隔带纵向碎石盲沟、软式透水管及横向排水管，将施工期进入中央分隔带的雨水及运营期中央分隔带的下渗水迅速排出路基之外。

3）设计泄水孔以迅速排除桥面水。

4）设计中采用沥青封层、土路肩纵横向碎石盲沟或排水管，将渗入路面面层的水引出路基之外。

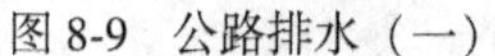

图 8-9　公路排水（一）

图 8-10　公路排水（二）

公路路基边坡的质量和状态能否持久而稳定，能否经得住各种因素的影响而不损坏，通常用边坡稳定性来评价。边坡的地质条件、水文条件、地形地貌和新构造运动等自然因素是对边坡稳定性起决定作用的关键因素，而地下采掘、开挖坡脚、人工削坡等人类的工程活动对边坡稳定性负有重大影响。路基边坡稳定性（或状态改变及损坏）是上述因素综合作用的反映，边坡稳定性和各种因素构成一个相互联系、相互影响的整体，其中任何一个因素的改变往往会诱导其他因素改变，进而引起边坡原有稳定状态发生改变。

8.3　本章小结

公路的修建活动主要涉及两类工程地质问题：边坡的稳定性和路基的稳定性。导致路基湿度变化的水源有地表水和地下水两类。公路的排水设计对公路路基的稳定性至关重要。

8.4　习题

8-1　边坡的稳定性如何评估？

8-2　路基的稳定性受何影响？

8-3　边坡及路基失稳的防治措施有哪些？

下篇

实践应用

9 工程地质图

9.1 地质图的种类

工作目的不同，绘制的地质图也不同，常见的地质图有以下几种。

(1) 普通地质图（见图9-1)。主要表示地区地层分布、岩性和地质构造等基本地质内容的图件，一幅完整的普通地质图包括地质平面图、地质剖面图（见图9-2、图9-3)和综合柱状图（见图9-4)。

(2) 构造地质图。用线条和符号专门反映褶皱、断层等地质构造的图件。

(3) 第四纪地质图。反映第四纪松散沉积物的成因、年代、成分和分布情况的图件。

(4) 基岩地质图。假想把第四纪松散沉积物“剥掉”，只反映第四纪以前基岩的时代、岩性和分布的图件。

(5) 水文地质图（见图9-5)。反映地区水文地质资料的图件（见图9-6)。可分为岩层含水性图、地下水化学成分图、潜水等水位线图、综合水文地质图等。

(6) 工程地质图。为各种工程建筑专用的地质图。如房屋建筑工程地质图、水库坝址工程地质图、矿山工程地质图、铁路工程地质图、公路工程地质图、港口工程地质、机场工程地质图等。还可以根据具体的工程项目细分。如铁路工程地质图还可以分为线路工程地质图、工点工程地质图。工点工程地质图又可分为桥梁工程地质、隧道工程地质图、站场工程地质图等。各工程地质图有自己的平面图、纵剖面图和横剖面图等。

工程地质图一般是在普通地质图的基础上，增加各种与工程建设有关的工程地质内容而成，如在隧道工程地质纵剖面图上，表示出围岩类别、地下水位和水量、岩石风化界线、节理产状、影响隧道稳定性的各项地质因素等；在线路工程地质平面图上，绘出滑坡、泥石流、崩塌等不良地质现象的分布情况等。

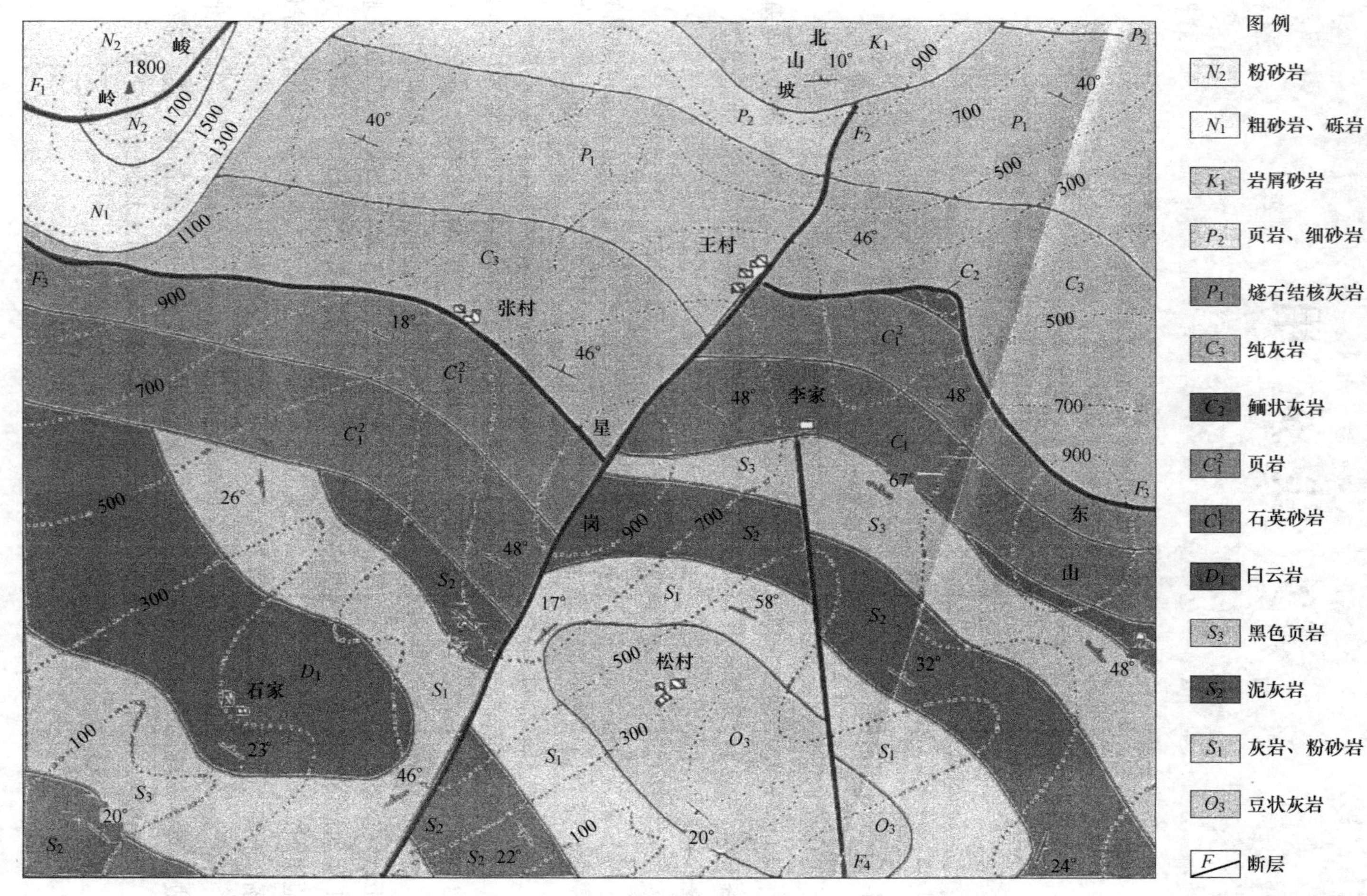
星岗地区地形地质图
比例尺1:50000
图例
N_2 粉砂岩
N_1 粗砂岩、砾岩
K_1 岩屑砂岩
P_2 页岩、细砂岩
P_1 燧石结核灰岩
C_3 纯灰岩
C_2 鲕状灰岩
C_1^2 页岩
C_1^1 石英砂岩
D_1 白云岩
S_3 黑色页岩
S_2 泥灰岩
S_1 灰岩、粉砂岩
O_3 豆状灰岩
F 断层
峻岭
北山坡
王村
张村
李家
星岗
东山
松村
石家

图9-1 普通地质图

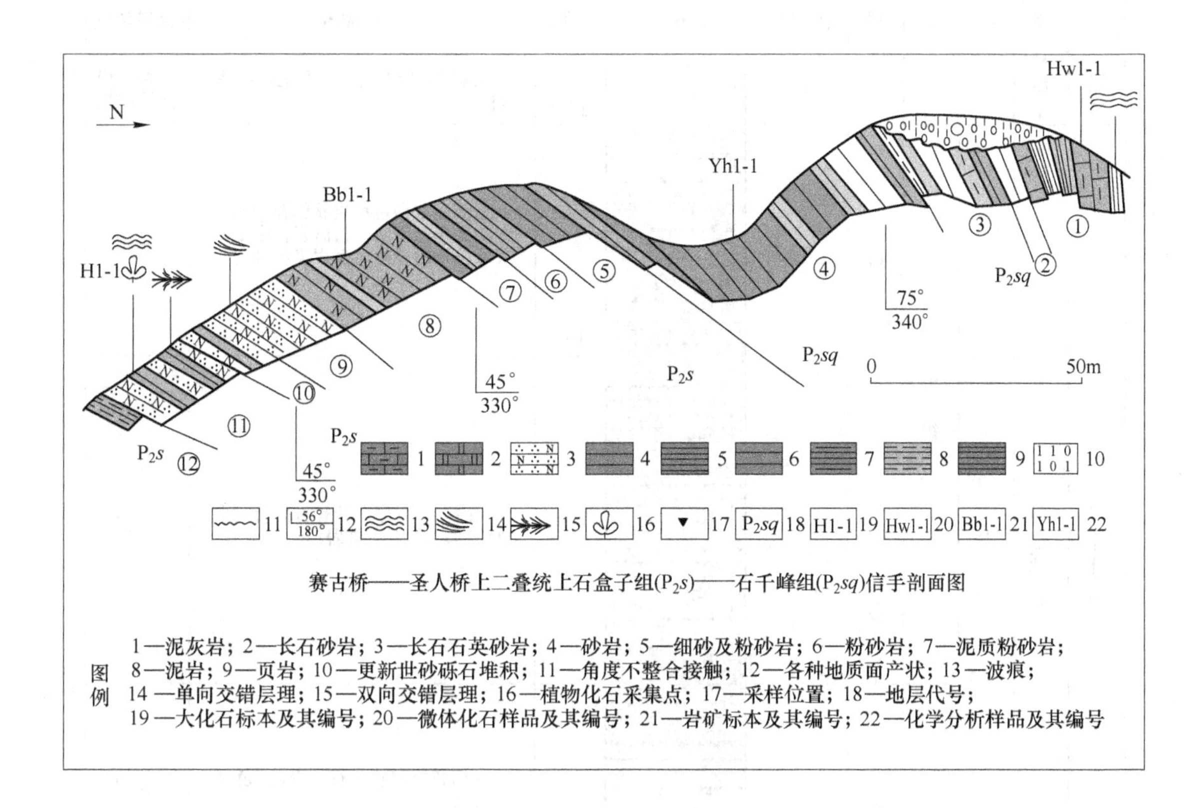

图 9-2 地质剖面图（一）

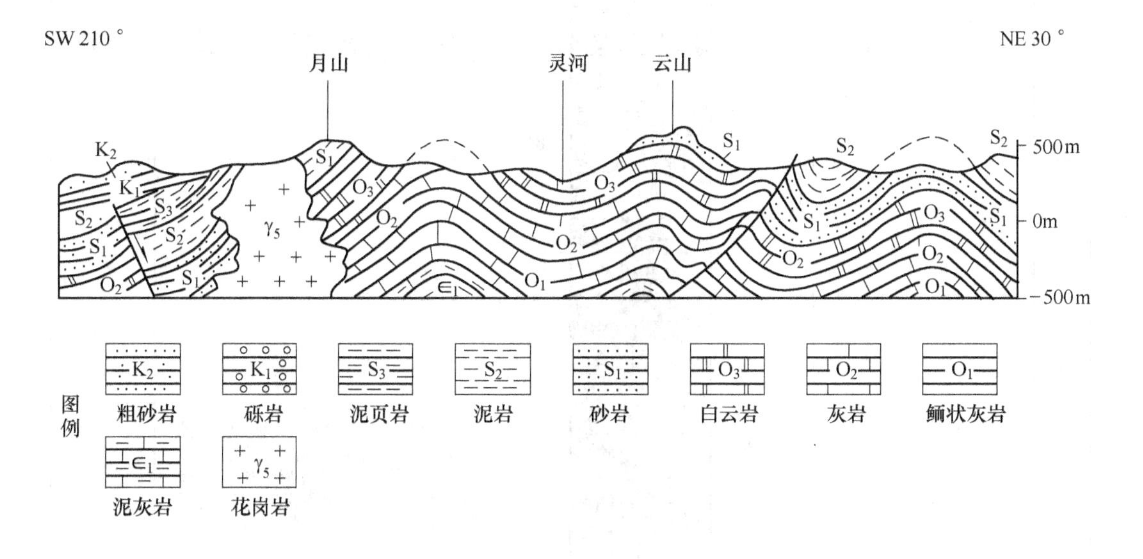

图 9-3 地质剖面图（二）

界	系	统	组	段	地层代号	柱状图	厚度/m	岩性描述	沉积环境
新生界	第四系				Q	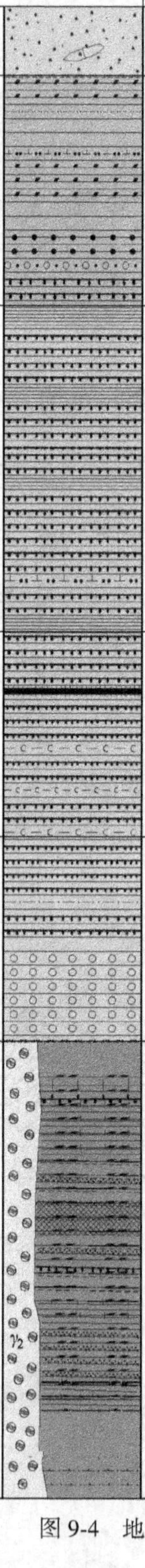	2-30	砂砾层，局部夹砂质黏土透镜体、耕作土	冲积、局部坡积相
古生界	三叠系	上统	舍资组	二段	T_3s^2		100	下部浅灰白色厚层状粗粒长石砂岩，夹灰色砾岩，粉砂岩，中上部灰绿色钙质粉砂质泥岩夹粉砂岩	湖相
				一段	T_3s^1		188	灰白色中至厚层状长石砂岩夹灰色粉砂岩，泥岩(页岩)	湖相
			干海子组	二段	T_3g^2		80	灰白色厚层状长石砂岩、黑色炭质页岩	湖相
				一段	T_3g^1		81	底部灰、绿灰色厚层状砂砾岩，中上部灰白色长石砂岩夹灰色泥岩	河湖相
下元古界	普登群				Pt_1P	γ_2	750-1180	黄白色石英岩(Mg)，浅灰色含榴斜长白云母片岩(Sm)；浅灰色含蓝晶石、石榴石斜长片麻岩(Gn)；浅灰白色黑云二长变粒岩(Gnt)；石英片岩(Sb)；注入混合岩(Mi)	

图 9-4　地质柱状图

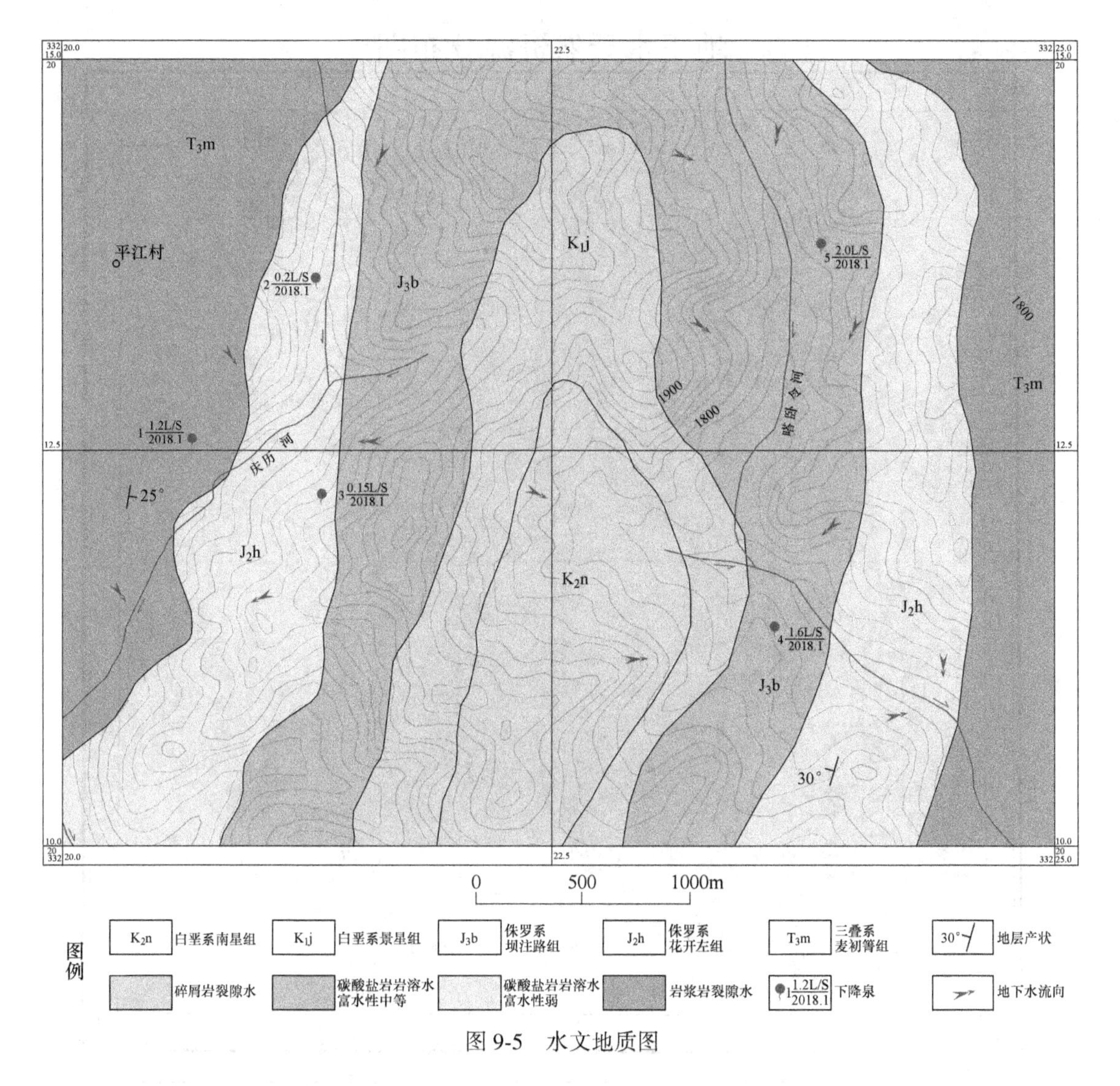

图 9-5　水文地质图

9.2　地质图的读图

地质图上内容多，线条、符号复杂，阅读时应遵循由浅入深、循序渐进的原则，一般步骤及内容如下：

(1) 图名、比例尺、方位。了解图幅的地理位置、图幅类别、制图精度。图上方位一般用箭头指北表示，或用经纬线表示。若图上无方位标志，则以图正上方为正北。

(2) 地形、水系。通过图上地形等高线、河流径流线，了解地区地形起伏情况，建立地貌轮廓。地形起伏常常与岩性、构造有关。

(3) 图例。图例是地质图中采用的各种符号、代号、花纹、线条及颜色的说明，通过图例，可对地质图中地层、岩性、地质构造建立起初步的概念。

(4) 地质内容。可按如下步骤进行：首先看地层岩性，了解各年代地层岩性的分布位置和接触关系；其次看地质构造，了解褶皱及断层的产出位置、组成地层、产状、形态、规模及相互关系；最后根据地层、岩性及地质构造的特征，分析该地区的地质发展历史。

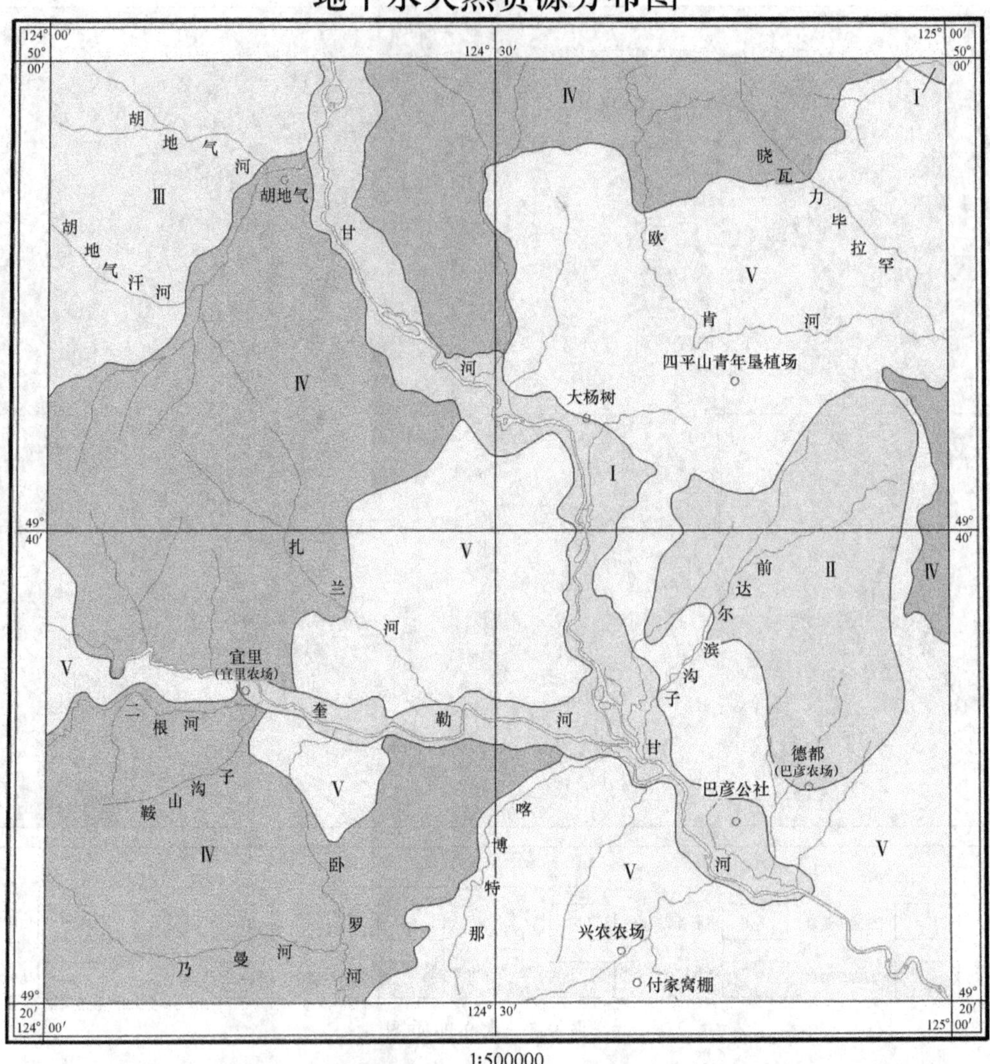

资源分区	Ⅰ	Ⅱ	Ⅲ	Ⅳ	Ⅴ
补给模数 /L·(s·km²)⁻¹	2.53	5.17	3.44	1.65	0.69
天然资源/万吨·a⁻¹	3392.68	6128.17	3991.68	10097.07	4878.19

图 9-6　水资源分布地质图

9.3　本章小结

根据不同的具体用途，地质图可分为普通地质图、水文地质图、构造地质图等多种地质图。工程地质图一般是在普通地质图的基础上增加各种与工程建设有关的工程地质内容而成。

地质图的读图应遵循由浅入深、循序渐进的原则。

9.4　习题

9-1　普通地质图上有哪些要素内容？

9-2　试着阅读一张地质图。

10　工程地质勘察技术

10.1　工程地质勘察的分级及阶段

10.1.1　工程地质勘察的分级

岩土工程勘察等级划分的主要目的，是为了勘察工作的布置及勘察工作量的确定。显然，工程规模较大或较重要、场地地质条件以及岩土体分布和性状较复杂者，所投入的勘察工作量就较大；反之则较小。按《岩土工程勘察规范》（GB 50021—2009）规定，岩土工程勘察的等级，是由工程安全等级、场地和地基的复杂程度三项因素决定的。首先应分别对三项因素进行分级，在此基础上进行综合分析，以确定岩土工程勘察的等级划分。下面先分别论述三项因素等级划分的依据及具体规定，随后综合划分岩土工程勘察的等级。

10.1.1.1　工程重要性等级

根据工程的规模和特征，以及由于岩土工程问题造成工程破坏或影响正常使用的后果，工程重要性等级可分为三个等级，见表10-1。

表10-1　工程安全等级

工程重要性等级	工程的规模和特征	破坏后果
一级	重要工程	很严重
二级	一般工程	严重
三级	次要工程	不严重

对于不同类型的工程来说，应根据工程的规模和特征具体划分。目前房屋建筑与构筑物的设计等级，已在国家标准《建筑地基基础设计规范》（GB 50007—2011）中明确规定根据地基复杂程度、建筑物规模和功能特征，以及由于地基问题可能造成建筑物破坏或影响正常使用的程度，将地基基础设计分为三个设计等级，设计时应根据具体情况，按表10-2选用。

表10-2　地基基础设计等级

设计等级	工程规模	建筑和地基类型
甲级	重要工程	重要的工业与民用建筑物；30层以上的高层建筑；体型复杂，层数相差超过10层的高低层连成一体建筑物；大面积的多层地下建筑物（如地下车库、商场、运动场等）；对地基变形有特殊要求的建筑物；复杂地质条件下的坡上建筑物（包括高边坡）；对原有工程影响较大的新建建筑物；场地和地基条件复杂的一般建筑物；位于复杂地质条件及软土地区的二层及二层以上地下室的基坑工程
乙级	一般工程	除甲级、丙级以外的工业与民用建筑物
丙级	次要工程	地和地基条件简单，荷载分布均匀的七层及七层以下民用建筑及一般工业建筑物；次要的轻型建筑物

目前，地下硐室、深基坑开挖、大面积岩土处理等尚无工程安全等级的具体规定，可根据实际情况划分。大型沉井和沉箱、超长桩基和墩基、有特殊要求的精密设备和超高压设备、有特殊要求的深基坑开挖和支护工程、大型竖井和平洞、大型基础托换和补强工程，以及其他难度大、破坏后果严重的工程，以列为一级安全等级为宜。

10.1.1.2　场地的复杂程度等级

场地复杂程度等级是由建筑抗震稳定性、不良地质现象发育情况、地质环境破坏程度、地形地貌条件和地下水等五个条件衡量的。根据场地的复杂程度，可按下列规定分为三个场地等级。

（1）符合下列条件之一者为一级场地（复杂场地）：

1）对建筑抗震危险的地段；

2）不良地质作用强烈发育；

3）地质环境已经或可能受到强烈破坏；

4）地形地貌复杂；

5）有影响工程的多层地下水、岩溶裂隙水或其他水文地质条件复杂，需专门研究的场地。

（2）符合下列条件之一者为二级场地（中等复杂场地）：

1）对建筑抗震不利的地段；

2）不良地质作用一般发育；

3）地质环境已经或可能受到一般破坏；

4）地形地貌较复杂；

5）基础位于地下水位以下的场地。

（3）符合下列条件者为三级场地（简单场地）：

1）抗震设防烈度等于或小于 6 度，或对建筑抗震有利的地段；

2）不良地质作用不发育，地质环境基本未受破坏；

3）地质环境基本未受破坏；

4）地形地貌简单；

5）地下水对工程无影响。

以上划分从一级开始，向二级、三级推定，以最先满足的为准，见表 10-3。

表 10-3　场地复杂程度等级

场地条件	等级		
	一级	二级	三级
建筑抗震稳定性	危险	不利	有利（或地震设防烈度≤6 度）
不良地质现象发育情况	强烈发育	一般发育	不发育
地质环境破坏程度	已经或可能强烈破坏	已经或可能受到一般破坏	基本未受破坏
地形地貌条件	复杂	较复杂	简单
地下水条件	多层水、水文地质条件复杂	基础位于地下水位以下	无影响

注：一级、二级场地各条件中只要符合其中任一条件者即可。

A 建筑抗震稳定性

按国家标准《建筑抗震设计规范》（GB 50011—2001）规定，选择建筑场地时，对建筑抗震稳定性地段的划分规定如下：

（1）危险地段。地震时可能发生滑坡、崩塌、地陷、地裂、泥石流，及发震断裂带上可能发生地表位错的部位。

（2）不利地段。软弱土和液化土，条状突出的山嘴，高耸孤立的山丘，非岩质的陡坡、河岸和斜坡边缘，平面分布上成因、岩性和性状明显不均匀的土层（如古河道、断层破碎带、暗埋的塘浜沟谷及半填半挖地基）等。

（3）有利地段。稳定基岩、坚硬土，开阔、平坦、密实均匀的中硬土等。

B 不良地质现象发育情况

“不良地质作用强烈发育”是指由于不良地质现象发育导致建筑场地极不稳定，直接威胁工程设施安全。如泥石流沟谷（见图 10-1）、崩塌、土洞、塌陷、岸边冲刷、地下水强烈潜蚀等极不稳定的场地；“不良地质作用一般发育”是指虽有上述不良地质作用分布，但并不十分强烈，对工程设施安全的影响不严重；或者说对工程安全可能有潜在的威胁。

图 10-1 泥石流沟谷

C 地质环境破坏程度

“地质环境”是指人为因素和自然因素引起的地下采空、地面沉降、地裂缝、化学污染、水位上升等。

由于人类工程、经济活动导致地质环境的干扰破坏是多种多样的（见图 10-2），如采掘固体矿产资源引起的地下采空，抽汲地下液体（地下水、石油）引起的地面沉降、地面塌陷和地裂缝，修建水库引起的边岸再造、浸没、土壤沼泽化，排除废液引起岩土的化学污染，等等，地质环境破坏对岩土工程实践的负影响不容忽视，往往对场地稳定性构成威胁。表 10-2 中地质环境的“强烈破坏”，是指由于地质环境的破坏，已对工程安全构成直接威胁，如矿山浅层采空导致明显的地面变形、横跨地裂缝等；“一般破坏”是指已有或将有地质环境的干扰破坏，但并不强烈，对工程安全的影响不严重。

D 地形地貌条件

地形地貌条件主要指的是地形起伏和地貌单元（尤其是微地貌单元）的变化情况。一般地，山区和丘陵区场地地形起伏大，工程布局较困难，挖填土石方量较大，土层分布较薄且下伏基岩面高低不平，地貌单元分布较复杂，一个建筑场地可能跨越多个地貌单元，因此地形地貌条件复杂或较复杂。平原场地地形平坦，地貌单元均一，土层厚度大且结构简单，因此地形地貌条件简单。

图 10-2　人类工程对地质环境的破坏

地貌分区图如图 10-3 所示。

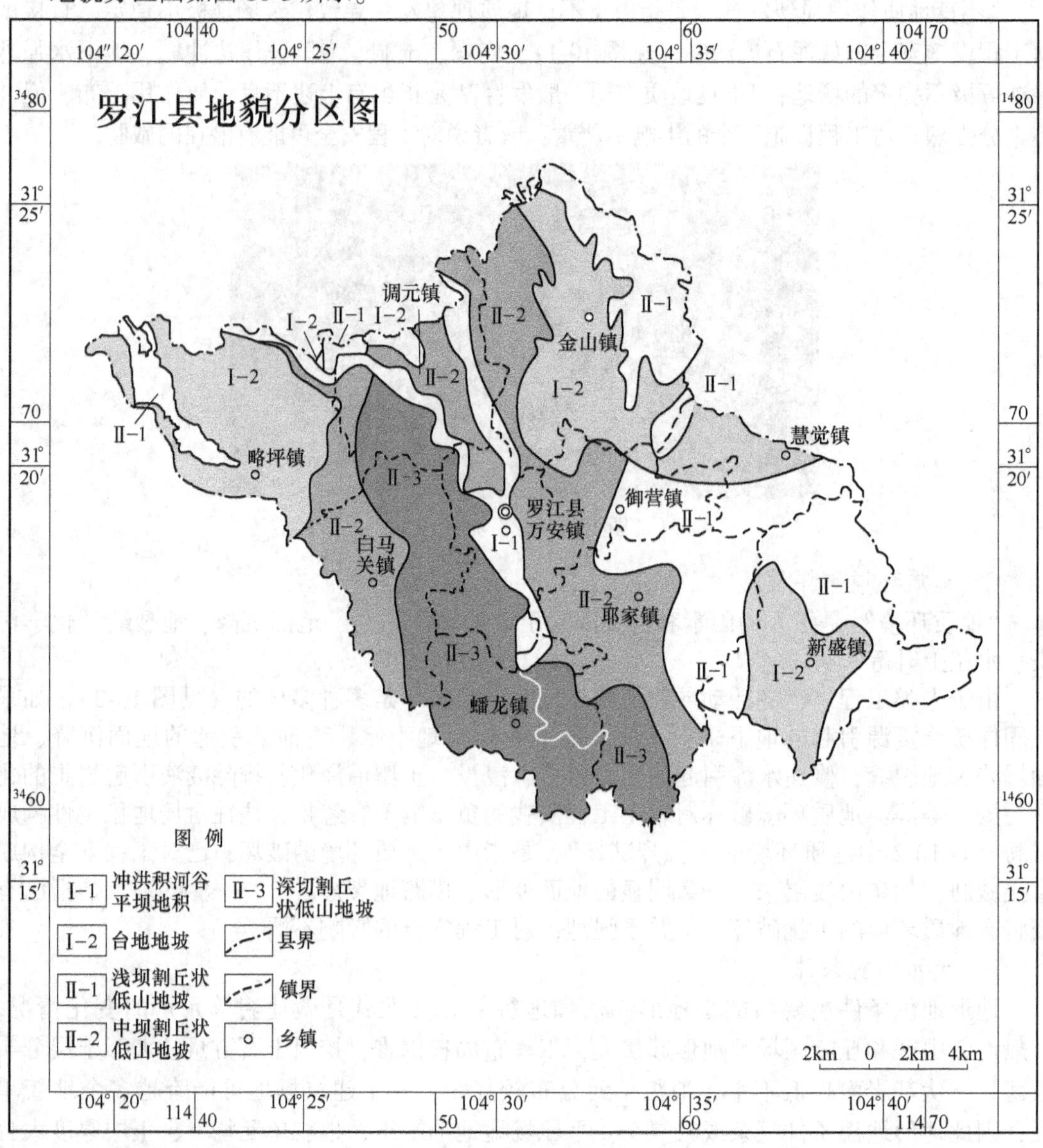

图 10-3　地貌分区图实例

E 地下水条件

地下水是影响场地稳定性的重要因素。地下水的埋藏条件、类型、地下水位等直接影响工程及其建设。

综合以上因素，把场地复杂程度划分为一级、二级、三级三个等级。

10.1.1.3 地基复杂程度等级

地基的复杂程度也划分为三级。

(1) 符合下列条件之一者为一级地基（复杂地基）：

1) 岩土种类多，很不均匀，性质变化大，需特殊处理。

2) 严重湿陷、膨胀、盐渍、污染的特殊性岩土，以及其他情况复杂，需作专门处理的岩土。

(2) 符合下列条件之一者为二级地基（中等复杂地基）：

1) 岩土种类较多，不均匀，性质变化较大。

2) 除本条第1款规定以外的特殊性岩土。

(3) 符合下列条件者为三级地基（简单地基）：

1) 岩土种类单一、均匀，性质变化不大。

2) 无特殊性岩土。

10.1.1.4 岩土工程勘察等级

根据工程重要性等级、场地复杂程度等级和地基复杂程度等级，可按下列条件划分岩土工程勘察等级。

甲级：在工程重要性、场地复杂程度和地基复杂程度等级中，有一项或多项为一级。

乙级：除勘察等级为甲级和丙级以外的勘察项目。

丙级：工程重要性、场地复杂程度和地基复杂程度等级均为三级。

注：建筑在岩质地基上的一级工程，当场地复杂程度等级和地基复杂程度等级均为三级时，岩土工程勘察等级可定为乙级。

10.1.2 工程地质勘察的阶段

工程地质勘察是研究、评价建设场地的工程地质条件所进行的地质测绘、勘探、室内实验、原位测试等工作的统称。为工程建设的规划、设计、施工提供必要的依据及参数。工程地质条件通常是指建设场地的地形、地貌、地质构造、地层岩性、不良地质现象以及水文地质条件等。勘察阶段的基本要求是正确反映各阶段工程地质条件，提出评价岩土工程问题及参数，为工程设计、施工提供依据。勘察阶段划分坚持合理的勘察工作程序，是保证勘察质量的重要环节。

按《岩土工程勘察规范》(GB 50021—2009) 规定，建筑物岩土工程勘察宜分阶段进行。可行性研究勘察应符合选择场址方案的要求；初步勘察应符合初步设计的要求；详细勘察应符合施工图设计的要求；场地条件复杂或有特殊要求的工程，宜进行施工勘察。场地较小且无特殊要求的工程可合并勘察阶段。当建筑物平面布置已经确定，且场地或其附近已有岩土工程资料时，可根据实际情况，直接进行详细勘察。

10.1.2.1 可行性研究勘察

可行性研究勘察也称为选址勘察，其目的是根据建设条件进行经济技术论证，提出设计比较方案。勘察的主要任务是对拟选场址的稳定性和适宜性做出岩土工程评价；进行技术、经济论证和方案比较，满足确定场地方案的要求。这一阶段的勘察范围是在可能进行建筑的建筑地段，一般有若干个可供选择的场址方案，都要进行勘察；各方案对场地工程地质条件的了解程度应该是相近的，并对主要的岩土工程问题的作初步分析评价，以此比较说明各方案的优劣，选取最优的建筑场地。本阶段的勘察方法主要是在搜集、分析已有资料的基础上，进行现场踏勘，了解场地的工程地质条件。如果场地工程地质条件比较复杂，已有资料不足以说明问题时，应进行工程地质测绘，或必要的勘探工作。应符合下列要求：

（1）搜集区域地质、地形地貌、地震、矿产、当地的工程地质、岩土工程和建筑经验等资料。

（2）在充分搜集和分析已有资料的基础上，通过踏勘了解场地的地层、构造、岩性、不良地质作用和地下水等工程地质条件。

（3）当拟建场地工程地质条件复杂，已有资料不能满足要求时，应根据具体情况进行工程地质测绘和必要的勘探工作。

（4）当有两个或两个以上拟选场地时应进行比选分析。

10.1.2.2 初步勘察

初步勘察的目的，是密切结合工程初步设计的要求，提出岩土工程方案设计和论证。其主要任务是在可行性勘察的基础上，对场地内拟建建筑地段的稳定性做出岩土工程评价，为确定建筑物总平面布置、主要建筑物地基基础方案、对不良地质现象的防治工程方案进行论证。勘察阶段的工作范围一般限定于建筑地段内，相对比较集中。本阶段的勘察方法，在分析已有资料的基础上，根据需要进行工程地质测绘，并以勘探、物探或原位测试为主。应根据具体的地形地貌、地层和地质结构条件，布置勘探点、线、网，其密度和孔（坑）按不同的工程类型和岩土工程勘察等级确定。原则上每一岩土层应取样和进行原位测试，取样和原位测试的坑孔的数量应占相当大的比重。此阶段进行下列主要工作：

（1）搜集拟建工程的有关文件、工程地质和岩土工程资料以及工程场地范围的地形图；

（2）初步查明地质构造、地层结构、岩土工程特性、地下水埋藏条件；

（3）查明场地不良地质作用的成因、分布、规模、发展趋势，并对场地的稳定性做出评价；

（4）对抗震设防烈度等于或大于 6 度的场地，应对场地和地基的地震效应做出初步评价；

（5）季节性冻土地区，应调查场地土的标准冻结深度；

（6）初步判定水和土对建筑材料的腐蚀性；

（7）高层建筑初步勘察时，应对可能采取的地基基础类型、基坑开挖与支护、工程降水方案进行初步分析评价。

10.1.2.3　详细勘察

详细勘察的目的是对岩土工程设计、岩土体处理与加固、不良地质现象的防治工程进行计算与评价，以满足施工图设计的要求。此阶段的任务应按单体建筑物或建筑群提出详细的岩土工程资料和设计、施工所需的岩土参数；对建筑地基做出岩土工程评价，并对地基类型、基础形式、地基处理、基坑支护、工程降水和不良地质作用的防治等提出建议。勘察的范围主要在建筑地基内。本阶段的勘察方法以勘探和原位测试为主。勘探点一般应按建筑物轮廓线布置，其间距根据岩土工程勘察等级确定，较之初勘阶段密度更大、深度更深。勘探坑孔的深度一般以建筑工程基础底面为准算起。采取岩土试样和进行原位测试的坑孔数量也较初勘阶段要大。为了与后续的施工监理衔接，此阶段应适当布置监测工作。主要应进行下列工作：

(1) 搜集附有坐标和地形的建筑总平面图，场区的地面整平标高，建筑物的性质、规模、荷载、结构特点、基础形式、埋置深度、地基允许变形等资料。

(2) 查明不良地质作用的类型、成因、分布范围、发展趋势和危害程度，提出整治方案的建议。

(3) 查明建筑范围内岩土层的类型、深度、分布、工程特性，分析和评价地基的稳定性、均匀性和承载力。

(4) 对需进行沉降计算的建筑物，提供地基变形计算参数，预测建筑物的变形特征。

(5) 查明埋藏的河道、沟浜、墓穴、防空洞、孤石等对工程不利的埋藏物。

(6) 查明地下水的埋藏条件，提供地下水位及其变化幅度。

(7) 在季节性冻土地区，提供场地土的标准冻结深度。

(8) 判定水和土对建筑材料的腐蚀性。

10.1.2.4　施工勘察

施工勘察不是一个固定的勘察阶段，是视工程的实际需要而定的。当工程地质条件复杂或有特殊施工要求的重要工程，就需进行施工勘察。施工勘察包括施工阶段的勘察和竣工运营过程中的一些必要的勘察工作，主要是检验与监测工作、施工地质编录和施工超前地质预报。它可以起到核对已取得的地质资料和所作评价结论准确性的作用，以此修改、补充原来的勘察成果。此外，对一些规模不大且工程地质条件简单的场地，或者有建筑经验的地区，可简化勘察阶段。如我国目前许多城市的一般房屋建筑进行的一次性勘察，完全可以满足工程设计与施工的要求。

10.2　工程地质勘察方法

工程地质勘察的方法或技术手段有以下几种：工程地质测绘、勘探与取样、原位测试与室内试验、现场检验与监测。

10.2.1　工程地质测绘

10.2.1.1　工程地质测绘的目的和任务

工程地质测绘是工程地质勘察中一项最重要最基本的勘察工作，也是诸勘察工作中走在前面的一项勘察工作。它运用地质、工程地质理论对与工程建设有关的各种地质现象进行详细观察和描述，以查明拟定建筑区内工程地质条件的空间分布和各要素之间的内在联系，并按照精度要求将它们如实地反映在一定比例尺的地形设计图上；配合工程地质勘探、试验等所取得的资料编制成工程地质图，作为工程地质勘察的重要成果提供给建筑物规划、设计和施工部门参考。

在切割强烈的基岩裸露山区，充分地进行工程地质测绘，就可能较全面地阐明该区的工程地质条件，得到岩土工程地质性质的形成和空间变化的初步概念，判明物理地质现象和工程地质现象的空间分布、形成条件和发育规律。即使在为第四系覆盖的平原区，工程地质测绘也仍然有着不可忽视的作用，只不过这时的测绘工作重点应放在研究地貌和松软土上。由于工程地质测绘能够在较短时间内查明广大地区的工程地质条件而费资不多，在区域性预测和对比评价中能够发挥重大作用，在其他工作配合下能够顺利地解决建筑区的选择和建筑物的合理配置等问题，所以在工程设计的初期阶段，它往往是工程地质勘察的主要手段。

工程地质测绘应做到：

(1) 充分收集和利用已有资料，并综合分析，认真研究，对重要地质问题必须经过实地校核验证；

(2) 中心突出，目的明确，针对与工程有关的地质问题进行地质测绘；

(3) 保证第一手资料准确可靠，边测绘，边整理；

(4) 注意点、线、面、体之间的有机联系。

通过工程地质测绘对地面地质情况有了深入了解、对地下地质情况有了较准确的判断，初步掌握了某些地质规律和需要研究的问题，这就为进行其他类型的勘察工作奠定了基础，使得进行这些工作的范围更集中、目的更明确，从而必然会节省勘察工作量、提高勘察工作的效率。

10.2.1.2　工程地质测绘的内容

工程地质测绘是为工程建设服务的，应自始至终以反映工程地质条件和预测建筑物与地质环境的相互作用为目的，深入研究建筑区内工程地质条件的各个要素。

A　工程地质测绘中对地貌的研究

查明地形、地貌特征及其与地层、构造、不良地质作用的关系，划分地貌单元。地形、地貌与岩性、地质构造、第四纪地质、新构造运动、水文地质以及各种不良地质作用的关系密切。地貌是岩性、构造、新构造运动和近期外动力地质作用的结果。研究地貌可以判断岩性、地质构造及新构造运动的性质和规模，搞清第四纪沉积物的成因类型和结构，并据此了解各种不良地质作用的分布和发展演化历史、河流发育史等。相同的地貌单元不仅地形特征近似，且其表层地质结构、水文地质条件也往往相同，还常常发育着性质、规模相同的自然地质作用。因此在平原区、山麓地带、山间盆地以及有松散沉积物覆盖的丘陵区进行工程地质测绘和调查时，应着重于地形地貌，并以地貌作为工程地质分区的基础。

工程地质测绘中，地形地貌研究的内容包括：

(1) 地貌形态特征、分布和成因；

（2）划分地貌单元；

（3）地貌单元形成与岩性、地质构造及不良地质现象等的关系；

（4）各种地貌形态和地貌单元的发展演化历史。

在大比例尺工程地质测绘中，还应侧重微地貌与工程建筑物布置以及岩土工程设计、施工关系等方面的研究。在中小比例尺工程地质测绘中研究地貌时，应以大地构造、岩性和地质结构等方面的研究为基础，并与水文地质条件和物理地质现象的研究联系起来，着重查明地貌单元的成因类型和形态特征，各个成因类型的分布特征及其变化，物质组成和覆盖层的厚度，以及各地貌单元在平面上的分布规律。

B 工程地质测绘中对地层岩性的研究

工程地质测绘对地层岩性的研究包括：

（1）岩土的地层年代；

（2）岩土层的成因、分布、性质和岩相；

（3）岩土层先后顺序、接触关系、厚度及其变化规律；

（4）对岩层应鉴定其风化程度，对土层应区分新近沉积土、各种特殊土。

在不同比例尺的工程地质测绘中，地层年代可利用已有的成果或通过寻找标准化石分析确定。此外，选择填图单位时，应注意寻找标志层（指岩性、岩相、层位和厚度都较稳定，且颜色、成分和结构等具有特征标志，地面出露又较好的岩土层，如黄土地区的古土壤层），按比例尺大小确定。

（1）沉积岩区。了解岩相的变化情况、沉积环境、接触关系，观察层理类型、岩石成分、结构、厚度和产状要素。

（2）岩浆岩区。应了解岩浆岩的类型、形成年代和分布范围。

（3）变质岩区。调查变质岩的变质类型（区域变质、接触变质、动力变质、混合岩化等）和变质程度，并划分变质带；确定变质岩的产状、原始成分和原有性质；了解变质岩的节理、劈理、片理、带状构造等微构造的性质。

工程地质测绘对岩性研究既要查明不同性质岩土在地壳表层的分布，了解岩性变化和它们的成因；还要测定它们的物理力学性质指标，预测它在建筑物作用下的可能变化。这就要求把岩土的研究建立在地质历史成因的基础上。在地质构造简单、岩相变化复杂的特定条件下，岩相分析法对查明岩土的空间分布是行之有效的。

可采取简易现场测试方法获得物理力学指标，初步判断岩土与建筑物相互作用时的性能，判断分析那些能产生严重变形以致危及建筑物安全的岩土，即使这类岩土是很薄的夹层、透镜体、或是裂隙中的充填物也不能忽视。

C 工程地质测绘中对地质构造的研究

地质构造决定区域稳定性（尤其是现代构造活动与活断层）。它限定了各种性质不同的岩土体的空间位置、地表形态、岩体的均一性和完整性，以及岩体中各种软弱结构面的位置，是选择工程建设场地的主要依据，亦是评价岩土体稳定性的基础。

工程地质测绘对地质构造研究的内容包括：

（1）岩体结构类型，岩层的产状及各种构造形式的分布、形态和规模；

（2）各类结构面（尤其是软弱结构面）的产状及其性质，包括断层的位置、类型、产状、断距、破碎带宽度及充填胶结情况；

（3）岩、土层接触面和软弱夹层的特性；

（4）新构造活动的行迹及其与地震活动的关系。

在工程地质测绘与调查中，对地质构造的研究，必须运用地质历史分析和地质力学的原理与方法，才能查明各种构造结构面（带）的历史组合和力学组合规律。既要对褶皱、断裂等大的构造形迹进行研究，又要重视节理、裂隙等小构造的研究。尤其在大比例尺工程地质测绘中，小构造研究具有重要的实际意义。节理、裂隙泛指普遍、大量地发育于岩土体内各种成因的、延展性较差的结构面，其空间展布数米至二三十米，无明显宽度。如构造节理、劈理、原生节理、层间错动面、卸荷裂隙、次生剪切裂隙等均包括在内。

节理、裂隙工程地质测绘和调查的主要内容有：（1）节理、裂隙的产状、延展性、穿切性和张开性；（2）节理、裂隙面的形态、起伏差、粗糙度、充填胶结物的成分和性质等；（3）节理、裂隙的密度或频度。

节理、裂隙必须通过专门的测量统计，查明占主导地位的节理、裂隙的走向及其组合特点、分布规律和特性，分析它们与工程作用力的关系，地层岩性。

D 工程地质测绘中对水文地质条件的研究

工程地质测绘、调查和对水文地质条件研究的主要目的就是为解决和防治与地下水活动有关的岩土工程问题及不良地质作用提供资料，因此，应从岩性特征，地下水露头的分布、性质、水量、水质入手，搜集气象、水文、植被、土的最大冻结深度等资料，调查最高洪水水位及其发生时间、淹没范围，查明地下水类型，补给来源及排泄条件，井、泉的位置，含水层的岩性特征、埋藏深度、水位变化、污染情况及其与地表水体的关系等。

对其中泉、井等地下水的天然和人工露头以及地表水体的调查，应在测区内进行普查，并将它们标测于地形底图上。对其中有代表性的以及与岩土工程有密切关系的水点，还应进行详细研究，布置适当的监测工作，以掌握地下水动态和孔隙水压力变化。

如兴建水库，研究水文地质条件可为评价坝址、水库的渗漏问题提供依据；结合工业与民用建筑的修建而研究地下水的埋深和侵蚀性等，是为判明其对基础砌置深度和基坑开挖等的影响提供资料；修建道路时，研究地下水的埋深和毛细上升高度，是为了预测产生冻胀的可能性；研究岩溶水的交替条件，是为了判明岩溶的发育程度和分布规律；研究孔隙水的渗透系数，是为了判明产生渗透稳定问题的可能性等。

E 工程地质测绘中对不良地质现象的研究

不良地质作用直接影响工程建筑的安全、经济和正常使用，所以在工程地质测绘和调查时，对测区内影响工程建设的各种不良地质作用进行研究，其目的就是要发现不良地质作用与地层岩性、地质构造、水文地质条件等的关系，为评价建筑场地的稳定性提供依据，并预测其对各类岩土工程的不良影响。

研究不良地质作用要以地层岩性、地质构造、地貌和水文地质条件研究为基础，并搜集气象、水文等自然地理因素资料。研究内容包括：查明岩溶、土洞、滑坡、崩塌、泥石流、冲沟、地面沉降、断裂、地震震害、地裂缝、岸边冲刷等不良地质作用的形成、分布、形态、规模、发育程度，并分析它们的形成机制、促使其发育的条件和发展演化趋势，预测其对工程建设的影响。

F 工程地质测绘中对已有建筑物的调查研究

对工程建筑区及其附近已有建筑物的调查，是工程地质测绘与调查的特有内容。调查当地已有建筑物的结构类型、基础形式和埋深，施工季节和施工时的环境，建筑物的使用过程，建筑物的变形损坏部位，破裂机制、破裂发生时间、发展过程，建筑物周围环境条件的变化和当地建筑经验，分析已有建筑物完好或损坏的原因等，都极大地有利于岩土工程的分析、评价和整治。

某一地质环境内已有建筑物都应被看作是一项重要的试验，研究该建筑物是否“适应”该地质环境，往往可以得到很多在理论方面和实践方面都极有价值的资料。通过这种研究就可以划分稳定地段，判明工程地质评价的正确性，评估和预测使建筑物受到损害的各种地质作用的发展情况。

对已有建筑物调查，不能仅限于研究个别受损害的建筑物，而应调查区内所有建筑物。研究技术文献了解建筑物的结构特征；观察描述建筑物的变形特征并绘制成草图；通过直接观察和查阅以往的勘探资料、施工编录，或通过访问调查判明建筑物所处的地质环境。根据建筑物的结构特征、所处的地质环境、出现的变形现象，结合长期观测资料，便可判定建筑物变形的原因。

a　调查的主要内容

（1）观察描绘其变形并绘制草图；

（2）研究技术文献了解其结构特征；

（3）通过直接观察区内的地质条件，查阅以往勘察资料、施工编录，或通过访问了解建筑物所处的地质条件；

（4）根据建筑物结构特征、所处地质环境、出现的变形现象，分析变形的长期观测资料，以判定变形原因。

b　具体调查工作

（1）建筑物位于不良地质环境内并有变形标志。此时应查明不良地质因素在什么条件下有害于哪一类建筑物，并调查各种防护措施的有效性，以便寻求更有效的防护措施。

（2）建筑物位于不良地质环境内但无变形标志。此时应查清是否由于有了特殊结构或是以往对工程地质条件作了过低的评价。这些资料对建筑地区的合理利用和建筑物的结构设计以及防护措施的选择都有重要意义。

（3）建筑物位于有利的地质环境内但有变形标志。这时就必须首先查明是否由于建材质量或工程质量不良造成，以证实分析自然历史因素所得的工程地质结论是否正确。通过这种分析往往可以发现施工方法和施工组织方面的缺陷。否则就需要进一步研究地质条件，看是否存在某些隐蔽的不良地质因素。如对西安隐伏地裂缝带上建筑物墙体、地基变形破坏特征进行调查分析，可以确定隐伏地裂缝的走向及影响带范围，也可根据建筑物变形或破坏成群出现规律发现埋藏的淤泥层。

（4）建筑物位于有利的地质环境内，无变形标志。在这种情况下仍需研究是否这些建筑物采用了特殊结构，使其强度大大提高，以至于把某些不利的地质条件隐蔽起来了。

10.2.2　工程地质勘探

工程地质勘探是在工程地质测绘的基础上，利用各种设备、工具直接深入地下岩土层，查明地下岩土性质、结构构造、空间分布、地下水条件等内容的勘察工作，是探明深部地质情况的一种可靠的方法。工程地质勘探的主要方式有钻探工程、坑探工程和地球物理勘探工程（简称物探工程）。其主要任务如下：

（1）探明建筑场地的岩性及地质构造，即各地层的厚度、性质及其变化；划分地层并确定其接触关系；了解基岩的风化程度，划分风化带；了解岩层的产状、裂隙发育程度及其随深度的变化；了解褶皱、断裂、破碎带及其他地质构造的空间分布和变化。

（2）探明水文地质条件，即含水层、隔水层的分布、埋藏厚度、性质及地下水位。

（3）探明地貌及物理地质现象，包括河谷阶地、冲洪积扇、坡积层的位置和土层结构，岩溶的规模及发育程度，滑坡及泥石流的分布、范围、特性等。

（4）采取岩土样及水样，提供对岩土特性进行鉴定和各种试验所需的样品，提供野外试验条件。

（5）提供检验与监测的条件。利用勘探工程布置岩土体性状、地下水和不良地质现象的监测、地基加固与改良和桩基础的检验与监测。

（6）其他。如进行孔中摄影及孔中电视，喷锚支护灌浆处理钻孔，基坑施工降水钻孔，灌注桩钻孔，施工廊道和导坑等。

10.2.2.1　物探工程

A　物探工程的分类及应用

物探工程是利用专门的仪器来探测各种地质体物理场的分布情况，并对其数据及绘制的曲线进行分析解释，从而划分地层，判定地质构造、水文地质条件及各种不良地质现象的勘探方法。又称为地球物理勘探。由于地质体具有不同的物理性质（导电性、弹性、磁性、密度、放射性等）和不同的物理状态（含水率、空隙性、固结状态等），它们为利用物探方法研究各种不同的地质体和地质现象的物理场提供了前提。通过量测这些物理场的分布和变化特征，结合已知的地质资料进行分析研究，就可以达到推断地质性状的目的。

物探工程的特点是：速度快、设备轻便、效率高、成本低，但具有多解性，属于间接的方法。因此，在工程勘察中应与其他勘探工程（钻探和坑探）等直接方法结合使用。

工程勘察中在以下方面采用地球物理勘探：

（1）作为钻探的先行手段，了解隐蔽的地质界限、界面或异常点（如基岩面、风化带、断层破碎带、岩溶洞穴等）；

（2）在钻孔之间增加地球物理勘探点，为钻探成果的内插、外推提供依据；

（3）作为原位测试手段，测定岩土体的波速、动弹性模量、动剪切模量、卓越周期、电阻率、放射性辐射参数、土对金属的腐蚀性等。

应用物探方法时，应具备下列条件：

（1）被探测对象与周围介质之间有明显的物理性质差异；

（2）被探测对象具有一定的埋藏深度和规模，且地球物理异常有足够的强度；

（3）能抑制干扰，区分有用信号和干扰信号；

（4）在有代表性地段进行方法的有效性试验。

物探工程主要解决的问题包括：

（1）测定覆盖层的厚度，确定基岩的埋深和起伏变化；

（2）追溯断层破碎带和裂隙密集带；

（3）研究岩石的弹性性质，测定岩石的动弹性模量和泊松比；

（4）划分岩体的风化带、测定风化壳厚度和新鲜基岩的起伏变化。

物探工程的种类很多（见表 10-4），在岩土工程勘察中运用较广泛的是电法勘探、声波探测、地震勘探三种，此外还有重力勘探和磁法勘探。

表 10-4　物探工程分类及其在岩土工程中的应用

方法			应用范围	适用条件
直流电法	电阻率法	电测深	（1）了解地层岩性、基岩埋深； （2）了解构造破碎带、滑动带位置，裂隙发育方向； （3）探测含水构造，含水层分布； （4）寻找地下洞穴	（1）探测的岩层要有足够的厚度，岩层倾角不宜大于 20°； （2）分层的电阻率 ρ 值有明显差异，在水平方向没有高电阻或低电阻屏蔽； （3）地形比较平坦
		电剖法	（1）探测地层、岩性分界； （2）探测断层破碎带的位置； （3）寻找地下洞穴	分层的电性差异较大
	电位法	自然电场法	判定在岩溶、滑坡以及断裂带中地下水的活动情况	地下水埋藏较浅，流速足够大，并有一定矿化度
		充电法	测定地下水流速、流向，测定滑坡的滑动方向和滑动速度	含水层深度小 50m，流速大于 1.0m/d，地下水矿化度微弱，围岩电阻率较大
交流电法	频率测深法		查找岩溶、断层、裂隙及不同岩层界面	
	无线电波透视法		探测溶洞	
	地质雷达		探测岩层界面、洞穴	
地震勘探	直达波法		测定波速，计算土层动弹性参数	
	反射波法		测定不同地层界面	界面两侧介质的波阻抗有明显差异，能形成反射面
	折射波法		测定性质不同地层界面，基岩埋深、断层位置	离开震源一定距离（盲区）才能接收到折射波
声波探测			测定动弹性参数，监测硐室围岩或边坡应力	
测井	电视测井		观察钻孔井壁	以光源为能源的电视测井不能在浑水中使用，如以超声波为能源则可在浑水或泥浆中使用
	井径测量		测定钻孔直径	
	电测井		测定含水层特性	

图 10-4 所示为布格重力异常图，图 10-5 所示为磁异常图。

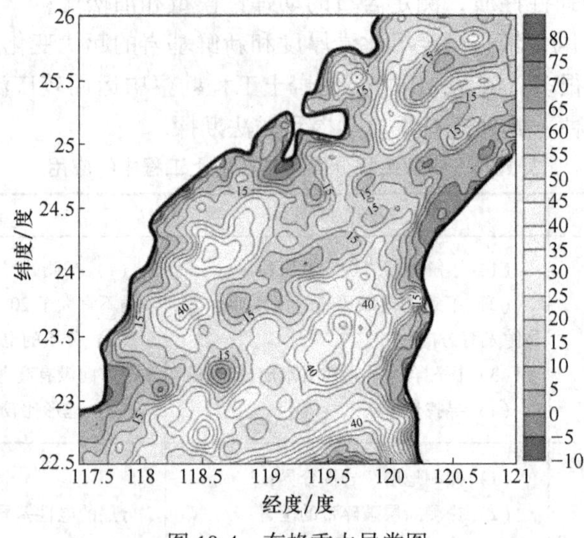

图 10-4 布格重力异常图

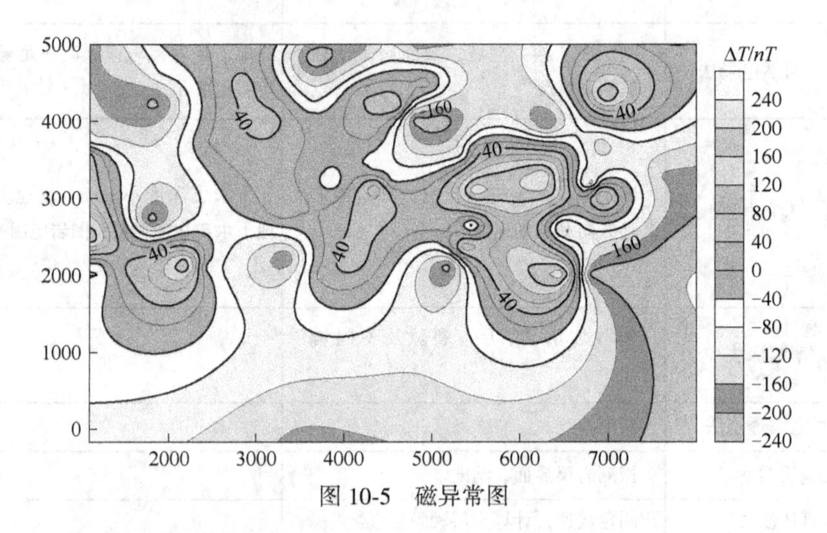

图 10-5 磁异常图

B 声波探测在岩土工程勘察中的应用

声波探测是利用岩石弹性的一种物探方法，利用频率很高的声波和超声波，作为住处的载体，对岩体进行探测。由于频率高、波长短，因此分辨率很高，对于岩石的微观结构也能有反应，故声波探测对岩体的了解较为细致，且有简便、快速、经济、便于重复测试、对测试的岩体（岩石）无破坏作用等优点。声波探测已成为工程与环境检测中不可缺少的手段之一。声波探测是利用声波仪来进行探测，它由发射系统和接收系统两部分组成，如图10-6所示。其工作原理是由一声源信号发生器（发射机），向压电材料制成的发射换能器发射-电脉冲，

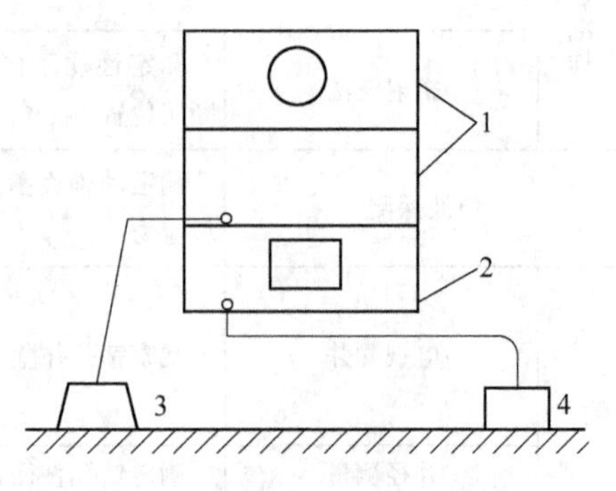

图 10-6 声波探测装置
1—接收机；2—发射机；
3—接收换能机；4—发射换能器

激励晶片振动，产生声波向岩石发射，作为声波探测的声源。声波在岩石中传播，经由接收换能器接收，把声能换成微弱的电信号送至接收机，经放大后由示波管在屏幕上显示出波形图，从而通过直接读数，读出声波的初至时间（t），再根据已知的探测距离（L），可计算出声波的速度（v）

即
$$v = L/t$$

C　电法勘探在岩土工程勘察中的应用

根据地壳中各类岩石或矿体的电磁学性质（如导电性、导磁性、介电性）和电化学特性的差异，通过对人工或天然电场、电磁场或电化学场的空间分布规律和时间特性的观测和研究，寻找不同类型有用矿床和查明地质构造，以及解决地质问题的地球物理勘探方法，是能解决某些工程地质及深部地质问题的一种方法。当具有以下条件时，电法勘探能取得较好的效果：地层之间具有一定的导电差异；所测地层具有一定的宽度、长度和厚度，相对的埋藏深度不太大；地形比较平坦，游散电流与工业交流电等干扰因素不大。

勘探的方法按场源性质可分为人工场法（主动源法）、天然场法（被动源法）；按观测空间可分为航空电法、地面电法、地下电法；按电磁场的时间特性可分为直流电法（时间域电法）、交流电法（频率域电法）、过渡过程法（脉冲瞬变场法）；按产生异常电磁场的原因可分为传导类电法、感应类电法；按观测内容可分为纯异常场法、总合场法等。中国常用的电法勘探方法有电阻率法、充电法、激发极化法、自然电场法、大地电磁测深法和电磁感应法等。目前较常用是电阻率法（包括电测深法与电测断面法）和充电法。

（1）电阻率法。电阻率法是依靠人工建立直流电场，在地表测量某点垂直方向或水平方向的电阻率变化，从而推断地表下地质体性状的方法。

电阻率法主要可以解决下列地质问题：

1）确定不同的岩性，进行地层岩性的划分；

2）探查褶皱构造形态，寻找断层；

3）探查覆盖层厚度、基岩起伏及风化壳厚度；

4）探查含水层的分布情况、埋藏深度及厚度，寻找充水断层及主导充水裂隙方向；

5）探查岩溶发育情况及滑坡体的分布范围；

6）寻找古河道的空间位置。

（2）充电法。将A极置于要观测的地质体内，B极置于远处，供电后，量测A极处电场等位线的形状或等位线随时间的变化情况，以此推断地质体的状态、大小或运动等。主要解决地下水的流速和流向，但前提是对埋藏较浅、流速较快的地区。

D　地震勘探在岩土工程勘察中的应用

利用地下介质弹性和密度的差异，通过观测和分析大地对人工激发地震波的响应，推断地下岩层的性质和形态的地球物理勘探方法叫作地震勘探。在地表以人工方法激发地震波，在向地下传播时，遇有介质性质不同的岩层分界面，地震波将发生反射与折射，在地表或井中用检波器接收这种地震波。收到的地震波信号与震源特性、检波点的位置、地震波经过的地下岩层的性质和结构有关。通过对地震波记录进行处理和解释，可以推断地下岩层的性质和形态。包括反射法、折射法和直达波法。

由敲击或爆炸震源直接传播到接收点的波称为直达波，引起弹性波在不同地层的分界面上发生反射和折射，产生可返回地面的反射波和折射波。直达波法是利用地震仪记录它们传播到地面各接受点的时间和距离，推求出地基土的动力参数——动弹性模量、动剪变模量及动泊松比来；反射波法和折射波法是利用波传播到地面各点的时间，研究振动波的特性，从而确定引起反射或折射的地质界面的埋藏深度、产状以及岩石性质等。

10.2.2.2　钻探工程

钻探（见图 10-7）是指用一定的设备、工具（即钻机）来破碎地壳岩石或土层，从而在地壳中形成一个直径较小、深度较大的钻孔（直径相对较大者又称为钻井），通过取岩芯（见图 10-8）或不取岩芯来了解地层深部地质情况的过程。

图 10-7　钻探施工

钻探是岩土工程勘察中应用最为广泛的一种可靠的勘探方法，与坑探、物探相比，钻探有其突出的优点：它可以在各种环境下进行，一般不受地形、地质条件的限制；能直接观察岩芯和取样，勘探精度较高；能进行原位测试和监测工作，最大限度地发挥综合效益；勘探深度大，效率较高。因此，不同类型、结构和规模的建筑物，不同的勘察阶段，不同环境和工程地质条件下，凡是布置勘探工作的地段，一般均需采用此类勘探手段。但钻探的缺点是，耗费人力物力较多，平面资料连续性较差，钻进和取样有时技术难度较大。

A　钻探的目的和作用

工程地质钻探的目的和作用随着勘察阶段的不同而不同，综合起来有如下几个方面：

（1）查明建筑场区的地层岩性、岩层厚度变化情况，查明软弱岩土层的性质、厚度、

图 10-8　岩芯

层数、产状和空间分布；

（2）了解基岩风化带的深度、厚度和分布情况；

（3）探明地层断裂带的位置、宽度和性质，查明裂隙发育程度及随深度变化的情况；

（4）查明地下含水层的层数、深度及其水文地质参数；

（5）利用钻孔进行灌浆、压水试验及岩土力学参数的原位测试；

（6）利用钻孔进行地下水位的长期观测，或对场地进行降水以保证场地岩（土）的相关结构的稳定性（如基坑开挖时降水或处理滑坡等地质问题）。

B　我国工程地质常用的钻探方法

我国岩土工程勘探常用的钻探方法有冲击钻探、回转钻探、振动钻探和冲洗钻探。按动力来源又可将它们分为人力和机械两种。其中机械回转钻探的钻进效率高、孔深大，还能采取岩芯，因此在岩土工程钻探中使用最广。

（1）冲击钻进。利用钻具重力和下落过程中产生的冲击力使钻头冲击孔底岩土并使其产生破坏，从而达到在岩土层中钻进的目的。包括冲击钻探和锤击钻探。根据使用工具不同还可以分为钻杆冲击钻进和钢绳冲击钻进。对于硬质岩土层（岩石层或碎石土）一般采用孔底全面冲击钻进；对于其他土层一般采用圆筒形钻头的刃口借助于钻具冲击力切削土层钻进。

（2）回转钻进。采用底部焊有硬质合金的圆环状钻头进行钻进，钻进时一般要施加一定的压力，使钻头在旋转中切入岩土层以达到钻进的目的。它包括岩芯钻探、无岩芯钻探和螺旋钻探，岩芯钻进为孔底环状钻进，螺旋钻进为孔底全面钻进。

（3）振动钻进。采用机械动力产生的振动力，通过连接杆和钻具传到钻头，由于振动力的作用使钻头能更快地破碎岩土层，因而钻进较快。该方法适合于在土层中，特别适合于颗粒组成相对细小的土层中采用。

（4）冲洗钻进。利用高压水流冲击孔底土层，使之结构破坏，土颗粒悬浮并最终随水流循环流出孔外的钻进方法。由于是靠水流直接冲洗，因此无法对土体结构及其他相关特性进行观察鉴别。

上述四种方法各有特点，分别适应于不同的勘察要求和岩土层性质，《岩土工程勘察规范》（GB 50021—2001）对常用几种钻探方法的适用范围做出了明确的规定，详细情况见表 10-5。

表 10-5 钻探方法的适用范围

钻探方法		钻进地层					勘察要求	
		黏性土	粉土	砂土	碎石土	岩石	直观鉴别、采取不扰动试样	直观鉴别、采取扰动试样
回转	螺旋钻探	++	+	+	—	—	++	++
	无岩芯钻探	++	++	++	+	++	—	—
	岩芯钻探	+ +	+ +	+ +	+	+ +	++	++
冲击	冲击钻探	—	+	++	++	—	—	—
	锤击钻探	++	++	++	+	—	++	++
振动钻探		+ +	+ +	+ +	+	—	+	+ +
冲洗钻探		+	+ +	+ +	—	—	—	—

注：+ + 表示适用；+ 表示部分适用；— 表示不适用。

10.2.2.3 坑探工程

A 坑探工程的目的和作用

坑探工程也称掘进工程、井巷工程，它是用人工或机械的方法在地下开凿挖掘一定的空间，以直接观察岩土层的天然状态及各地层之间的接触关系等地质结构，并取出接近实际的原状结构的岩土样或进行现场原位测试。其特点是：勘察人员能直接观察到地质结构，准确可靠，且便于素描；可不受限制地从中采取原状岩土样和进行大型原位测试。尤其对研究断层破碎带、软弱泥化夹层和滑动面（带）等的空间分布特点及其工程性质等，具有重要意义。坑探工程的缺点是：使用时往往受到自然地质条件的限制，耗费资金大且勘探周期长；尤其是重型坑探工程不可轻易采用。

B 坑探工程的类型和适用条件

岩土工程勘探中常用的坑探工程有探槽、试坑、浅井、竖井（斜井）、平硐和石门（平巷）（见图 10-9）。其中前三种为轻型坑探工程，后三种为重型坑探工程。不同坑探工程的特点及适用条件见表 10-6。

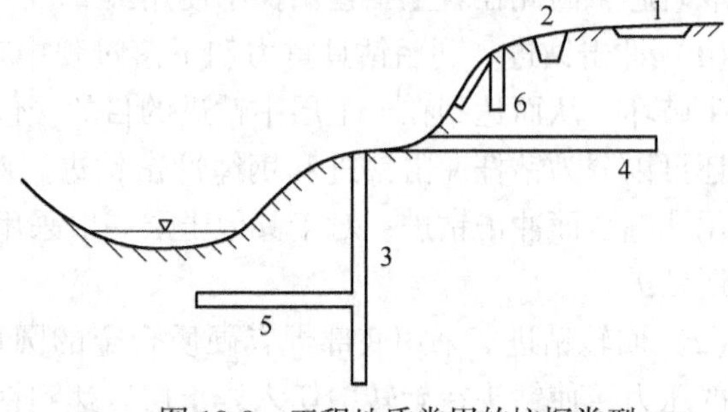

图 10-9 工程地质常用的坑探类型

1—探槽；2—试坑；3—竖井；4—平硐；5—石门；6—浅井

表 10-6 各种坑探工程的特点及适用条件

名 称	特 点	适用条件
探槽	在地表，深度小于 3~5m 的长条形槽子	剥除地表覆土，揭露基岩，划分地层岩性，研究层破碎带；探查残坡积层的厚度和物质、结构
试坑	从地表向下，铅直的、深度小于 3~5m 的圆形和方形小坑	局部剥除覆土，揭露基岩；做载荷试验、渗水试验，取原状土样
浅井	从地表向下，铅直的、深度小于 5~15m 的圆形和方形小井	确定覆盖层及风化层的岩性与厚度，做载荷试验，取原状土样

续表 10-6

名　称	特　点	适用条件
竖井（斜井）	形状与浅井相同，但深度大于15m，有时需支护	了解覆盖层的厚度及性质、风化壳分带、软弱夹层分布、断层破碎及岩溶发育情况、滑坡体结构及滑动面等，布置在地形较平缓、岩层较倾斜的地段
平硐	在地面有出口的水平坑道，深度较大，有时需支护	调查斜坡地质结构，查明河谷地段的地层岩性、软弱夹层、破碎带、风化岩层等；做原位岩体力学试验及地应力量测、取样；布置在地形较陡的山坡地段
石门（平巷）	不出露地面而与竖井相连的水平坑道，石门垂直岩层走向，平巷平行	了解河底地质结构，做试验等

10.3　岩土参数的统计与分析

岩土参数是岩土工程设计的基础。岩土工程评价是否符合客观实际，岩土工程设计是否可靠，很大程度上取决于参数选取的合理性。由于岩土体的非均匀性和各向异性以及参数的测定方法、条件和工程类别的不同等多种原因，造成岩土参数分散性、变异性较大。为保证岩土参数的可靠性和实用性，必须进行岩土参数的统计和分析。通常情况下，对勘察中获取的大量数据指标可按工程地质单元及层次分别进行统计整理，以求得具有代表性的指标。统计整理时，应在合理分层基础上，根据测试次数、地层均匀性、建筑物等级，选择合理的数理统计方法，对每层土物理力学指标进行统计分析和选取。

10.3.1　岩土参数的可靠性

岩土参数的选用必须能够正确反映岩土体在规定条件下的性状，能比较真实地估计参数真值所在的区间，从而能够满足岩土工程设计计算的精度要求。

岩土参数可分为两类：

一类是评价指标，用于评价岩土的性状，作为划分地层、鉴定类别的依据。

另一类是计算指标，用以设计岩土工程，预测岩土体在荷载和自然因素作用下的力学行为和变化趋势，并指导施工和监测。

工程上对这两类岩土参数的基本要求是可靠性和适用性。可靠性是指参数能正确反映岩土体的基本特性，能够较准确地估计岩土参数所在区间；适用性是指参数能满足岩土工程设计的假定条件和计算精度要求。

在对岩土工程评价时应对所选参数的可靠性和适用性进行分析，岩土参数的可靠与否主要取决于两方面的因素：一是岩土结构受扰动的程度；二是试验方法和取值标准。岩土试样从地层中取出到实验室进行再制样的过程中，土样原来的应力状态及结构均不同程度地受到了扰动。不同的取样方法，所取土样的质量等级不同，对土的扰动程度亦不相同。如对于淤泥质黏土采用厚壁取土器锤击法较采用薄壁取土器压入法取样，无侧限抗压强度可降低35%~40%。此外，在实验室制试样过程中，对土样亦有不同程度的扰动。试验方法对岩土参数也有很大影响，对于同一地层的同一指标，用不同试验标准所得的结果会有很大误差，如土的抗剪强度试验可用下列方法测定，而其结果则各不相同。方法有：

(1) 室内静三轴试验；(2) 室内直剪试验；(3) 室内无侧限抗压强度试验；(4) 原位十字板试验等。因此，进行岩土工程分析评价与设计时，首先要对岩土参数的可靠性和适用性进行分析评价，对土样从采取、制备到测试方法要全面合理选用。

10.3.2　岩土参数的统计分析

岩土参数统计应符合下列要求：(1) 岩土的物理力学指标应按场地的工程地质单元和层位分别统计。(2) 对工程地质单元体内所取得的试验数据应逐个进行检查，对某些有明显错误，或试验方法有问题的数据应抽出进行检查或将其舍弃。(3) 每一单元体内岩土的物理力学性质指标应基本接近。试验数据所表现出来的离散性只能是土质不匀或试验误差等随机因素造成的。

10.3.2.1　工程地质单元体的划分

由于自然界中的岩土体生成条件和所处环境不同，导致岩土体的性质具有明显的非均一性和各向异性。不同工程地质单元体的岩土参数具有较大的变异性，是一个随机变量。而对于同一工程地质单元体来说，其值域的分布具有相同或相似的规律，可以用数理统计的方法进行分析与处理。因此，在进行岩土参数的统计分析之前，首先应根据拟建场地所处的地貌单元、岩性、成因类型、堆积年代等，对勘探深度范围内所涉及的岩土初步划分工程地质单元（即工程地质层），然后按工程地质单元体进行岩土参数的统计分析。

工程地质单元是指在工程地质数据的统计工作中具有相似的地质条件或在某方面有相似的地质特征，而将其作为一个可统计单位的单元体。在工程地质单元体中物理力学性质指标或其他地质数据大体上是相同的，但不完全一致。一般情况下，同一工程地质单元具有如下特征：

(1) 具有同一地质年代、成因类型，并处于同一构造部位和同一地貌单元。

(2) 具有基本相同的岩土性质特征，包括矿物成分、结构构造、风化程度、物理力学性能和工程性能。

(3) 影响岩土体工程地质性质的因素基本相似。

(4) 对不均匀变形敏感的某些建（构）筑物的关键部位，视需要可划分更小的单元。

10.3.2.2　各工程地质单元岩土参数的统计分析

各工程地质单元岩土体经过试验、测试获得的岩土工程参数数量较多，必须经过整理、分析及数理统计计算，获得岩土参数的代表性数值。指标的代表性数值是在试验数据的可靠性和适用性做出分析评价的基础上，参照相应的规范，用统计的方法整理和选择的。

岩土工程参数统计的特征值可分为两类：一类是反映资料分布的集中情况或中心趋势的，它们作为某批数据的典型代表，用算术平均值来表示；另一类是反映参数分布的离散程度的，用标准差和变异系数来表征。

进行统计的指标一般包括黏性土的天然密度、天然含水量、液限、塑限、塑性指数、液性指数；砂土的相对密实度；岩石的吸水率、各种力学特性指标；特殊性岩土的各种特征指标以及各种原位测试指标。以上指标应提供各个工程地质单元或各地层的最小值、最大值、平均值、标准差、变异系数和参加统计数据的数量。通常统计样本的数量应大于6个。当统计样本的数量小于6个时，统计标准差和变异系数意义不大，可不进行统计，只提供指标的范围值。

岩土参数统计过程如下：

（1）计算岩土参数的平均值

$$\mu_m = \frac{\sum_{i=1}^{n} \mu_i}{n} \tag{10-1}$$

（2）计算岩土参数的标准值

$$\sigma = \sqrt{\frac{\sum_{i=1}^{n} (\mu_i - \mu_m)^2}{n - 1}} \tag{10-2}$$

（3）计算岩土参数的变异系数

$$\delta = \frac{\sigma}{\mu_m} \tag{10-3}$$

式中，n 为岩土参数统计样本数。

（4）岩土参数统计出来后，应对统计结果进行分析判别，如果某一组数据比较分散、相互差异较大，应分析产生误差的原因，并剔除异常数据。剔除异常数据有不同的标准，常用的方法是±3倍的标准差法。

当离差 Δ 满足式（10-4）时，该数据应舍弃：

$$|\Delta| \geqslant 3\sigma \tag{10-4}$$

式中，Δ 为离差。

10.3.3　岩土参数的标准值和设计值

在岩土工程勘察报告中，所有岩土参数必须由基本值经过数理统计给出标准值，再由建筑设计部门给出设计值。

岩土参数的标准值是岩土工程设计最基本的代表值，是岩土参数的可靠性估值，岩土参数基本值经过数理统计后得到。

岩土参数的设计值是由建筑设计部门在建筑设计中考虑建筑设计条件所采用的岩土参数的代表数值。

岩土参数的标准值在一般情况下按式（10-5）、式（10-6）计算：

$$\mu_k = \gamma_s \mu_m \tag{10-5}$$

$$\gamma_s = 1 \pm \left(\frac{1.074}{\sqrt{n}} + \frac{4.678}{n^2} \right) \delta \tag{10-6}$$

式中，γ_s 为统计修正系数，式中正负号的取用按不利组合考虑，如确定土体的强度指标值时，取负号，确定土的压缩系数时，取正号；其他符号意义同上。

10.3.4　岩土参数统计分析实例

某建筑场地在岩土工程勘察时取样进行土工实验，测试结果中8个饱和黏土层的抗剪

强度指标 c 值分别为 24kPa、26kPa、23kPa、28kPa、25kPa、21kPa、27kPa、22kPa，对该实验数据进行统计分析。

（1）计算岩土参数的平均值

$$\mu_m = \frac{\sum_{i=1}^{n} \mu_i}{n}$$

$$\mu_m = (24 + 26 + 23 + 28 + 25 + 21 + 27 + 22)/8 = 24.5$$

（2）计算岩土参数的标准值

$$\sigma = \sqrt{\frac{\sum_{i=1}^{n} (\mu_i - \mu_m)^2}{n - 1}}$$

$$\sigma = 2.45$$

（3）计算岩土参数的变异系数

$$\delta = \frac{\sigma}{\mu_m}$$

$$\delta = 0.1$$

（4）计算离差

以最大值 28kPa 为例，$\Delta = 3.5$

采用 3 倍标准差方法，

$$|\Delta| \geqslant 3\sigma$$

$$3\sigma = 7.35$$

所以参数都满足该判式，都应参与统计计算。

（5）计算统计修正系数

$$\gamma_s = 1 \pm \left(\frac{1.074}{\sqrt{n}} + \frac{4.678}{n^2}\right)\delta$$

$$\gamma_s = 1 + 0.045 = 1.045$$

（6）计算标准值

$$\mu_k = \gamma_s \mu_m$$

$$\mu_k = 25.6$$

10.4　工程地质场地勘察与评价

10.4.1　房屋建筑和构筑物的勘察与评价

房屋建筑和构筑物包括一般房屋建筑、高层建筑、大型建筑、大型公用建筑、工业厂房及烟筒、水塔、电视电信等高耸构筑物等。一般建筑物和构筑物具有跨度不大、结构简单、基础的荷载量一般较小、以静荷载为主、基础埋置深度不大等特点。高层建筑具有高度大、荷载大、基础埋置深度大等特点，且产生竖向应力集中，由风力和地震力产生的水平荷载引起的倾覆力矩成倍增长。在房屋建筑和构筑物勘察与评价时应从以下几个方面来进行。

10.4.1.1 房屋建筑和构筑物勘察的基本要求

房屋建筑和构筑物（以下简称建筑物）的岩土工程勘察应在搜集建筑物上部荷载、功能特点、结构类型、埋置深度和变形限制等方面资料的基础上进行。其主要工作应满足以下要求：

（1）查明场地和地基稳定性、地层结构、持力层和下卧层的工程特性、土的应力历史和地下水条件以及不良地质作用等；

（2）提供满足设计、施工所需要的岩土参数，确定地基承载力，预测地基变形性状；

（3）提出地基基础、基坑支护、工程降水和地基处理设计与施工方案的建议；

（4）提出对建筑具有影响的不良地质作用的防治方案建议；

（5）对于抗震高防烈度等于或大于6度的场地，进行场地与地基的地震效应评价。

10.4.1.2 房屋建筑和构筑物勘察工作的实施要求

建筑物的岩土工程勘察宜分阶段进行，可行性研究应符合选择场址方案的要求；初步勘察应符合初步设计的要求；详细勘察应符合施工图设计的要求；场条件复杂或有特殊要求的工程，还应进行施工勘察。

对场地较小且无特殊要求的工程可合并勘察阶段；当建筑物平面布置已经确定，且场地或其附近已有岩土工程资料时，可根据实际情况直接进行详细勘察。

（1）可行性研究勘察，应对拟建场地的稳定性和适宜性做出评价，并应符合下列要求：

1）搜集区域地质、地形地貌、地震、矿产、当地的工程地质、岩土工程和建筑经验等资料；

2）在充分搜集和分析已有资料的基础上，通过踏勘了解场地的地层、构造、岩性、不良地质作用和地下水等工程地质条件；

3）当拟建场地工程地质条件复杂，已有资料不能满足要求时，应根据具体情况进行工程地质测绘和必要的勘探工作；

4）当有两个或两个以上拟选场地时，应进行比选分析。

（2）初步勘察应对场地内拟建建筑地段的稳定性做出评价，并符合下列要求：

1）勘探线应垂直地貌单元、地质构造和地层界线布置；

2）每个地貌单元均应布置勘探点，在地貌单元交接部位和地层变化较大的地段，勘探点应予加密；

3）在地形平坦地区可按网格布置勘探点；

4）对岩质地基，勘探线和勘探点的布置，勘探孔的深度，应根据地质构造、岩体特性、风化情况等，按地方标准或当地经验确定；对土质地基，应按表10-7、表10-8进行勘察。并调查场地含水层的埋藏条件，地下水类型、补给排泄条件，各层下水位，调查其变化幅度，必要时还需设置长期观测孔，监测水位变化；当需绘制地下水的水位线图时，应根据地下水的埋藏条件和层位，统一量测地下水位；当地下水可能浸湿基础时，还应采取水试样进行腐蚀性评价。

表 10-7 初步勘察勘探线、勘探点间距

地基复杂程度等级	勘探线间距/m	勘探点间距/m
一级（复杂）	50~100	30~50
二级（中等复杂）	75~150	40~100
三级（简单）	150~300	75~200

注：1. 表中间距不适用地球物理勘探；

2. 控制性勘探点宜占勘探点总数的 1/5~1/3，且每个地貌单元均应有控制性勘探点。

表 10-8 初步勘探孔的深度

工程重要性等级	一般性勘探孔/m	控制性勘探孔/m
一级（重要工程）	≥15	≥30
二级（一般工程）	10~15	15~30
三级（次要工程）	6~10	10~20

注：1. 勘探孔包括钻孔、探井和原位测试孔等；

2. 特殊用途的钻孔除外。

5）当遇到下列情形之一时，应适当增减勘探孔深度：

①当勘探孔的地面标高与预计整平地面标高相差较大时，应按其差值调整勘探孔深度；

②在预定深度内遇基岩时，除控制性勘探孔仍应钻入基岩适当深度外，其他勘探孔达到确认的基岩后即可终止钻进；

③在预定深度内有厚度较大，且分布无效的坚实土层（碎石土、密实砂、老沉积土等）时，除控制性勘探孔应达到规定深度外，一般性勘探孔的深度可适当减小；

④当预定深度内有软弱土层时勘探孔深度应适当增加，部分控制性勘探孔应穿透软弱土层或达到预计控制深度；

⑤对重型工业建筑应根据结构特点和荷载条件适当增加勘探孔深度。

6）初步勘察取土样和进行原位测试应做到：

①采取土试样和进行原位测试的勘探点应结合地貌单元、地层结构和土的工程性质布置，其数量可占勘探点总数的 1/4~1/2；

②采取土试样的数量和孔内原位测试的竖向间距，应按地层特点和土的均匀程度确定；每层土均应采取试样或进行原位测试，其数量不宜少于 6 个。

（3）详细勘察应按单体建筑物或建筑群提出详细的岩土工程资料和设计、施工所需的岩土参数，对建筑地基作出岩土工程评价，并对地基类型、基础形式、地基处理、基坑、工程降水和不良地质作用的防治等提出建议。并符合下列要求：

1）对抗震设防烈度等于或大于 6 度的场地，勘察工作应按《岩土工程勘察规范》（GB 50021—2009）中场地地震效应执行；当建筑物采用桩基础时，应符合《岩土工程勘察规范》（GB 50021—2009）中桩基础的勘察要求；当需进行基坑开挖、支护和降水设计时，应按《岩土工程勘察规范》（GB 50021—2009）中基坑工程勘察的要求执行。

2）详细勘察应论证地下水在施工期间对工程和环境的影响。对情况复杂的重要工程，需论证使用期间水位变化和提出抗浮设防水位时，应进行专门研究。

3）详细勘察勘探点布置和勘探孔深度应根据建筑物特性和岩土工程条件确定；对岩

质地基，应根据地质构造、岩体特性、风化情况等，结合建筑物对地基的要求，按地方标准或当地经验确定；对土质地基，详细勘察应符合下列规定。

①详细勘察的勘探点的间距按表 10-9 确定。

表 10-9 详细勘察勘探点的间距 (m)

地基复杂程度等级	勘探点间距	地基复杂程度等级	勘探点间距
一级（复杂）	10～15	三级（简单）	30～50
二级（中等复杂）	15～30		

②详细勘察的勘探点布置应符合下列规定：

勘探点宜按建筑物周边线和角点布置，对无特殊要求的其他建筑物可按建筑物或建筑群的范围布置；

同一建筑范围内的主要受力层或有影响的下卧层起伏较大时，应加密探点，查明其变化；

重大设备基础应单独布置勘探点；重大的动力机械基础和高耸构筑物，勘探点不宜少于 3 个；

勘探手段宜采用钻探与触探相配合，在复杂地质条件、湿陷性土、膨胀岩土、风化岩和残积土地区，宜布置适量探井。

③详细勘察的单栋高层建筑勘探点的布置，应满足对地基均匀性评价的要求，且不应少于 4 个；对密集的高层建筑群，勘探点可适当减少，但每栋建筑物至少应有 1 个控制性勘探点。

④详细勘察的勘探深度自基础底面算起，应符合下列规定：

勘探孔深度应能控制地基主要受力层，当基础底面宽度不大于 5m 时，勘探孔的深度对条形基础不应小于基础底面宽度的 3 倍，对单独柱基不应小于 1.5 倍，且不应小于 5m；

对高层建筑和需作变形验算的地基，控制性勘探孔的深度应超过地基变形计算深度；高层建筑的一般性勘探孔应达到基底下 0.5～1.0 倍的基础宽度，并深入稳定分布的地层；

对仅有地下室的建筑或高层建筑的裙房，当不能满足抗浮设计要求，需设置抗浮桩或锚杆时，勘探孔深度应满足抗拔承载力评价的要求；

当有大面积地面堆载或软弱下卧层时，应适当加深控制性勘探孔的深度；

在上述规定深度内遇基岩或厚层碎石土等稳定地层时，勘探孔深度可适当调整。

⑤详细勘察的勘探孔深度，除应符合上面一点的要求外，还应符合下列规定：

地基变形计算深度，对中、低压缩性土可取附加压力等于上覆土层有效自重压力 10%的深度；

建筑总平面内的裙房或仅有地下室部分（或当基底附加压力 $p_0 \leqslant 0$ 时）的控制性勘探孔的深度可适当减少，但应深入稳定分布地层，且根据荷载和土质条件不宜少于基底下 0.5～1.0 倍基础宽度；

当需进行地基整体稳定性验算时，控制性勘探孔深度应根据具体条件满足验算要求；

当需确定场地抗震类别而邻近无可靠的覆盖层厚度资料时，应布置波速测试孔，其深度应满足确定覆盖层厚度的要求；

大型设备基础勘探孔深度不宜小于基础底面宽度的 2 倍；

当需进行地基处理时，勘探孔的深度应满足地基处理设计与施工要求；当采用桩基时，勘探孔的深度应满足《岩土工程勘察规范》（GB 50021—2009）中桩基础勘察的要求。

4）详细勘察采取土样和进行原位测试需满足岩土工程评价要求，并符合下列要求：

①采取土样和进行原位测试的勘探孔的数量，应根据地层结构、地基土的均匀性和工程特点确定，且不应少于勘探孔总数的1/2，钻探取土试样孔的数量不应少于勘探孔总数的1/3。

②每个场地每一主要土层的原状土试样或原位测试数据不应少于6件（组），当采用连续记录的静力触探或动力触探为主要勘察手段时，每个场地不应少于3个孔。

③在地基主要受力层内，对厚度大于0.5m的夹层或透镜体，应采取土试样或进行原位测试。

④当土层性质不均匀时，应增加取土试样或原位测试数量。

5）基坑或基槽开挖后，岩土条件与勘察资料不符或发现必须查明的异常情况时，应进行施工勘察；在工程施工或使用期间，当地基土、边坡体、地下水等发生未曾估计到的变化时，应进行监测，并对工程和环境的影响进行分析评价。

6）室内土工试验应符合《岩土工程勘察规范》（GB 50021—2009）第11章的规定，为基坑工程设计进行的土的抗剪强度试验，应满足《岩土工程勘察规范》（GB 50021—2009）第4.8.4条的规定。

7）地基变形计算应按现行国家标准《建筑地基基础设计规范》（GB 50007）或其他有关标准的规定执行。

8）地基承载力应结合地区经验按有关标准综合确定。有不良地质作用的场地，建在坡上或坡顶的建筑物，以及基础侧旁开挖的建筑物，应评价其稳定性。

10.4.2　边坡工程勘察与评价

为满足工程需要而对自然边坡和人工边坡进行改造，称为边坡工程。

（1）边坡工程勘察应查明的主要内容：

1）地貌形态。当场地存在滑坡、危岩和崩塌、泥石流等不良地质作用时，需符合《岩土工程勘察规范》（GB 50021—2009）中不良地质作用和地质灾害的勘察评价要求。

2）岩土的类型、成因、工程特性，覆盖层厚度，基岩面的形态和坡度。

3）岩体主要结构面的类型、产状、延展情况、闭合程度、充填状况、力学属性和组合关系，主要结构面与临空面关系，是否存在外倾结构面。

4）地下水的类型、水位、水压、水量、补给和动态变化，岩土的透水性和地下水的出露情况。

5）地区气象条件（特别是雨期、暴雨强度），汇水面积，坡面植被，地表水对坡面、坡脚的冲刷情况。

6）岩土的物理力学性质和软弱结构面的抗剪强度。

（2）大型边坡勘察宜分段进行，各阶段应符合下列要求：

1）初步勘察应搜集地质资料，进行工程地质测绘和少量的勘探和室内试验，初步评价边坡的稳定性。

2）详细勘察应对可能失稳的边坡及相邻地段进行工程地质测绘、勘探、试验、观测和分析计算；做出稳定性评价时，对人工边坡提出最优开挖坡角；对可能失稳的边坡提出防护处理措施的建议。

3）施工勘察应配合施工开挖进行地质编录，核对、补充前阶段的勘察资料，必要时进行施工安全预报，提出修改设计的建议。

（3）边坡工程地质测绘在满足《岩土工程勘察规范》（GB 50021—2009）中工程地质测绘和调查的要求之外，还需着重查明天然边坡的形态和坡角，软弱结构面的产状和性质；测绘范围包括可能对边坡稳定有影响的地段。

（4）勘探线应垂直边坡走向布置，勘探点间距应根据地质条件确定。当遇到软弱夹层等不利结构面时，应适当加密。勘探孔深度穿过潜在滑动面并深入稳定层 2~5m。除常规钻探外，可根据需要，采用探洞、探槽、探井和斜孔。

（5）主要岩土层和软弱层应采取试样。每层的试样对土层不应少于 6 件，对岩层砂不应少于 9 件，软弱层宜连续取样。

（6）三轴剪切试验的最高围压和直剪试验的最大法向压力的选择，应与试样在坡体中的实际压力情况相近。对控制边坡稳定的软弱结构面，宜进行原位剪切试验。对大型边坡，必要时可进行岩体应力测试、波速测试、动力测试、孔隙水压力测试和模型试验。抗剪强度指标应根据实测结果结合当地经验确定，并宜采用反分析方法验证。对永久性边坡尚应考虑强度可能随时间降低的效应。

（7）边坡的稳定性评价应在确定边坡破坏模式的基础上进行，可采用工程地质类比法、图解分析法、极限平衡法、有限单元法进行综合评价。当存在区段条件差异时，要分区段分析。

边坡稳定系数 *FS* 取值，新设计的边坡、重要工程宜取 1.30~1.50，一般工程宜取 1.15~1.30，次要工程宜取 1.05~1.15，采用峰值强度时取大值，采取残余强度时取小值。验算已有边坡稳定时，*FS* 取 1.10~1.25。

大型边坡应进行监测，监测内容根据具体情况可包括边坡变形、地下水动态和易风化岩体的风化等。

边坡岩土工程勘察报告除应符合《岩土工程勘察规范》（GB 50021—2009）中岩土工程分析评价和成果报告的规定外，还应论述以下内容：

1）边坡的工程地质条件和岩土工程计算参数；

2）分析边坡和建在坡顶、坡上建筑物的稳定性，对坡下建筑的影响；

3）提出最优坡形和坡角的建议。

10.4.3 基坑工程的勘察与评价

10.4.3.1 基坑工程勘察要求

基坑工程是指为保证基坑施工、主体地下结构的安全和周围环境不受损害而采取的支护结构、降水和土方开挖与回填。随着基坑的开挖越来越深、面积越来越大，基坑围护结构的设计和施工越来越复杂，所需要的理论和技术越来越高。对土质基坑的勘察与评价应满足以下要求：

要进行基坑设计的工程，岩土工程勘察需包括基坑工程勘察的内容。在初步勘察阶段，应根据岩土工程条件，初步判定开挖可能发生的问题和需要采取的支护措施；在详细勘察阶段，应针对基坑工程设计的要求进行勘察；在施工阶段，根据需要进行补充勘察。

基坑工程勘察的范围和深度应根据场地条件和设计要求确定。勘察深度宜为开挖深度的2~3倍，在此深度内遇到坚硬黏性、碎石土和岩层，可根据岩土类别和支护设计要求减少深度。勘察的平面范围宜超出开挖边界外开挖深度的2~3倍。在深厚软土区，勘察深度和范围还需适当扩大。在开挖边界外，勘察手段以调查研究、搜集已有资料为主，复杂场地和斜坡场地应布置适量的勘探点。

在受基坑开挖影响和可能设置支护结构的范围内，应查明岩土分布，分层提供支护设计所需要的抗剪强度指标。土的抗剪强度试验方法应与基坑工程设计要求一致，符合设计采用的标准，并应在勘察报告中说明。

当场地水文地质条件复杂，在基坑开挖过程中需要对地下水进行控制，如降水或隔渗，且已有资料不能满足要求时，应进行专门的水文地质勘察。

当基坑开挖可能产生流砂、流土、管涌等渗透性破坏时，要有针对性地进行勘察，分析评价其产生的可能性及对工程的影响。当基坑开挖过程中有渗流时，地下水的渗流作用宜通过渗流计算确定。

进行环境的调查，查明邻近建筑物和地下设施的现状、结构特点以及对开挖变形的承受能力。对地下管网密集分布区，可通过地理信息系统或其他档案资料了解管线的类别、平面位置、埋深和规模，必要时应用有效方法进行地下管线探测。

对特殊性岩土进行基坑工程勘察时，按《岩土工程勘察规范》（GB 50021—2001）中特殊性岩土勘察的规定进行勘察，对软土的蠕变和长期强度、软岩和极软岩失水崩解、膨胀土的膨胀性和裂隙性以及非饱和土增湿软化等对基坑的影响进行分析评价。

根据开挖深度、岩土和地下水条件以及环境要求，对基坑边坡的处理方式提出建议。

10.4.3.2 基坑工程勘察评价及建议内容

（1）与基坑开挖有关的场地条件、土质条件和工程条件；

（2）提出处理方式、计算参数和支护结构选型的建议；

（3）提出地下水控制方法、计算参数和施工控制的建议；

（4）提出施工方法和施工中可能遇到的问题的防治措施的建议；

（5）提出施工阶段的环境保护和监测工作的建议。

10.4.4 桩基工程的勘察与评价

（1）桩基工程的勘察主要包括以下内容：

1）查明场地各层岩土的类型、深度、分布、工程特性和变化规律；

2）当采用基岩作为桩的持力层时，应查明基的岩性、构造、岩面变化、风化程度，确定其坚硬程度、完整程度和基本质量等级，判定有无洞穴、临空面、破碎岩体、软弱岩层；

3）查明不良地质作用，可液化土层和特殊性岩土的分布及其对桩基的危害程度，并提出防治措施的建议；

4）评价成桩可能性，论证桩的施工条件及其对环境的影响。

（2）桩基工程评价内容及建议：

1）提供可选的桩基类型和桩端持力层，提出桩长、桩径方案的建议；

2）当有软弱下卧层时，验算软弱下卧层强度；

3）对欠固结土和有大面积堆载的工程，应分析桩侧产生负摩阻力的可能性及其对桩基承载力的影响，并提供负摩阻力系数和减少负摩阻力措施的建议；

4）分析成桩的可能性，成桩和挤土效应的影响，并提出保护措施的建议；

5）持力层为倾斜地层、基岩面凹凸不平或岩土中有洞穴时，应评价桩的稳定性，并提出处理措施的建议。

10.4.5 道路工程的勘察与评价

10.4.5.1 道路工程的勘察要求

道路工程勘察首先在收集资料的基础上熟悉调查区的相关地质资料，如工程地质、区域地质、水文地质以及室内试验等资料，并充分利用。道路工程勘察大致分为可行性研究勘察、初步勘察、详细勘察等三个阶段。不同阶段的勘察要求如下：

可行性研究勘察阶段。对收集到的资料和相关路线控制点、走向和大型结构物进行初步研究，并进行实地验证，采取一定的勘察手段（简易的勘察方法和物探），了解沿线地质情况，为选择最优的路线方案提供地质依据。

初步勘察阶段。配合路线、隧道、桥梁、路面、路基和其他结构物的设计方案及其比较方案的制订，提供工程地质资料，满足方案优选和初步设计的需求；对不良的地质条件和特殊性岩土地段，做出初步分析评价，并提出处理办法，为初步设计文件提供必需的工程地质资料。

详细勘察。在通过的初步设计方案基础上，进行详细的工程地质勘察，满足施工图设计的需要；并对不良地质条件和特殊性岩土地段做出详细分析评价以及具体的处理方案，为编制施工图设计提供充分必要的地质资料。

当遇到工程地质条件复杂、工程规模大而且缺乏经验的建筑项目，在技术设计阶段或施工阶段，按需要安排有针对性的工程地质勘察。

10.4.5.2 道路工程的勘察评价内容

道路工程的评价主要有以下几点：

（1）选定位置及场地对修建道路工程及其结构物的适宜性；

（2）场地地质条件的稳定性；

（3）工程沿线筑路材料的适宜性；

（4）对环境产生负面影响及其保证环境质量在路线、桥梁、隧道等工程方面的措施；

（5）工程中岩土体的力学性质（变形性及其极限值、强度及其稳定性与极限值）；

（6）工程岩土体及水体与道路工程的共同作用；

（7）工程岩土体后期变化的预估及对工程耐久性影响；

（8）其他各临界状态的判定。

10.5 本章小结

岩土工程勘察的等级是由工程安全等级、场地和地基的复杂程度三项因素决定的；建筑物岩土工程勘察宜分阶段进行，分别为可行性研究勘察、初步勘察、详细勘察、施工勘察；工程地质勘察的方法或技术手段有以下几种：工程地质测绘、勘探与取样、原位测试与室内试验、现场检验与监测。

10.6 习题

10-1 工程重要性等级划分为几级，如何划分？

10-2 如何评价场地的复杂程度？

10-3 工程地质测绘的具体内容包括哪些？

11 工程地质测试与取样

工程地质测试主要分为两大类：土体测试和岩体测试。

11.1 土体测试

目前常用的土体测试方法有静力载荷试验、静力触探试验和动力触探试验。

11.1.1 静力载荷试验

平板静力载荷试验（PLT），简称载荷试验。它是模拟建筑物基础工作条件的一种测试方法，起源于30年代的苏、美等国。其方法是在保持地基土的天然状态下，在一定面积的承压板上向地基土逐级施加荷载，并观测每级荷载下地基土的变形特性。测试所反映的是承压板以下大约1.5~2倍承压板宽的深度内土层的应力-应变-时间关系的综合性状。

载荷试验的主要优点是对地基土不产生扰动，利用其成果确定的地基承载力最可靠、最有代表性，可直接用于工程设计。其成果用于预估建筑物的沉降量效果也很好。因此，在对大型工程、重要建筑物的地基勘测中，载荷试验一般是必不可少的。它是目前世界各国用以确定地基承载力的最主要方法，也是比较其他土的原位试验成果的基础。

载荷试验按试验深度分为浅层和深层；按承压板形状有平板与螺旋板之分；按用途可分为一般载荷试验和桩载荷试验；按载荷性质又可分为静力和动力载荷试验。本章主要讨论浅层平板静力载荷试验，其他载荷实验从简；不过理解了前者，后者也就迎刃而解了。

11.1.1.1 仪器设备

载荷试验的设备由承压板、加荷装置及沉降观测装置等部件组合而成。目前，组合形式多样，成套的定型设备已应用多年。

（1）承压板。有现场砌置和预制两种，一般为预制厚钢板（或硬木板）。对承压板的要求是，要有足够的刚度，在加荷过程中承压板本身的变形要小，而且其中心和边缘不能产生弯曲和翘起；其形状宜为圆形（也有方形者），对密实黏性土和砂土，承压面积一般为1000~5000cm^2。对一般土多采用2500~5000cm^2。按道理讲，承压板尺寸应与基础相近，但不易做到。

（2）加荷装置。加荷装置包括压力源、载荷台架或反力构架。加荷方式可分为两种，即重物加荷和油压千斤顶反力加荷。

重物加荷法，即在载荷台上放置重物，如铅块等。由于此法笨重，劳动强度大，加荷不便，目前已很少采用（见图11-1）。其优点是荷载稳定，在大型工地常用。

油压千斤顶反力加荷法（见图11-2），即用油压千斤顶加荷，用地锚提供反力。由于此法加荷方便，劳动强度相对较小，已被广泛采用，并有定型产品。如上海新卫机械厂的载荷测试机就是一种定型产品。采用油压千斤顶加压，必须注意两个问题：1）油压千斤顶的行程必须满足地基沉降要求。2）下入土中的地锚反力要大于最大加荷，以避免地锚上拔，试验半途而废。

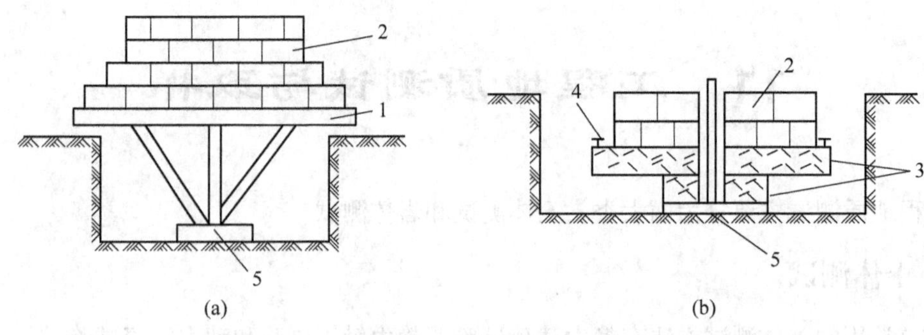

图 11-1 重物加荷

（a）木质或铁质载荷台；（b）低重心载荷台

1—载荷台；2—钢锭；3—混凝土平台；4—测点；5—承压板

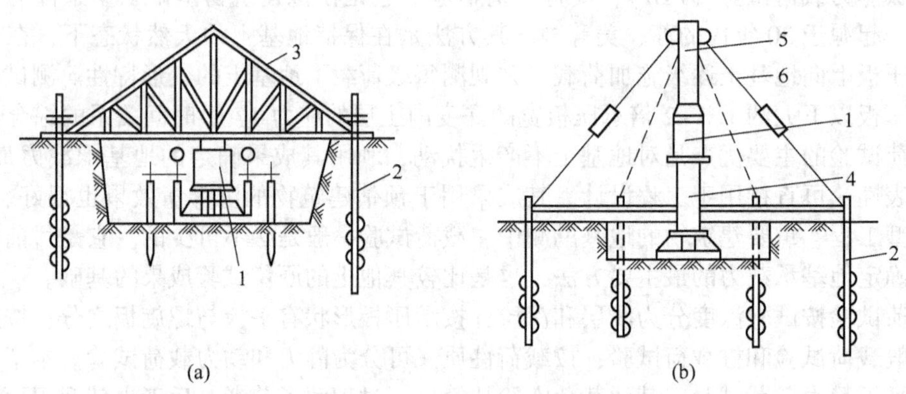

图 11-2 反力加荷

（a）钢行架式装置；（b）拉杆式装置

1—千斤顶；2—地锚；3—桁架；4—立柱；5—分立杆；6—拉杆

（3）沉降观测装置。沉降观测仪表有百分表、沉降传感器或水准仪等。只要满足规定的精度要求及线性特性等条件，可任意选用其中一种来观测承压板的沉降。

由于载荷试验所需荷载很大，要求一切装置必须牢固可靠、安全稳定。

11.1.1.2 实验要点

（1）载荷试验一般在方形试坑中进行，（见图 11-3、图 11-4）。试坑底的宽度应不小于承压板宽度（或直径）的 3 倍，以消除侧向土自重引起的超载影响，使其达到或接近地基的半空间平面问题边界条件的要求。试坑应布置在有代表性地点，承压板底面应放置在基础标高处。

（2）为了保持测试时地基土的天然湿度与原状结构，应做到以下几点：1）测试之前，应在坑底预留 20~30cm 厚的原土层，待测试即将开始时再挖去，并立即放入载荷板。2）对软黏土或饱和的松散砂，在承压板周围应预留 20~30cm 厚的原土作为保护层。3）在试坑底板标高低于地下水位时，应先将水位降至坑底标高以下，并在坑底铺设 2cm 厚的砂垫层，再放下承压板等，待水位恢复后进行试验。

（3）安装设备，参考图 11-3 和图 11-4，其安装次序与要求：1）安装承压板前应整平试坑底面，铺设1~2cm厚的中砂垫层，并用水平尺找平，以保证承压板与试验面平整均匀接触。2）安装千斤顶、载荷台架或反力构架。其中心应与承压板中心一致。3）安装沉降观测装置。其支架固定点应设在不受土体变形影响的位置上，沉降观测点应对称放置。

图11-3　载荷试验实例

（4）加荷（压）。安装完毕，即可分级加荷。测试的第一级荷载，应将设备的重量计入，且宜接近所卸除土的自重（相应的沉降量不计）。以后每级荷载增量，一般取预估测试土层极限压力的1/8~1/10。当不宜预估其极限压力时，对较松软的土，每级荷载增量可采用10~25kPa；对较坚硬的土，采用50kPa；对硬土及软质岩石，采用100kPa。

（5）观测每级荷载下的沉降。其要求是：1）沉降观测时间间隔。加荷开始后，第一个30min内，每10min观测沉降一次；第二个30min内，每15min观测一次；以后每30min进行一次。2）沉降相对稳定标准。连续4次观测的沉降量，每小时累计不大于0.1mm时，方可施加下一级荷载。

（6）尽可能使最终荷载达到地基土的极限承载力，以评价承载力的安全度。当测试出现下列情况之一时，即认为地基土已达极限状态，可终止试验：1）承压板周围的土体出现裂缝或隆起；2）在荷载不变的情况下，沉降速率加速发展或接近一常数。压力-沉降量曲线出现明显拐点；3）总沉降量等于或大于承压板宽度（或直径）的0.08；4）在某一荷载下，24h内沉降速率不能达到稳定标准。

（7）如达不到极限荷载，则最大压力应达到预期设计压力的2倍或超过第一拐点至

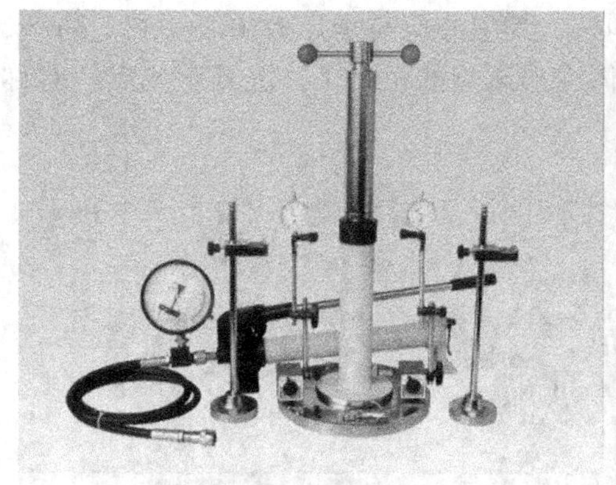

图 11-4　载荷试验设备

少三级荷载。

（8）当需要卸荷观测回弹时，每级卸荷量可为加荷量的 2 倍，历时 1h，每隔 15min 观测一次。荷载完全卸除后，继续观测 3h。

11.1.1.3　静力载荷试验成果整理及其应用

A　静力载荷测试成果——压力-沉降量关系曲线

载荷试验结束后，应对试验的原始数据进行检查和校对，整理出荷载与沉降量、时间与沉降量汇总表。然后，绘制压力 p 与沉降量 S 的关系曲线（见图 11-5）。该曲线是确定地基承载力、地基土变形模量和土的应力-应变关系的重要依据。

p-S 曲线特征值的确定及应用：

（1）当 p-S 曲线具有明显的直线段及转折点时，一般将直线段的终点（转折点）所对应的压力（p_0）定为比例界限值，将曲线陡降段的渐近线和表示压力的横轴的交点定为极限界限值（p_L）（见图 11-5）。

（2）当曲线无明显直线段及转折点时（一般为中、高压缩性土），可用下述方法确定比例界限：1）在某一级荷载压力下，其沉降增量 ΔS_n 超过前一级荷载压力下的沉降增量 ΔS_{n-1} 的 2 倍（即 $\Delta S_n \geqslant 2\Delta S_{n-1}$）的点所对应的压力，即为比例界限。

2）绘制 $\lg p$-$\lg S$（或 p-$\Delta p/\Delta S$）曲线，曲线上的转折点所对应的压力即为比例界限。其中 Δp 为荷载增量，ΔS 为相应的沉降增量。

比例界限压力点和极限压力点把 p-S 曲线分为三段，反映了地基土的逐级受压至破坏的三个变形（直线变形、塑性变形、整体剪切破坏）阶段。比例界限点前的直线变形段，地基土主要产生压密变形，地基处于稳定状态。直线段端点所对应的压力即为 p_0，一般可作为地基土的允许承载力或承载力基本值 f_0。

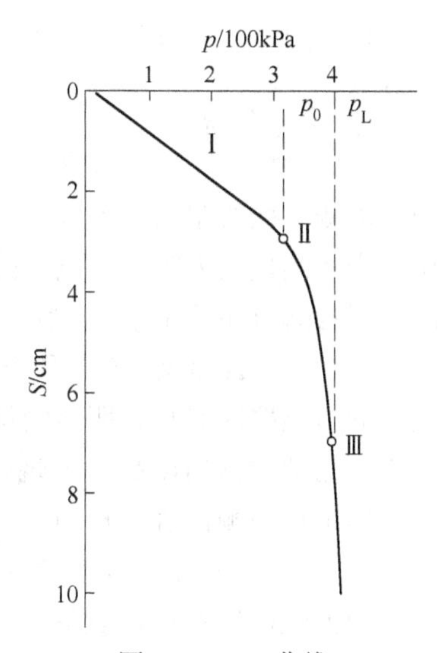

图 11-5　p-S 曲线

p_0—比例界限；p_L—极限界限；

Ⅰ—压密阶段；Ⅱ—塑性变形阶段；

Ⅲ—整体剪切破坏阶段

B　试验成果的应用

a　确定地基土承载力基本值 f_0

（1）当 p-S 上有明显的比例界限（p_0）时，取该比例界限所对应的荷载值。

（2）当极限荷载能确定，且该值小于对应比例界限的荷载值的 1.5 倍时，取荷载极限值的一半。

（3）不能按上述两点确定时，如承压板面积为2500～5000cm^2，对低压缩性土和砂土，可取 $S/B=0.01\sim0.015$ 所对应的荷载值；对中、高压缩性土，可取 $S/B=0.02$ 所对应的荷载值（S、B 分别为沉降量和承压板的宽度或直径）。

b　计算地基土变形模量 E_0

土的变形模量是指土在单轴受力、无侧限情况下似弹性阶段的应力与应变之比，其值可由载荷试验成果 p-S 曲线的直线变形段，按弹性理论公式求得：

$$E_0 = wBI\ (1-\mu^2)p/S \tag{11-1}$$

式中　p，S——分别为 p-S 曲线直线段内一点的压力值，kPa，及相应沉降量，cm；

B——承压板的宽度或直径，cm；

μ——土的泊松比；

I——承压板深度 h 的修正系数；当 $h=0$，$I=1$；当 $h\leqslant B$，$I=1-0.27h/B$；当 $h>B$，$I=0.5+0.23B/h$；

w——承压板形状系数，对于刚性方形板，$w=0.886$，对于刚性圆形板，$w=0.785$。

E_0可用来计算地基沉降量。

此外，利用 p-S 曲线还可确定湿陷性黄土的湿陷起始压力。

由于平板载荷实验测试深度有限，所以也可以用螺旋板载荷实验确定不同深度的地基承载力，特别是地表水下或地下水位以下的地基承载力。它是将一个螺旋形的承载板（类似于地锚），借助于机械或人力旋入地面以下预定的深度后，通过传力杆对承载板施加荷载，并观测板下地基土体受压后的位移，从而获得地基的应力-应变-时间关系曲线，通过计算可以求得地基土不同深度的承载力、模量值、固结系数和软黏土的不排水抗剪强度等设计所需的参数。该项测试的具体细节可参见有关文献资料。

11.1.2　静力触探试验

11.1.2.1　静力触探试验的特点和仪器设备

A　试验特点

静力触探测试（英文缩写 CPT），是把一定规格的圆锥形探头借助机械匀速压入土中，以测定探头阻力等参数的一种原位测试方法。它分为机械式和电测式两种。机械式采用压力表测量贯入阻力，电测式采用传感器和电子测试仪测量贯入阻力。我国采用的是电测式。1964 年我国首先研制成功电测式单桥静力触探，1971 年，荷兰研制成功电测式双桥静力触探，20 世纪 70 年代末国外又研制成功电测孔压式静力触探（英文代号 CPTU）。电测静力触探因其具有明显的优点是应用最广的一种原位测试技术：兼有勘探与测试双重作用；测试数据精度高，再现性好，且测试快速、连续、效率高、功能多；采用电子技术，便于实现测试过程自动化。

B　静力触探试验仪器设备

静力触探试验仪器设备（见图 11-6、图 11-7）主要由以下几部分组成。

a　触探主机和反力装置

触探主机按传动方式不同可分为机械式和液压式。液压式贯入力大；而机械式贯入力一般小于 5t，比较轻便，便于人工搬运。液压式一般用车装，如静力触探贯入力一般大于 10t，贯入深度大、效率高、劳动强度低、适用于交通方便的地区。

图 11-6　静力载荷试验设备（一）

图 11-7 静力载荷试验设备（二）

反力装置的作用是固定触探主机，提供探头在贯入过程中所需之反力，一般利用车辆自重或地锚作为反力装置。

b 测量与记录显示装置

测量与记录显示装置一般可分为两种——电阻应变仪（或数字测力仪）和计算机装置，用来记录测试数据。前者间断记录、人工绘图；后者可连续记录，计算机绘图和处理数据。

c 探头

探头是静力触探仪测量贯入阻力的关键部件，有严格的规格与质量要求。一般分圆锥形的端部和其后的圆柱形摩擦筒两部分。目前国内外使用的探头可分为三种形式（见图 11-8、图 11-9）。

（1）单用（桥）探头。我国特有的一种探头形式，只能测量一个参数，即比贯入阻力 P_s，分辨率（精度）较低。

（2）双用（桥）探头。它是一种将锥头与摩擦筒分开，可以同时测量锥头阻力 q_c 和侧壁摩擦阻力 f_s 两个参数的探头，分辨率较高。

（3）多用（孔压）探头。它一般是在双用探头上再安装一种可测触探时产生超孔隙水压力的装置——透水滤器和孔隙水压力传感器，分辨率最高，在地下水位较浅地区应优先采用。

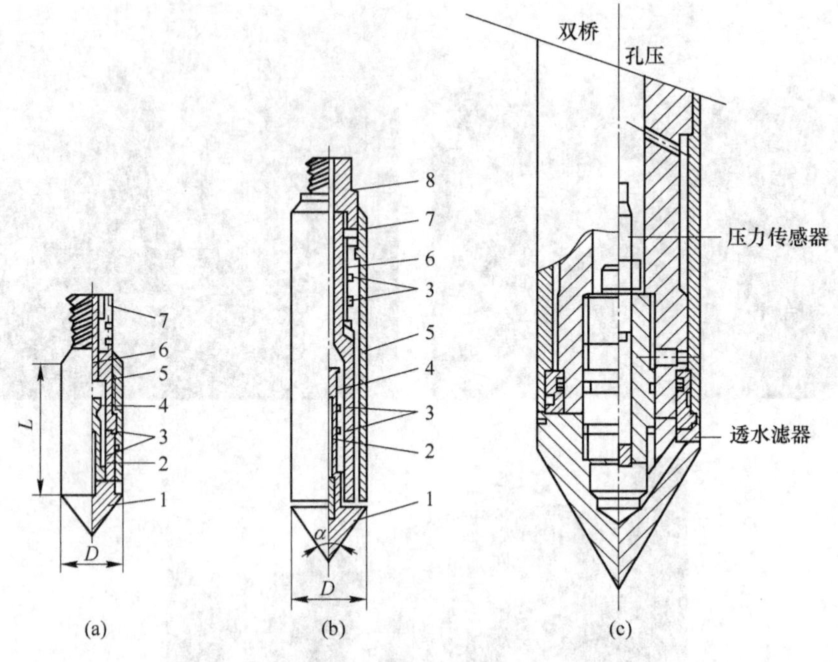

图 11-8　探头示意图

（a）单用探头；（b）双用探头；（c）多用探头

1—锥头；2—顶柱；3—电阻应变片；4—传感器；5—外套筒；6—单用探头的探头管或双用探头侧壁传感器；7—单用探头的探杆接头或双用探头的摩擦筒；8—探杆接头；L—单用探头有效侧壁长度；D—锥头直径；α—锥角

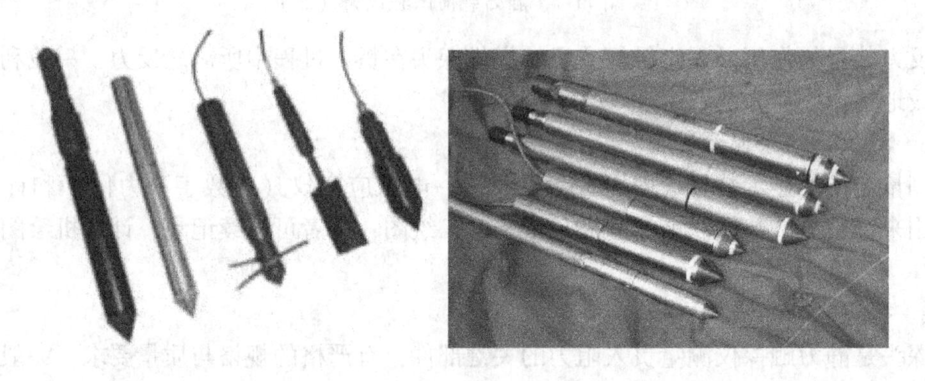

图 11-9　探头实例

探头的锥头顶角一般为60°，底面积为$10cm^2$，也有$15cm^2$或$20cm^2$者，锥头底面积越大，锥头所能承受的抗压强度越高，探头不易受损，且有更多的空间安装其他传感器，如测孔斜、温度和密度的传感器，但在同一测试工程中，宜使用统一规格的探头，以便比较。

d　探杆

探杆是将机械力传递给探头以使探头贯入的装置。它有两种规格，即探杆直径与锥头底面直径相同（同径）或小于锥头底面直径两种，每根探杆长度为1m。

11.1.2.2　静力触探试验要点和试验成果整理

A　静力触探试验要点

（1）率定探头，求出地层阻力和仪表读数之间的关系，以得到探头率定系数，一般在室内进行。新探头或使用一个月后的探头都应及时进行率定。

（2）现场测试前应先平整场地，放平压入主机，以便使探头与地面垂直；下好地锚，以使固定压入主机。

（3）将电缆线穿入探杆，接通电路，调整好仪器。

（4）边贯入边测记，贯入速率控制在1~2cm/s。此外，孔压触探还可进行超孔隙水压力消散试验，即在某一土层停止触探，记录触探时产生的超孔隙水压力随时间变化（减小）情况，以求得土层固结系数等。

B　静力触探测试成果整理

（1）对原始数据进行检查与校正，如深度和飘零校正。

（2）按下列公式分别计算比贯入阻力 q_s、锥尖阻力 q_c、侧壁摩擦力 f_s、摩阻力 F_r 及孔隙水压力 U：

$$q_s = K_p \varepsilon_p$$

$$q_c = K_c \varepsilon_c$$

$$f_s = K_f \varepsilon_f$$

$$F_r = f/q_c \times 100\%$$

$$U = K_u \varepsilon_u$$

式中　K_p，K_c，K_u，K_f——分别为单桥探头、双桥探头、孔压探头的锥形有关传感器及摩擦筒的率定系数；

ε_p，ε_c，ε_f，ε_u——为相应的应变量（微变量）。

（3）分别绘制 K_p、K_c、K_u、K_f、U 随着深度（纵坐标）的变化曲线，如图11-10所示。

上述各种曲线纵坐标（深度）比例尺应一致，一般采用1∶100，深孔可用1∶200；横坐标为各种测试成果，其比例尺应根据数值大小而定。如作了超孔压消散试验，还应绘制孔压消散曲线；如用计算机处理测试数据，则上述成果整理及曲线绘制可自动完成。

11.1.2.3　静力触探试验成果应用

静力触探试验成果很广，主要可归纳为以下几方面：划分土层，求取各上层工程性质指标，确定桩基参数。

A　划分土层及土类判别

根据静力触探资料划分土层应按以下步骤进行：

（1）将静力触探探头阻力与深度曲线分段。分段的依据是根据各种阻力大小和曲线形状进行综合分段。如阻力较小、摩阻比较大、超孔隙水压力大、曲线变化小的曲线段代表土层多为黏土层；而阻力大、摩阻比较小、超孔隙水压力很小、曲线呈急剧变化的锯齿状则为砂土。

（2）按临界深度等概念准确判定各土层界面深度。静力触探自地表匀速贯入过程中，

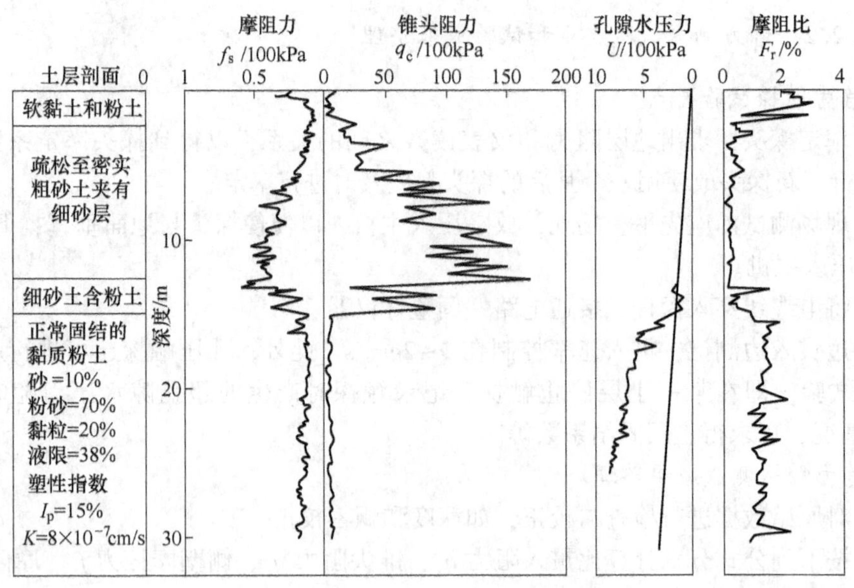

图 11-10　成果曲线及土层剖面

锥头阻力逐渐增大（硬壳层影响除外），到一定深度（临界深度）后才达到一较为恒定值，临界深度及曲线第一较为恒定值段为第一层；探头继续贯入到第二层附近时，探头阻力会受到上下土层的共同影响而发生变化，变大或变小，一般规律是位于曲线变化的中间深度即为层面深度。第二层也有较为恒定值段，以下类推。

（3）经过上述两步骤后，再将每一层土的探头阻力等参数分别进行算术评价，其平均值可用来定土层名称。

B　求土层的工程性质指标

用静力触探法推求土的工程性质指标比室内试验方法可靠、经济、周期短，因此很受欢迎，应用很广。

（1）判断土的潮湿程度及重力密度

含水量：$w = \dfrac{10}{\sqrt{6.21\ln p_s + 9.943}}$　　$0.2 \leqslant p_s \leqslant 6.9\text{MPa}$

液性指数：$I_L = (0.9 - 0.18\ln p_s)^4$　　$0.2 \leqslant p_s \leqslant 6.9\text{MPa}$

（2）饱和土重力密度 γ_{sat}

$$\gamma_{sat} = \sqrt{4.456\ln p_s + 12.241}$$

（3）土的抗剪强度参数

黏性土：　$\varphi = \arctan(0.0069\sqrt{q_c} - 0.1023)$

式中　φ——摩擦角，(°)；

q_c——锥尖阻力，$400<q_c<8200$kPa。

$$c = a\sqrt{f_s} - b$$

式中　c——黏聚力，kPa；

f_s——侧摩擦阻力，kPa；

a，b——系数，与土类有关。

$$c_u = kp_s$$

式中　c_u——黏性土不排水抗剪强度，kPa；

k——系数，$k=0.045 \sim 0.060$。

（4）求地基土基本承载力 f_0

$$f_0 = 0.1\beta p_s + 0.032\alpha$$

式中　β，α——土类修正系数，可参见表 11-1。

表 11-1　各土类修正系数表

I_p 及修正系数值	土类												
	砂土			黏性土								特殊土	
	粉细砂	细中砂	粗砂	粉土			粉质黏土			黏土		黄土	红土
I_p	<3			3~5	6~8	9~10	11~12	13~15	16~17	18~20	>21	9~12	>17
β	0.2	0.3	0.4	0.3	0.4	0.5	0.6	0.7	0.8	0.9	1.0	0.5~0.6	0.09
α	2.0			1.5			1.0			1.0		1.5	3.0

11.1.3　动力触探实验

11.1.3.1　动力触探实验的特点和种类

动力触探试验（英文缩写 DPT），是利用一定的锤击能力，将一定规格的探头打入土中，根据每打入一定深度的锤击数，或以能量表示，来判定土的性质，并对土进行粗略的力学分层的一种原位测试方法。

动力触探技术在国内外应用极为广泛，是一种主要的土的原位测试技术，这是和它所具有的独特优点分不开的，其优点是：设备简单且坚固耐用；操作及测试方法容易，适应性广，砂土、粉土、砾石土、软岩、强风化岩石及黏性土均可；快速、经济，可连续测试土层；有些动力触探测试（如标准贯入）可同时取样观察描述。

动力触探应用历史悠久，积累的经验丰富，如已分别建立动力触探锤击数与上层面力学性质之间的多种相关关系和图表，使用方便；在评价地基液化势方面的经验也得到了广泛应用。目前，世界上大多数国家采用动力触探测试技术进行土工勘测。其中，美洲、亚洲和欧洲国家应用最广；日本几乎把动力触探技术当作一种万能的土工勘测手段。

虽然动力触探试验方法很多，但可以归为两大类，即圆锥动力触探试验和标准贯入试验。前者根据所用穿心锤的重量可分为轻型、重型及超重型动力触探试验。一般将圆锥动力触探试验简称为动力触探或动探，将标准贯入试验简称为标贯。

11.1.3.2　圆锥动力触探实验

A　圆锥动力触探试验的仪器设备

虽然各种动力触探测试设备的重量相差悬殊，但其仪器设备却大致相同，以目前应用的机械式动力触探为列，一般可以分为六部分（见图 11-11、图 11-12）。

（1）导向杆。可使穿心锤沿其升落。

（2）提引器。可提升重锤，并可到一定高度后自动脱钩放锤。但在 20 世纪 80 年代前，国内外都是用手拉绳提升或放开重锤（即穿心锤）。

（3）穿心锤。钢质圆柱形，中心圆孔直径比导向外径大 3～4mm。

（4）锤座。包括钢砧与锤垫，目前国内常用的规格为：轻型（N_{10}），直径为 ϕ45mm；重型（$N_{63.5}$）与超重型（N_{120}），一般认为直径应小于锤径的 1/2，并大于 100mm（与欧洲标准相同）。

（5）探杆。目前国内使用较多的探杆外径为：轻型，ϕ25mm；重型，ϕ42～50mm；超重型，ϕ50～63mm。

（6）探杆。从国际上看，外形多为圆锥形，种类繁多，锥头直径达 25 种以上，锥角有 30°、45°、60°、90°、120°，广泛使用的是 60°和 90°两种。我国常用直径约 5 种，锥角基本上只有 60°一种。

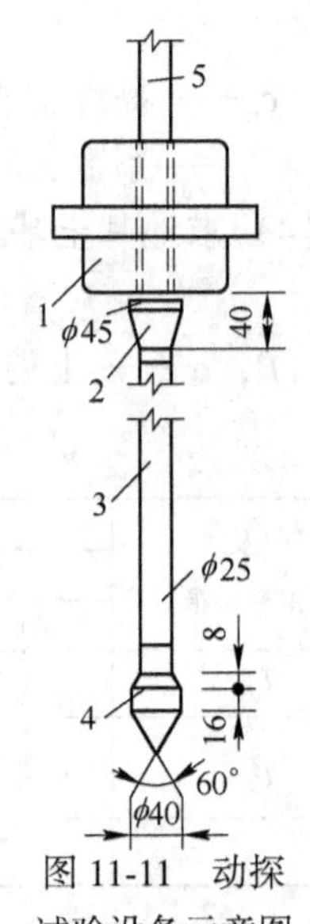

图 11-11　动探试验设备示意图

1—穿心锤；2—钢砧与锤垫；3—触探杆；4—圆锥探头；5—导向杆

B　圆锥动力的触探测试要点

动力触探的测试方法大同小异。SD128—1986《土工试验规程》对各种动力触探测试方法分别作了规定。现将轻型、重型超重型测试程序和要求分别叙述如下。

（1）轻型动力触探。先用轻便钻具钻至实验图层标高以上 0. 30m 处，然后对所需实验土层连续进行触探。

实验时，穿心锤落距为（0. 50±0. 20）m，使其自由下落。记录每打入土层中 0. 30m 时所需的锤击数（最初 0. 30m 可以不记）。

如遇密实坚硬土层，当贯入 0. 30m 所需锤击数超过 100 击或贯入 0. 15m 超过 50 时，即停止实验。如需对下卧土层进行实验时，可用钻具穿透坚实上层再贯入。

本实验一般用于贯入深度小于 4m 的土层。必要时，也可再贯入 4m 后，用钻具将孔掏清，再继续贯入 2m。

（2）重型动力触探。实验前将触探架安平稳，使触探保持铅直地进行。铅直度的最大偏差不得超过 2%。触探杆应保持平直，联结牢固。

贯入时，应使穿心锤自由落下，落锤高度为（0. 76±0. 02）m。地面上的触探高度不宜过高，以免倾斜与摆动太大。

锤击速率宜为每分钟 15～30 击。打入过程应尽可能连续，所有超过 5min 的间断都应在记录中予以说明。

及时记录每贯入 0. 10m 所需的锤击数。最初贯入的 1m 内可不记读数。

对于一般砂、圆砾和卵石，触探深度不宜超过 12～15m；超过该深度时，需考虑触探杆的侧壁摩擦阻力影响。

每贯入 0. 10m 所需锤击数连续三次超过 50 击时，即停止试验。如需对土层进行试验，可改用超重型动力触探。

（3）超重型动力触探。贯入时穿心锤自由下落，落距为（1. 00±0. 02）m。贯入深度一般不宜超过 20m；超过此深度限值时，需考虑触探杆侧壁阻力的影响。

其他步骤可参照重型动力触探进行。

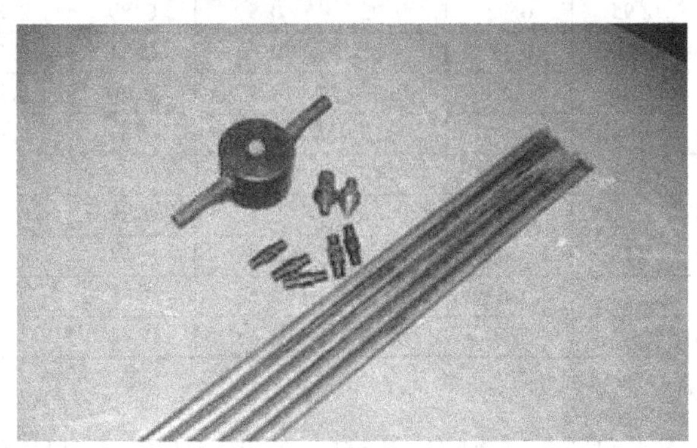

图 11-12　动探试验实例及设备

C　圆锥动力触探测试成果整理

检查核对现场记录。

在每个动探孔完成后，应在现场及时核对所记录的击数、尺寸是否有错漏，项目是否齐全。

实测击数校正及统计分析。

（1）轻型动力触探。轻型动力触探不考虑杆长的修正，根据每贯入 30cm 的实测击数绘制 N_{10}-h 曲线图。根据 N_{10} 对地基土进行力学分析，然后计算每层实测击数的算术平均值。

$$N'_{10} = \sum_{1}^{N} N_{10}/n \tag{11-2}$$

式中　N_{10}——实测击数，击/30cm；

N'_{10}——击数平均值，击/30cm；

n——参加统计的测点数。

（2）重型、超重型动力触探。铁路《动力触探击数规定》（TB—87）中规定，实测击数应按杆长校正（见表11-2）。重型$N_{63.5}$动力触探实测击数按式（11-3）进行校正：

$$N'_{63.5}=\alpha N_{63.5} \tag{11-3}$$

式中 $N'_{63.5}$——校正后的击数；

α——杆长击数校正系数；

$N_{63.5}$——实测击数。

超重型动力触探实测击数应先按式（11-4）换算成相当于重型$N_{63.5}$的实测击数，然后再按式（11-3）进行杆长击数校正。

$$N_{63.5}=3N_{120}-0.5 \tag{11-4}$$

式中 N_{120}——超重型实测击数；

$N_{63.5}$——相当于重型实测击数。

表11-2 杆长击数校正系数（α）

l	$N_{63.5}$								
	5	10	15	20	25	30	35	40	≥50
≤2	1.0	1.0	1.0	1.0	1.0	1.0	1.0	1.0	—
4	0.96	0.95	0.93	0.92	0.90	0.89	0.87	0.86	0.84
6	0.93	0.90	0.88	0.85	0.83	0.81	0.79	0.78	0.75
8	0.90	0.86	0.83	0.80	0.77	0.75	0.73	0.71	0.67
10	0.88	0.83	0.79	0.75	0.72	0.69	0.67	0.64	0.61
12	0.85	0.79	0.75	0.70	0.67	0.64	0.61	0.59	0.55
14	0.82	0.76	0.71	0.66	0.62	0.58	0.56	0.53	0.50
16	0.79	0.73	0.67	0.62	0.57	0.54	0.51	0.48	0.45
18	0.77	0.70	0.63	0.57	0.53	0.49	0.46	0.43	0.40
20	0.75	0.67	0.59	0.53	0.48	0.44	0.41	0.39	0.36

注：l为探杆总长度（m）；本表可以内插取值。

有些学者认为，动力触深探击数不用作杆长修正，因为动力触深测试成果的影响因素很多，精度有限，随测试深度增加，探杆被加长，重量增加，其影响是减少锤击数；但另一方面，随着深度增加，探杆和孔壁之间的摩擦力和土的侧向压力也增加了，其影响是增加锤击数。两者的影响可部分抵消。因此，不必对杆长进行修正，但需加以说明。一般应以相应规范要求为准。

（3）绘制动力触深锤击数与贯入深度关系曲线。以杆长校正后的击数或未修正的击数（根据相应规范选取一种）为横坐标，以贯入深度为纵坐标绘制曲线图。

《岩土工程勘察规范》规定，动力触探测试成果分析应包括下列内容：

1）单孔动力触深应绘制动探击数与深度曲线或动贯入阻力与深度曲线，进行力学分层。

2）计算单孔分层动探指标平均值时，应剔除超前或滞后影响范围内及个别指标异常值。

3）当土质均匀、动探数据离散性不大时，可取各孔分层平均动探值，用厚度加权平均法计算场地分层平均动探值。

4）当动探数据离散性大时，宜采用多孔资料或与其他原位测试资料综合分析。

5）根据动探数据指示和地区经验，确定砂土的孔隙比、相对密度，粉土、黏性土状态，土的强度、变形参数，地基土承载力和单桩承载力等设计参数；评定场地均匀性；检验地基加固与改良效果。

11.1.3.3 标准贯入试验

A 标准贯入试验的特点和设备

标准贯入试验简称标贯（英文缩写 SPT），是动力触探测试方法最常用的一种，其设备规格和测试程序在世界上已趋于统一。它和圆锥动力触探测试的区别主要是探头不同。标贯探头是空心圆柱形的，常称标准贯入器，如图 11-13 及图 11-14 所示。在测试方法上也不同，标贯是间断贯入，每次测试只能按要求贯入 0.45m，只计贯入 0.30m 的锤击数 N，称标贯基数 N，N 没有下标，以与圆锥贯入锤击数相区别。圆锥动力触探是连续贯入，连续分段计锤击数的。

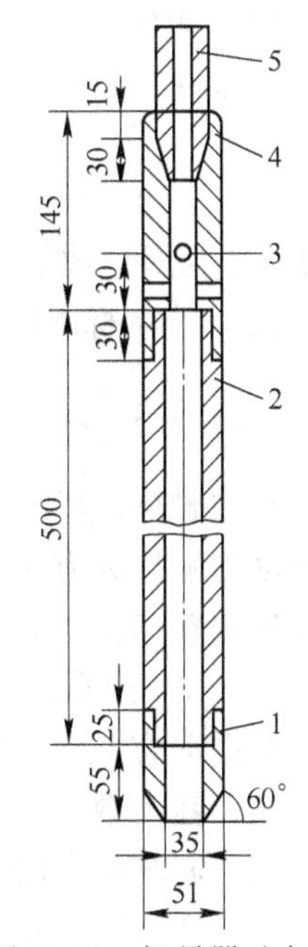

图 11-13 标贯器示意图

1—贯入器靴；2—贯入器身；3—排水孔；4—贯入器头；5—探（钻）杆接头

标贯的穿心锤质量为 63.5kg，自由落距 76cm。其动力设备要有钻机配合。

B 标准贯入试验要点

标准贯入试验自 1927 年问世以来，其设备和测试方法在世界上已基本统一。按原水电部《土工试验规程》（SD 128—1986）规定，其测试要点如下：

（1）先用钻具钻至试验土层标高以上 0.15m 处，清除残土。当在地下水位以下的土层进行试验时，应使孔内水位保持高于地下水位，以免出现涌砂和塌孔；必要时，应下套管或用泥浆护壁。

（2）将贯入器放入孔内，注意保持贯入器、钻杆、导向杆联结后的铅直度。孔口宜加导向器，以保证穿心锤中心施力。

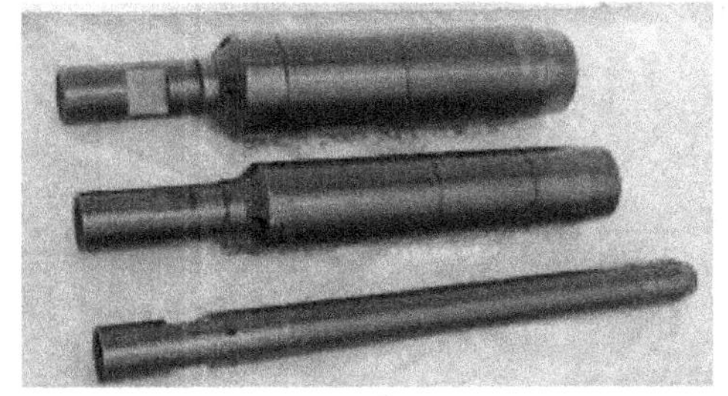
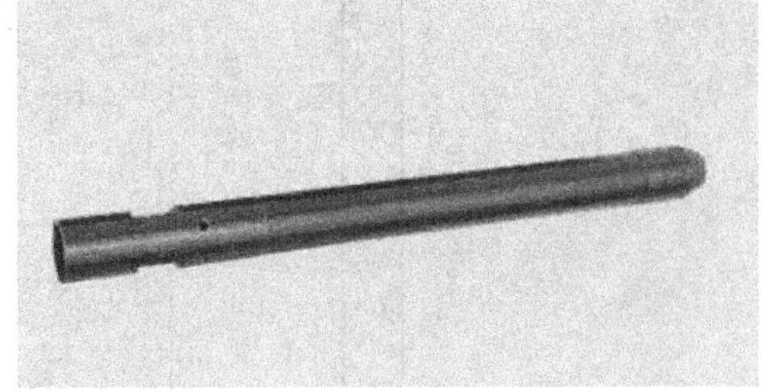

图 11-14 标贯器实物

（3）将贯入器以每分钟击打 15~30 次的频率，先打入土中 0.15m，不计锤击数；然后开始记录每打入 0.10m 及累计 0.30m 的锤击数 N，并记录贯入深度与试验情况。若遇密实土层，锤击数超过 50 击时，不应强行打入，并记录 50 击的贯入深度。

（4）提出贯入器，取贯入器中的土样进行鉴别，描述、记录，并测量其长度，将需要保存的土样仔细包装、编号，以备实验用。

（5）重复步骤（1）~（4），进行下一深度的标贯测试，直至所需深度。一般每隔

1m 进行一次标贯实验。

需注意的是：1）标贯和圆锥动力触探测试方法的不同点，主要是不能连续贯入，每贯入 0.45m 必须提钻一次，然后换上钻头进行回转钻进至下一实验室深度，重新开始试验。2）此项实验不宜在含碎石层中进行，只宜用在黏性土、粉土和砂土中，以免损坏标贯器的管靴刃口。

C　标贯测试成果整理

（1）求锤击数 N：如土层不太硬，并贯穿 0.3m 试验段，则取贯入 0.3m 的锤击数 N。如土层很硬，不宜强行打入时，可用下式换算相应于贯入 0.3m 的锤击数 N：

$$N = \frac{0.3n}{\Delta S}$$

式中，n 为所选取贯入深度的锤击数；ΔS 为对应锤击数 n 的贯入深度。

（2）绘制标贯击数-深度（N-H）关系曲线。

11.1.3.4　动力触探的应用

动力触探试验具有简易及适应性广等突出优点，特别是对用静力触探不能贯入的碎石类土动力触探大有用武之地。动力触探及其成果应用已被列于多种勘察规范中，在勘察实践中应用较广，主要应用于以下几个方面。

A　划分土类或土层剖面

根据动力触探击数可粗略划分土类（见图 11-15）。一般来说，土颗粒愈粗大，愈坚硬密实，锤击数愈多，在某一地区进行多次勘测实践后，就可以建立起当地土类与锤击数的关系。若与静力触探等其他测试方法同时应用，则精度会进一步提高。

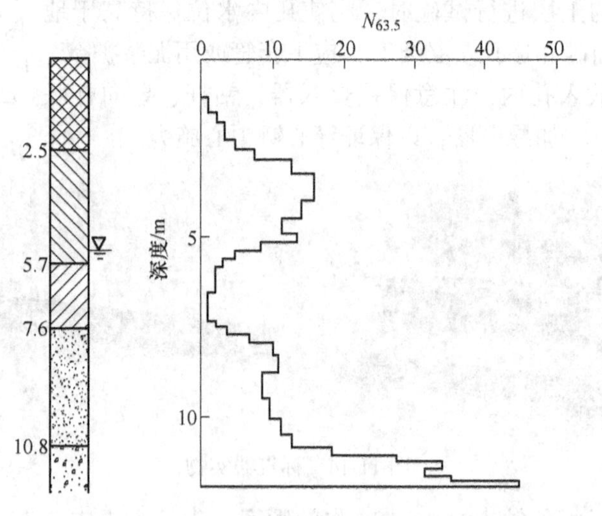

图 11-15　动力触探直方图及土层划分

根据触探曲线的形状，将触探击数相近段定为一层，并求出每一层触探击数的平均值，定出土的名称，就可以划分土层剖面。

B　确定地基承载力

根据动力触探确定地基土承载力是一种快速简便的方法，已被国家标准《建筑地基基础设计规范》(GB J7—1989) 等多种规范采纳。其方法是将锤击数与地基承载力标准值建立相关关系，根据经验关系式求取地基承载力标准值。表 11-3 所列即为各种地基承载力标准值与锤击数的经验关系。

表 11-3 锤击数与地基承载力标准值的各类经验关系

序号	提出单位	经验关系式	频数	相关系数	应用范围	土层
①	成都冶勘	$f_k=19N+74$	132	0.93		黏性土
②	武汉规划设计院	$f_k=20.2N+80$			$3<N<18$	
③	内蒙古建筑设计院	$f_k=16.6N+147$				黏性土
④	武汉冶勘	$f_k=26N$	20	0.97	$3<N<23$	粉土
⑤	武汉冶勘	$f_k=358N+4.9$	97	0.96		黏性土
⑥	建筑规范编写组	$f_k=22.7N+31.9$	72	0.96	$3<N<18$	
⑦	建筑规范编写组	$f_k=55.8N-558.3$	72	0.89	$N>18$	
⑧	中国地质大学	$f_k=32.3N_{63.5}+89$	56	0.86	$2<N_{63.5}<18$	黏性土

注：⑧为重型动探经验式。

C 求桩基承载力和确定桩基持力层

动力触探实验对桩基设计和施工也具有指导意义。实践证明，动力触探不易贯入时，桩也不易打入。这对确定桩基持力层及沉桩可行性具有重要意义。所以，由动力触探成果预估打入预制桩的极限承载力是国内外都在采用的方法。表 11-4 所列即为我国一些地区单桩竖向极端承载力与动探击数的经验关系。

表 11-4 单桩竖向极端承载力与动探击数的经验关系

地区	经验关系式	统计样本	相关系数	适用土层
沈阳	$q_p=133+539N_{63.5}$	22	0.915	粗砂、圆砾
成都	$q_p=299+126.1N_{120}$	35	0.79	卵石土
广州	$[q_p]=\frac{mH}{0.9(0.15+S)}+\frac{mH\cdot 2N'_{63.5}}{1200}$			硬塑-坚硬状黏土

注：q_p 为极限承载力，kN；$[q_p]$ 为承载力标准值，kN；m 为试桩的锤质量，t；H 为落锤高度，cm；$N'_{63.5}$ 为从地面以下 0.5m 至桩进入持力层深度的动力触探总击数；S 为持力展中桩的贯入度，cm，按下式计算：$S=\frac{10}{3.5N_{63.5}}$。

D 确定砂土密实度

动力触探在砂土中的应用效果比较理想，用动探指标确定砂土密实度的研究及应用由来已久，目前仍被广泛采用。

砂土密实度的大小是确定砂承载力的主要指标。利用动力探成果确定砂土密实度，国内外都已积累了很多经验，有的已列入有关规范中。我国先后发布的 GB J7—1989《建筑地基基础设计规范》和 GB 50021—2001《岩土工程勘察规范》两个国家标准规范，都列入了按标贯锤击数确定砂土密实度的规定（见表 11-5)。此外，各产业部门和地区也有适用于本部门和地区的相应规定。

表 11-5　标贯锤击数与砂土密实度的关系

N 值	密实度
$N \leqslant 10$	松散
$10<N \leqslant 15$	稍密
$15<N \leqslant 30$	中密
$N>30$	密实

E　确定黏性土稠度及 c、φ 的值

国内外利用标贯锤击数确定黏性土的稠度状态，也积累了较多的经验，其关系见表 11-6 和表 11-7。

表 11-6　稠度状态与锤击数的关系表

$N_{手}$	<2	2~4	4~7	7~18	18~35	>35
I_L（液性指数）	>1	>1~0.75	0.75~0.5	0.5~0.25	0.25~0	<0
稠度状态	流动	软塑	软可塑	硬可塑	硬塑	坚硬

注：1. 适用于冲积、洪积的一般黏性土层；

2. 标准贯入试验锤击数 $N_{手}$ 是用手拉绳方法测得的，其值比机械化自动落锤方法所得锤击数 $N_{机}$ 略高，换算关系如下：$N_{手}=0.74+1.12N_{机}$，适用范围：$2<N_{机}<23$。

表 11-7　c、φ 值与锤击数的关系表

土类	粉土			黏土			粉土夹砂			黏土夹砂		
N	2	4	6	2	4	6	2	4	6	2	4	6
c/kPa	12	14.5	19.5	8	12	16	7	10	12	8	11	13
φ/(°)	10	14	16	6	8	12	12	15	17	10	12	17

11.2　岩体测试

岩体变形参数测试方法有静力法和动力法两种。静力法的基本原理是：在选定的岩体表面、槽壁或钻孔壁面上施加一定的荷载，并测定其变形；然后绘制出压力-变形曲线，计算岩体的变形参数。据其方法不同，静力法又可分为承压板法、狭缝法、钻孔变形法及水压法等。动力法是用人工方法对岩体发射或激发弹性波，并测定弹性波在岩体中的传播速度，然后通过一定的关系式求岩体的变形参数。据弹性波的激发方式不同，又分为声波法和地震法。

11.2.1　承压板法

承压板法又分为刚性承压板法和柔性承压板法，我国多采用刚性承压板法。该方法的优点是简便、直观，能较好地反映建筑物基础的受力状态和变形特征。除常规的承压板法外，还有一种现场孔底承压板法变形实验。这里仅介绍刚性承压板法（见图 11-16、图 11-17）。

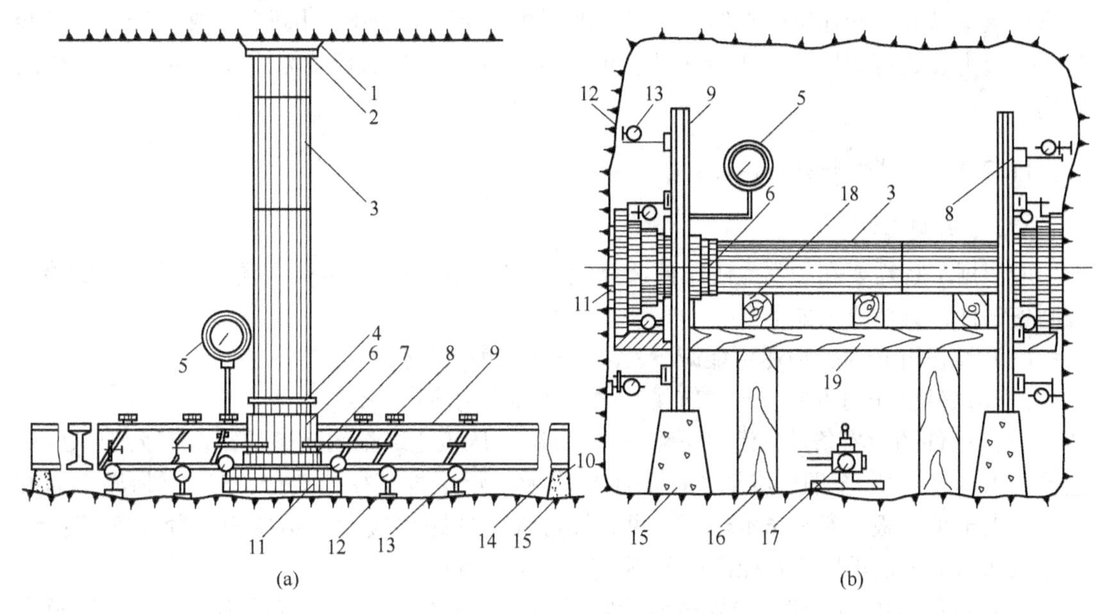

图 11-16 刚性承压板试验示意图

（a）铅直方向加荷；（b）水平方向加荷

1—砂浆顶板；2—垫板；3—传力柱；4—圆垫板；5—标准压力表；6—液压千斤顶；7—高压管（接油泵）；8—磁性表架；9—工字钢梁；10—钢板；11—刚性承压板；12—标点；13—千分表；14—滚轴；15—混凝土支墩；16—木柱；17—油泵（接千斤顶）；18—木垫；19—木梁

11.2.1.1 基本原理

刚性承压板法是通过刚性承压板（其弹性模量大于岩体一个数量级以上）对半无限空间岩体表面施加压力并测量各级压力下岩体的变形，按弹性理论公式计算岩体变形参数的方法。该方法视岩体为均质、连续、各向同性的半无限弹性体；根据布辛涅斯克公式，刚性承压板下各点的垂直变形（W）可以表示为：

$$W = \frac{mp(1-\mu^2)\sqrt{A}}{E_0}$$

式中 A——承压板面积；

E_0——岩体的变形模量；

p——承压板上单位面积压力；

μ——岩体的泊松比；

m——与承压板形状、刚度有关的系数。

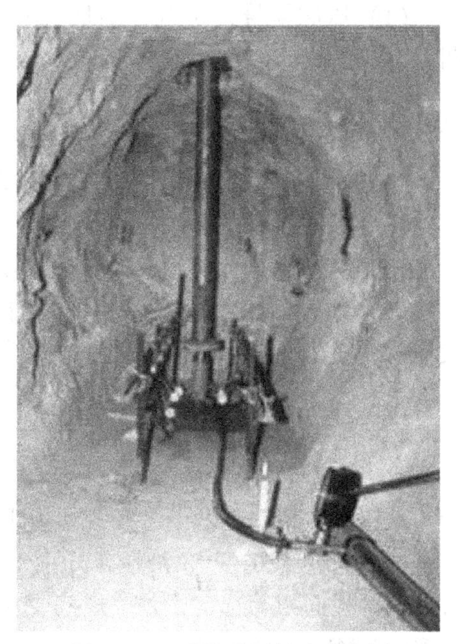

图 11-17 刚性承压板试验实例

根据上式量测出某级压力下岩体表面任一点的变形量，即可求出岩体的变形模量（E_0）。刚性承压板法试验一般在试验平硐中进行，也可在勘探平硐或井巷中进行。在露天进行试验时，其反力装置可利用地锚或重压法，但必须注意试验时的环境温度变化对试验成果的影响。

11.2.1.2　试件制备与描述

A　试件制备

应根据工程需要和工程地质条件选择代表性试验地段和试验点位置，在预定的试验部位制备试件，具体要求如下：

（1）试段开挖时，应尽可能减少对岩体的扰动和破坏。

（2）试件受压力方向应与建筑物基础的实际受力方向一致。

（3）试件的边界条件应满足下列要求：1）承压板边缘至硐侧壁的距离应大于承压板直径的1.5倍；2）至硐口或掌子面的距离应大于承压板直径的2倍；3）至临界空面的距离应大于承压板直径的6倍；4）两试件边缘间的距离应大于承压板直径的3倍；5）试件表面以下3倍承压板直径深度范围内的岩性宜相同。

（4）试件范围内受扰动的岩体应清除干净并凿平整；岩面起伏差不宜大于承压板直径的1%，承压板以外，试验影响范围以内的岩石也应大致平整，无松动岩块和碎石。

（5）试件面积应略大于承压板，其中加压面积不宜少于2500cm^2。

（6）试验反力装置部位应能承受足够的反力，在大约30cm×30cm范围内大致平整，以便浇混凝土或安装反力装置。

B　试件地质描述

试件的地质描述是整个试验工作的重要组成部分，它可为试验成果分析整理和指标选择提供可靠的地质依据。包括如下内容：

（1）试硐编号、位置、硐底高程、方位、硐深、断面形状及尺寸、开挖方式及日期等。

（2）试件编号、层位、尺寸及制备方法等。

（3）试段开挖方法及出现的岩体变形破坏等情况。

（4）岩石类型、结构构造及主要矿物成分和风化程度。

（5）地下水情况。

（6）岩体结构面类型、产状、性质、隙宽、延伸性、密度及充填物性质等情况。

（7）地质描述应提交的图件包括试段地质素描图、裂隙统计图表及相应的照片，试段地质纵横剖面图、试件地质素描图等。

11.2.1.3　仪器设备及安装调试

A　仪器设备

承压板法所需仪器设备及规格要求如下：

（1）加压系统。1）液压千斤顶1~2台，其规格应根据岩体的坚硬程度、最大试验压力及承压板面积等选定，并按规范要求进行率定。2）液压枕1~2个，单个枕规格一般应为10~20MPa。3）油泵1~2台，手摇式或电动式均可，最大压力40~60MPa。4）高压油管（钢管或软管）及高压快速接头。5）压力表1~2个，精度为一级，量程10~60MPa。

6）稳压装置。

（2）传力系统。1）承压板，金属质，应具有足够的刚度，厚度3cm，面积约200～2500cm^2。2）刚垫板若干块，面积等于或略小于承压板，厚度2～3cm。3）传力柱，应有足够的刚度和强度，其长度视试相尺寸而定。4）钢质楔形垫板若干块。

（3）量测系统。1）测表支架2根，钢质，应有足够的刚度和长度。2）百分表，4～8只。3）磁性表架或万能表架。4）测量标点，不锈钢质，标点表面应平整光滑。5）温度计一支，精度0.1℃。

B 仪器设备的安装调试

（1）传力系统安装。1）在制备的试件表面抹一层加有速凝剂的高标号（不低于400号）水泥浆，其厚度以填平岩面起伏为准，然后放上承压板，其上叠置3～4块厚2～3cm的钢垫板。2）依次放上千斤顶、传立柱及钢垫板等，安装时应注意使整个系统所有部件保持在同一轴线上且与加压力方向一致。3）顶板（或称后座）用加速凝剂的高标号水泥沙浆浇成，浇好后启动液压千斤顶，使整个传力系统各部位接合紧密，并经一定时间的养护备用。

（2）量测系统安装。1）在承压板两侧各安放测表支架一根，支承形式以简支梁为宜，固定支架的支点必须安放在实验影响范围以外，并用混凝土浇注在岩体上，以防止支架在实验过程中产生沉陷或松动。2）通过安放在测表支架上的磁性表座或万能表架在承压板及其以外岩面对称部位上安装测表（百分表），测表安装时应注意：①测表表腿与承压板或岩面标点垂直且伸缩自如，避免被夹过紧或松动；②采取大量程测表时，应调整好初始读数，尽量避免或减少在实验过程中调表；③测表应安在适当位置，便于读数和调表；④磁性表架的悬臂杆应尽量缩短，以保证表架有足够的刚度。

11.2.1.4 试验步骤

仪器设备安装调试并经一定时间的养护后即可开始试验，其试验步骤如下：

（1）准备工作。1）按设计压力的1.2倍确定最大试验压力。2）根据千斤顶（或液压枕）的率定曲线及承压板面积计算出施加压力与压力表读数关系。3）测读各测表的初始读数，加压前每10min读数一次，连续三次读数不变，即可开始加压。

（2）加压。1）将确定的最大压力分为5级并分级施加压力：加压方式一般采用逐级一次循环加压法，必要时可采用逐级多次循环加压法。2）加压后立即读数一次，此后每隔10min读数一次，直到变形稳定后卸压；卸压过程中的读数要求与加压同；在加压过程中，过程压力下的变形也应测读一次；板外测点可在板上测表读数达到稳定后一次性读数。3）变形稳定标准，当所有承压板上测表相邻两次读数之差与同级压力下第一次读数与前一级压力下最后一次读数差的比值小于5%时，可认为变形达到了稳定。4）某级压力加完后卸压，卸压时应注意除最后一级压力卸至零外，其他各级压力均应保留接触压力（0.1～0.05MPa），以保证安全操作，避免传立柱倾倒及顶板坍塌。

（3）重力加压，第一级压力卸完后，接着加下一级压力，如此反复直至最后一级压力，各级压力下的读数要求与稳定标准相同。

（4）测表调整与调换，当测表被碰或将走完全量程时，应在某级变形稳定后及时调整；对不动或不灵敏的测表，也应及时更换；调表时应记录与所调表同支架上所有测表调整前后的读数；调整后，要稳定读数，等读数稳定后方可继续试验。

(5) 记录。在试验过程中，应认真填写试验记录表格并观察试件变形破坏情况，最好是边读数、边记录、边点绘承压板上代表性测表的压力-变形关系曲线，发现问题及时纠正处理。

(6) 试验设备拆卸。试验完毕后，应及时拆除试验装置，其步骤与安装步骤相反。

11.2.1.5　成果整理

(1) 参照试验现场点绘的测表压力-变形曲线，检查、核对试验数据，剔除或纠正错误的数据。

(2) 变形值计算。调（换）表前一律以某级读数与初始读数之差作为某级压力下的变形值，调（换）表后的变形值用调（换）表后的稳定值作为初始读数进行计算；两次计算所得值之和为该表在某级压力下所测总变形值，以承压板上各有效表的总变形值的平均值作为岩体总变形值。

(3) 以压力 p（MPa）为纵坐标、变形值为横坐标，绘制 p-W 关系曲线（见图 11-18），在曲线上求取某压力下岩体的弹性变形、塑性变形及总变形值。

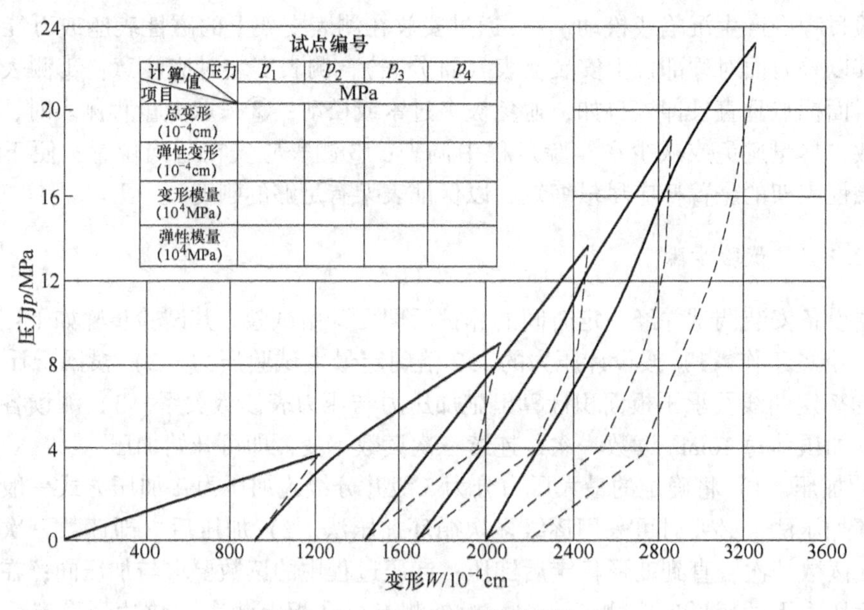

图 11-18　压力-变形关系曲线

(4) 按下式计算岩体的变形模量或弹性模量：

$$E_0 = \frac{m(1 - \mu^2)pd}{W}$$

式中　E_0——岩体的变形模量或弹性模量，MPa，当 W（总变形量）代入式中计算时为变形模量，当 W 以弹性变形量代入式中计算时为弹性模量；

W——变形量，cm；

m——承压板形状系数，圆形板 $m = \frac{\pi}{4} \approx 0.785$，方形板 $m = 0.886$；

μ——岩体的泊松比；

p——按承压板单位面积计算的压力，MPa；

d——承压板的直径（圆形板）或边长（方形板），cm。

承压板变形试验的主要成果是 p-W 曲线及由此计算得到的变形模量，这些成果可应用于分析研究岩体的变形机理与变形特征，同时，岩体的变形模量等参数也是工程岩体力学数值计算中不可缺少的参数。

11.2.2 岩体声波测试

11.2.2.1 基本原理

岩体声波测试技术是一项比较新的测试技术，它与传统的静载测试相比，具有独特的优点：轻便简易、快速经济、测试内容多且精度易于控制，因此具有广阔的发展前景。

当岩体收到振动、冲击或爆破作用时，将激发不同动力特性的应力波，应力波又分弹性波和塑性波两种。当应力值（相对岩体强度而言）较高时，岩体中可能同时出现塑性波（或称冲击波）和弹性波；而当应力值（相对于岩体强度而言）较低时，则只产生弹性波。这些波在岩体中传播时，弹性波速比塑性波速大，且传播距离远；塑性波不仅传播速度慢，而且只能在振源附近才能观察到，弹性波是一种机械波，声波是其中的一种，它又分为体波和面波。体波是在岩石体内部传播的弹性波，又分为纵波（P 波）和横波（S 波）。纵波又称为压缩波，其传播方向与质点振动方向一致；横波又称剪切波，其传播方向与质点振动方向垂直。面波是沿岩体表面或内部不连续面传播的弹性波，又分为瑞利波（R 波）和勒夫波（Q 波），等等。

根据波动理论，传播于连续、均质、各向同性弹性介质中的纵波速度（v_P）和横波速度（v_s）为：

$$v_P = \sqrt{\frac{E_d}{\rho(1+\mu_d)(1-2\mu_d)}}$$

$$v_s = \sqrt{\frac{E_d}{2\rho(1+\mu_d)}}$$

式中 E_d——介质动弹模量；

μ_d——介质动泊松比；

ρ——介质密度。

由上式可知：弹性波的传播速度与 ρ、E_d 和 μ_d 有关，这样可通过测定岩体中的 v_{Pm} 和 v_{Sm} 确定岩体的动力学性质。比较以上两式可知有 $v_{Pm}>v_{Sm}$，即 P 波先于 S 波到达。另外，岩体中的 v_{Pm} 和 v_{Sm} 不仅取决于岩体的岩性、结构构造，还受岩体中天然应力状态、地下水及地温等环境因素影响。

工程上声波测试通常是通过声波仪发生的电脉冲（或电火花）激发声波，并测定其在岩体中的传播速度，据上述波动理论求取岩体动力学参数。这项测试技术在国际上是 20 世纪 60 年代应用于岩体测试的，我国在 70 年代初研制岩石声波参数测定仪，并在工程勘察等单位推广应用，已取得许多有价值成果。

声波测试又分为单孔法、跨孔法和表面测试法几种，本节主要介绍表面测试法。

11.2.2.2　测线（点）选择及地质描述

在平硐、钻孔或地表露头上选择具有代表性的测线和测点。测线应按直线布置，各向异性岩体应平行与垂直主要结构面布置测线。相邻两侧点的距离可据声波激发方式确定，换能器激发为1~3m；电火花激发为10~30m，锤击激发应大于3m。

测点地质描述内容包括：岩石名称、颜色、矿物成分、结构构造、胶结物性质与风化程度，主要结构面产状、宽度、长度、粗糙程度和充填物性质及测线的关系等，并提交测点平面展示图，面部图及钻孔柱状图等图件。

11.2.2.3　仪器设备

声波岩体参数测定仪。

换能器，包括发射与接收换能器，要求规格齐全，能适应不同方式测试。

其他：黄油、凡士林、铝箔或铜箔纸等。

仪器安装如图11-19所示，常见设备如图11-20所示。

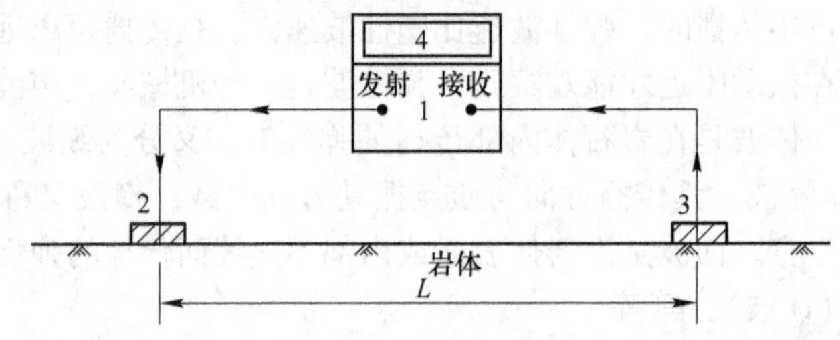

图11-19　声波测试示意图

1—声波仪；2—发射换能器；3—接收换能器；4—显示器及计时装置

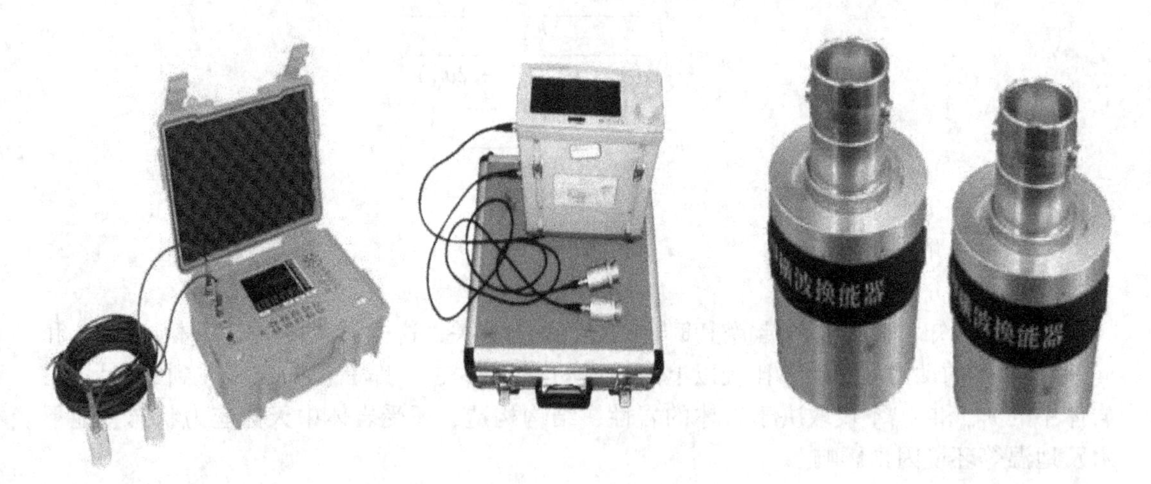

图11-20　常见的声波测试设备

11.2.2.4　实验步骤

（1）准备工作。安装好仪器设备后开机预热3~5min。

（2）测定零延时 t_{0P}、t_{0S} 值。在纵波换能器上涂 2~3mm 厚的凡士林或黄油；横波换能器用多层铝箔或铜箔作耦合剂。然后将加耦合剂的发射和接受换能器（纵波或横波换能器）对接，旋动“扫描延时”旋钮至波形曲线起始点，读零延时 t_{0P}、t_{0S} 值。

（3）测定纵波、横波在岩体中传播的时间。擦净测点表面，将加耦合剂纵波（或横波）换能器放置在测点表面压紧。然后将“扫描延时”旋钮旋至纵波（或横波）初到位置，读纵波（或横波）的传播时间 t_P（或 t_S）。要求每一对测点读数 3 次，读数只差应不大于 3%。

（4）量测发射与接收换能器之间的距离 L，测距相对误差应小于 1%。

（5）取代表岩块试件在室内测定岩石的密度（ρ）和纵、横波速度 v_{Pr}、v_{Sr}（方法步骤同上）。

（6）成果整理与应用

按下式计算岩体的纵、横波速度：

$$v_{Pm} = \frac{L}{t_P - t_{0P}}$$

$$v_{Sm} = \frac{L}{t_S - t_{0S}}$$

式中　v_{Pm}，v_{Sm}——分别为岩体的纵波与横波速度，km/s；

L——换能器间的距离，km；

t_P，t_S——纵、横波走时读数，s；

t_{0P}，t_{0S}——纵、横波零延时初始读数，s。

按下式计算岩体动弹性参数：

$$E_d = v_{Pm}^2 \rho \frac{(1 + \mu_d)(1 - 2\mu_d)}{1 - \mu_d}$$

或

$$E_d = 2v_{SM}^2 \rho (1 + \mu_d)$$

$$\mu_d = \frac{v_{Pm}^2 - 2v_{Sm}^2}{2(v_{Pm}^2 - v_{Sm}^2)}$$

$$G_d = \frac{E_d}{2(1 + \mu_d)} = v_{Sm}^2 \rho$$

$$\lambda_d = \rho (v_{Pm}^2 - 2v_{Sm}^2)$$

式中　E_d——岩体的动弹性模量，GPa；

μ_d——岩体的动泊松比；

G_d——岩体的剪切模量，GPa；

λ_d——岩体的动拉梅常数，GPa；

ρ——岩体的密度，g/cm^3；

其余符号意义同前。

按下式计算岩体的声学参数：

$$\eta = \frac{v_{Pm/\!/}}{v_{Pm\perp}}$$

$$k_v = \left(\frac{v_{Pm}}{v_{Pr}}\right)^2$$

式中　η——岩体的各向异性系数；

$v_{Pm//}$——平行结构面方向的纵波速度；

$v_{Pm\perp}$——垂直结构面方向的纵波速度；

k_v——岩体的完整性系数；

v_{Pr}——岩块的纵波速度。

利用以上各种指标可以评价岩体的力学性质、岩体质量、风化程度以及其各向异性特征。此外，还可以波速指标进行岩体风化分带、岩体分类和确定地下硐室围岩松弛带等。

11.3　取样技术

取样是岩石工程勘察中必不可少的、经常性工作，为定量评价岩土工程问题提供室内试验样品，包括岩土样和水样。除了在地面工程地质测绘调查和坑探工程中采取试样外，主要在钻孔中采取。

岩土工程师一般很重视岩土物理性质指标的读取，致力于各种试验理论和方法的研究，但对岩土试样的代表性问题，即试样成果是否确切表征实际岩土体性状的问题，则重视不够。它关系到岩土取样的代表性问题。

关于取样的代表性，从取样角度来说，需考虑取样的位置、数量和技术问题。岩土体一般为非均匀体，其性状指标是一定空间的随机变量。因此取样的位置在一定的单元体内应力求在不同方向上均匀分布，以反映趋势性的变化。样本的大小关系到总体特性指标（包括均值、方差及置信区间）估计的精确度和可靠度。考虑到取样的成本，需要从技术和经济两方面权衡，合理地确定取样的数量。根据勘察设计要求，不同试样的用途是不一样的。如，有的试样主要用于岩土分类定名，有的主要用于研究其物理性质，而有的除上述外，还要研究其力学性质。为了保证取样符合试验要求，必须采用合适的取样技术。

11.3.1　土样的质量等级

土样的质量实质上是土样的扰动问题。土样扰动表现在原位应力状态、含水率、结构和组成成分等方面的变化，它们产生于取样之前、取样土样之中以及取样之后直至试样制备的全过程。土样扰动对试验成果的影响是多方面的，土样扰动会使之不能确切表征实际的岩土体。从理论上讲，除了应力状态的变化以及由此引起的卸荷回弹是不可避免的之外，其余的都可以通过适当的取样器具和操作方法来克服或减轻。实际上，完全不扰动的真正原状土样是无法取得的。

有些学者从实用观点出发，提出对“不扰动土样”或“原状土样”的基本质量要求是：

（1）没有结构扰动。

（2）没有含水率和孔隙比的变化。

（3）没有物理成分和化学成分的改变。

并规定了满足上述基本质量要求的具体标准。

由于不同试验项目对土样扰动程度有不同的控制要求，因此许多国家的规范或手册中都根据不同的试验要求来划分土样质量级别。表 11-8 参照国外的经验，对土样质量级别作了四级划分，并明确规定各级土样能进行的试验项目。其中Ⅰ、Ⅱ级土样相当于“原状土样”，但Ⅰ级土样有更高的要求。表 11-8 中对四级土样扰动程度的区分只是定性的和相对的，没有严格的定量标准。目前已有多种评价土样扰动程度的方法，但在实际工程中不可能对所有取土样的扰动程度做详细研究和定量评价，只能对采取某一级别土样所须使用的器具和操作方法做出规定。此外，还要考虑土层特点、操作水平和地区经验，以判断所取土样是否达到了预期的质量等级。

表 11-8　土的扰动程度划分

级别	扰动程度	试验内容
Ⅰ	不扰动	土类定名、含水率、密度、压缩变形、抗剪强度
Ⅱ	轻微扰动	土类定名、含水率、密度
Ⅲ	显著扰动	土类定名、含水率
Ⅳ	完全扰动	土类定名

11.3.2　钻孔取土器及其试用条件

取土器是影响土样质量的重要因素，所以勘察部门都注重取土器的设计、制造，对取土器的基本要求是：尽可能使土样不受或少受扰动；能顺利切入土层中，并取上土样；结构简单且使用方便。

取土器基本技术参数：取土器的取土质量，首先取决于取样管的几何尺寸和形状，目前国内外钻孔取土器有贯入式和回转式两大类，其尺寸、规格不尽相同。以国内主要使用的贯入式取土器来说，有两种规格的取样管，如图 11-21、图 11-22 所示，其基本技术参数包括：

（1）取样管直径 D。目前土试样的直径多为 50mm 或 80mm，考虑到边缘的扰动，相应地宜采用内径 D 为 75mm 及 100mm 取样管。对于饱和软黏土、湿陷性黄土等某些特殊土类，取样管直径还应更大些。

（2）面积比 C_a。

$$C_a = \frac{D_w^2 - D_e^2}{D_e^2} \times 100\%$$

对于无管靴的薄壁取土器，$D_w = D_t$，因此

$$C_a = \frac{D_t^2 - D_e^2}{D_e^2} \times 100\%$$

C_a值越大，土样被扰动的可能性越大。因此，在取土管结构强度允许的条件下，C_a值应尽量小些。一般采取高质量土样的薄壁取土器，其 C_a值不大于 10%；而采取低级别土样的厚壁取土器 C_a值可达 30%。

（3）内间隙比 C_i

$$C_i = \frac{D_s - D_e}{D_e} \times 100\%$$

C_i的作用是减小取样管内壁与土样间摩擦引起的对土样的扰动。但C_i值过大也会增加土样的扰动。C_i的最佳值随着土样直径的增大而减小。内壁光洁、刃口角度很小的短取土器，C_i值可降低至零。国内生产的各种取土器C_i值为0~1.5%。

（4）外间隙比C_0

$$C_0 = \frac{D_w - D_t}{D_t} \times 100\%$$

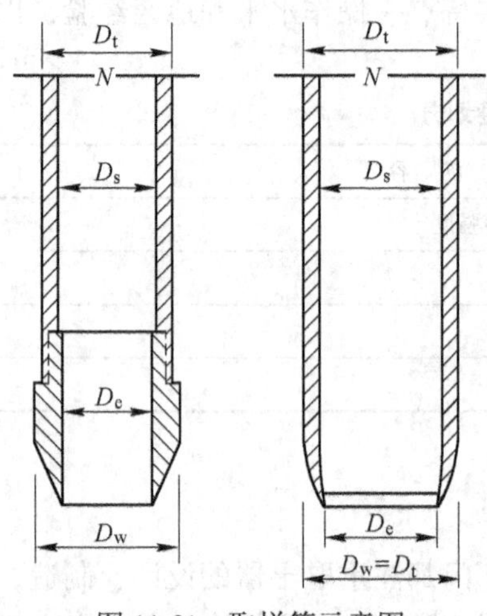

图 11-21 取样管示意图

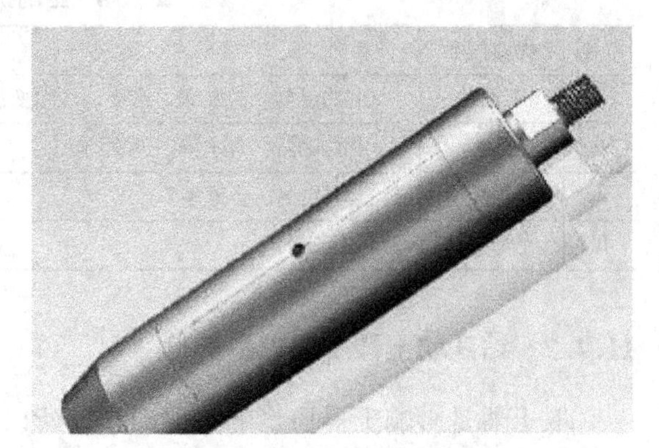

图 11-22 取样管实物

C_0的作用是减小取样管外壁与上层的摩擦，以使取土器能顺利入土。但此值过大，又会使C_a值增大。国内生产的各种取土器C_0值为0~2%。

（5）取样管长度L。取样管长度要满足各项试验的要求。考虑到取样对土样上下端扰动以及制样时试样破损等因素，取样管的长度应较实际所需试样长度要大一些。

关于取样管的直径与长度，有两种不同的设计思路。一种主张粗而短；一种主张长而细，二者优缺点互补。中国过去沿用苏联短而粗的标准。但目前国际比较通用的是长而细的一种，它能满足更多试验项目的要求。

（6）刃口角度α也是影响土样质量的重要因素。该值愈小则土样的质量愈好。但是α过小刃口易于受损，对加工处理技术和材料的要求也更高，势必提高成本。国内生产的取土器α值一般为5°~10°。

11.3.3 钻孔取样操作

土样质量的优劣不仅取决于取土器具，还取决于取样全过程的各项操作是否恰当。

11.3.3.1 钻进要求

钻进时应力求不扰动或少扰动预计取样处的土层，土样封存盒见图11-23。为此应做到：

（1）使用合适的钻具与钻进方法。一般应采用较平稳的回转式钻进。若采用冲击、振动、水冲等方式钻进时，应预计于取样位置1m以上改用回转钻进。在地下水位以上一般应采用干钻方式。

（2）在软土、沙土中宜用泥浆护壁。若使用套管护壁，应注意旋入套管时管靴对土层的扰动，且套管底部应限制在预计取样深度以上大于3倍孔径的距离。

（3）应注意保持钻孔内的水头等于或稍高于地下水位，以避免产生空地管涌，在饱和粉、细沙土中尤应注意。

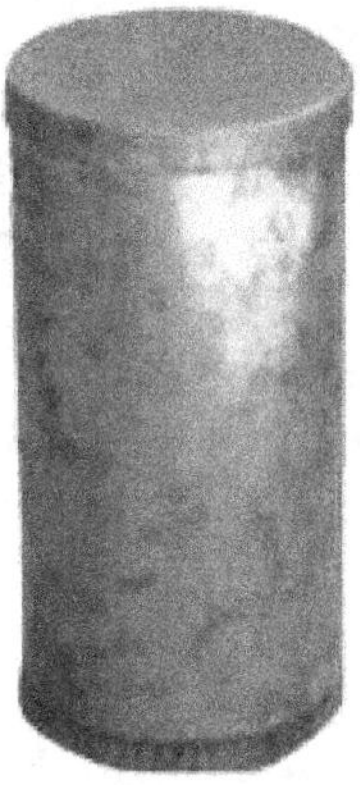

图 11-23　土样封存盒

11.3.3.2　取样要求

（1）到达预计取样位置后，要仔细清除孔底浮土。孔底允许残留浮土厚度不能大于取土器废土段长度。清除浮土时，需注意不致扰动待取土样的土层。

（2）下放取土器必须平稳，避免侧刮孔壁。取土器入孔底时应轻放，以避撞击孔底而扰动上层。

（3）贯入取土器力求快速连续，最好采用静压方式。如采用锤击法，应做到重锤少击，且应有导向装置，以避免锤击时摇晃。饱和粉、细沙土和软黏土必须采用静压法取样。

（4）当土样贯满取土器后，在提升取土器前应旋转2~3圈，也可静置约10min，以使土样根部与母体顺利分离，减少逃土的可能性。提升时要平稳，切忌陡然升降或碰撞孔壁，以免失落土样。

以上是贯入式取土器取样的基本要求。回转式取土器的操作要求与之有很大不同，在此不再叙述。

11.3.3.3　土样的封装和储存

（1）Ⅰ、Ⅱ、Ⅲ级土样应妥善密封。密封方法有蜡封和粘胶带缠绕等。应避免暴晒和冰冻。

（2）尽可能缩短取样至试验之间的储存时间，一般不宜超过3周。

（3）土样在运输途中要避免震动。对易于震动液化和水分离析的土样应就近进行试验。

11.4　本章小结

目前常用的土体测试方法有静力载荷试验、静力触探试验和动力触探试验。载荷试验的主要优点是对地基土不产生扰动，利用其成果确定的地基承载力最可靠、最有代表性，可直接用于工程设计。其成果用于预估建筑物的沉降量效果也很好。因此，在对大型工程、重要建筑物的地基勘测中，载荷试验一般是不可少的。它是目前世界各国用以确定地基承载力的最主要方法，也是比较其他土的原位试验成果的基础。

岩体变形参数测试方法有静力法和动力法两种。静力法又可分为承压板法、狭缝法、钻孔变形法及水压法等。动力法是用人工方法对岩体发射或激发弹性波，并测定弹性波在岩体中的传播速度，然后通过一定的关系式求岩体的变形参数。据弹性波的激发方式不同，又分为声波法和地震法。

11.5　习题

11-1　土体工程参数测试方法具体有哪些?

11-2　岩体工程参数测试方法具体有哪些?

11-3　土样的扰动等级可分为几级?

12 工程地质监测

12.1 地基监测

12.1.1 天然地基的现场监测

当重要建筑物基坑较深或地基土层较软弱时，可根据需要布置监测工作。现场监测的内容有基坑底部回弹观测、建筑物基础沉降及各土层的分层沉降观测、地下水控制措施的效果及影响监测、基坑支护系统工作状态的监测等。这里仅讨论基坑底部回弹观测问题。

高层建筑在采用箱形基础时，由于基坑开挖大而深，卸除了土层较大的自重应力后，普遍存在基坑底面的回弹。基坑的回弹再压缩量一般约占建筑物完工时沉降量的1/3~2/3，最大者达1倍以上；地基土质愈硬则回弹所占比值愈大（见表12-1）。说明基坑回弹不可忽视，应予监测，并用实测沉降量减去回弹量，得到真正的地基土沉降量；否则实际观测的沉降量偏大。

除卸荷回弹外，在基坑暴露期间，土中黏土矿物吸水膨胀、基矿开挖将近临近界深度导致土体产生剪切位移，以及基坑底部存在承压水时，皆可引起基坑底部隆起，观测时应予以注意。

基底回弹监测应在开挖完工后立即进行，在基坑的不同部位设置固定测点用水准仪观测，且继续进行建筑物施工过程中以至于竣工之后的地基沉降监测，最终绘制基底的回弹、沉降与卸载、加载关系曲线（见图12-1）。

表12-1 某些高层建筑基坑回弹量与沉降量观察资料

土类	建筑名称	平面尺寸 /m²	基坑深 /m	基坑回弹量 /cm	完工沉降量 /cm	与沉降量之比 /%
一般细粒土	北京中医院	14×87	5.7	1.3	2.3	56.5
	北京前三门604工程	11.6×100	4.4	0.6	1.1	54.5
	北京昆仑饭店	57×150	10~11.6	2.9~3.5	2.0~2.7	145~130
沿海软土	上海康乐大楼	14×70	5.5	2.3	<14.0	16.4
	上海四平大楼	10×15	5.2	3.4	<10.0	34.0
	上海华盛大楼	14×58	56	4.5	22.0	20.5

12.1.2 改良地基的现场监测

改良地基的现场监测（见表12-2）的内容包括：（1）对施工中土体性状的改变，如地面沉降、土体变形、超空隙水压力等的监测；（2）用取样试验、原位测试等方法，进行场地处理前后性状比较和处理效果的监测；（3）对施工造成的振动、噪声和环境污染进行监测；（4）必要时做处理后地基长期效果监测。

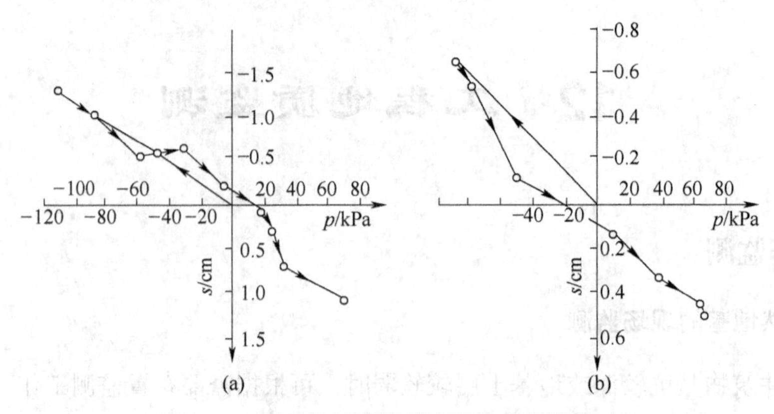

图 12-1 实测回弹再压缩及附加沉降资料

(a) 北京中医医院（埋深 5.7m）；(b) 北京前三门 604 工程（埋深 4.4m）

表 12-2 采用置换或拌入法改良地基的监测方法

施工方法		对适用性的检验	施工质量控制	效果检验与施工监测
置换及拌入法	开挖置换法和垫层法	暗埋的塘、浜、沟、穴等局部软弱地基，湿陷性土、膨胀性土和杂填土的浅层处理；垫层材料主要有：灰土、素黏性土、砂和砂石，也可用矿渣及其他性能稳定、无侵蚀性的材料	灰土及素填土地基： （1）对灰、土材料的检验。土料中不得含有机杂质，粒径不得大于 15mm；熟料中不得夹有未熟化的生石灰块或过多水分。粒径不大于 15mm，活性 CaO + MgO 不低于 50%。 （2）对灰土配合比检验及均匀性控制。 （3）施工含水量控制。 （4）压、夯或振动压实机械的自重、振动力的选择及与之相应的换土铺设厚度、夯压遍数及有效加密深度的控制与检验。 砂和砂石地基： （1）对材料级配（不均匀系数不宜小于 10）、粒径（一般宜小于 50mm）及是否含有机杂质和含泥量（不宜超过 3%～5%）的检验。 （2）对夯、压或振动压实机械自重、振动力的选择及与之相应的砂石料铺设厚度、施工含水量、夯压遍数及有效加密深度的控制与检验	环刀法测干重度，推算压实系数； 贯入仪测贯入度或用其他常用原位测试方法检验。 环刀取样或灌砂法测干重度，贯入法测贯入度。 以上两类方法在施工中都应注意下卧软弱土层发生塑性流动引起侧向隆起及填料下陷，必要时对建筑物进行沉降观测
	振冲地基	松散砂土、黏粒含量小于 25%～30% 的黏性土	（1）对振冲机具及其适用性、振冲施工技术参数，如水压、水量、贯入速度、密实电流控制值及加固时间的监控与调整。 （2）对填料规格、质量、含泥量、杂质含量及填料量的监控。 （3）对孔位及造孔顺序施工质量的监控	标准贯入、动力触探、静力触探或载荷试验检验振冲效果

续表 12-2

施工方法		对适用性的检验	施工质量控制	效果检验与施工监测
置换及拌入法	旋喷地基	砂土、黏性土、湿陷性黄土、淤泥及人工填土	(1) 对旋喷机具的性能、技术参数，如喷嘴直径、提升速度、旋转速度、喷射压力及流量等的监控与调整。 (2) 对水泥质量、用量、水泥浆的水灰比及外加剂用量的监控。 (3) 对旋喷管倾斜度位置偏差和置入深度的监控。 (4) 对固结体的整体性、均匀性、有效直径、垂直度、强度特性及溶蚀、耐久性的检验	(1) 用取样的标准贯入、静力触探、载荷试验等原位测试方法检验旋喷效果。 (2) 必要时可用开挖检查方法对旋喷体的几何尺寸和力学性质进行检验

12.2　建筑物的沉降观测

12.2.1　沉降观测的对象

(1) 一级建筑物。

(2) 不均匀或软弱地基上的重要二级及以上的建筑物。

(3) 加层、接建或因地基变形、局部失稳而使结构产生裂缝的建筑物。

(4) 受临近深基坑开挖施工影响或受场地地下水等环境因素变化影响的建筑物。

(5) 需要积累建筑经验或进行反应分析计算参数的工程。

12.2.2　观测点的布置反观测方法

一般是在建筑物周边的墙、柱或基础的同一高程处设置多个固定的观测点，且在墙角纵横处和沉陷两侧都应有测点控制。距离建筑物一定范围设基准点，从建筑物建造开始直至竣工以后的相当长时间内定期观测各测点的高程的变化。观测次数和间隔时间根据观测目的、加载情况和沉降速率确定。

当沉降量速率小于 1mm/100d 时可停止经常性的观测。建筑物竣工后的观测间隔按表 12-3 确定。

表 12-3　竣工后沉降观测时间表

沉降速度/mm · d^{-1}	观测间隔时间/d
>0.3	15
0.1~0.3	30
0.05~0.1	90
0.02~0.05	180
0.01~0.02	365

根据观测结果绘制加载、沉降与时间的关系曲线。由此可以较好地划定地基土的变形性和均一性；与预测的结论对比，以检验计算采用的理论公式、方案和所用参数的可靠性；获得在一定土质条件下选择建筑结构形式的经验。也可由实测结果进行反分析，即反

求土层模量或确定沉降计算经验系数。

12.3　岩土变形检测的内容和方法

岩土体变形检测内容广泛，主要包括各种不良地质现象和各类工程（各种地基基础工程、边坡工程和地下工程）涉及的岩土体内部的压缩、拉伸剪切变形和表面位移量的监测。这里着重介绍边坡工程及滑坡，以及地下工程岩土体变形监测的内容和方法。

12.3.1　边坡工程和滑坡的监测

边坡工程和滑坡监测的目的，一是正确判定其稳定状态，预测位移、变形的发展趋势，做出边坡失稳或滑坡临滑前的预报；二是为整治提供科学依据并检验整治的效果。检测内容可分地面位移监测、岩土体内部变形和滑动面位置监测以及地下水观测三项。现论述前两项内容。

12.3.1.1　地面位移监测

主要采用经纬仪、水准仪或光电测距仪重复观测各测点的唯一方向和水平、铅直距离，以此来判定地面位移矢量及其随时间变化情况。测点可根据具体条件和要求布置成不同形式的线、网，一般在条件较复杂和位移较大的部位测点应适当加密。对于规模较大的滑坡，还可以采用航空摄影测量和全球卫星定位系统进行监测，也可以采用伸缩仪和倾斜计等简易方法监测。

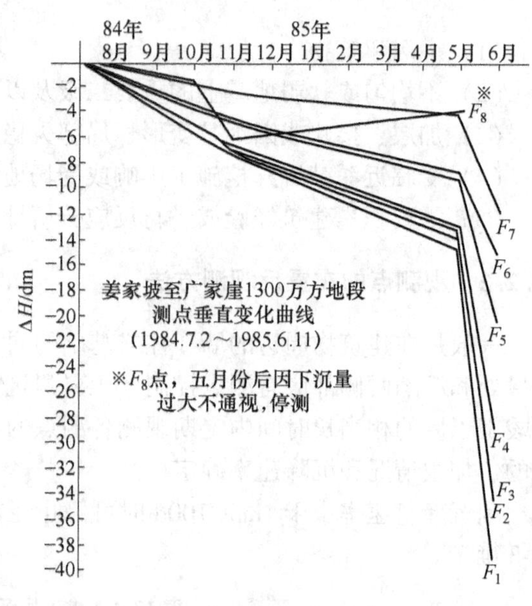

图 12-2　新滩滑坡垂直位移-时间关系曲线

检测结果应整理成曲线图，并以此来分析滑坡或工程边坡的稳定性发展趋势，作临滑预报。图 12-2 所示即为新滩滑坡垂直位移-时间关系曲线，从图中可以清晰地看出，该滑坡从 1985 年 5 月开始垂直位移显著增大，到 6 月 12 日便发生整体下滑，滑坡方量约 $3\times10^7 m^3$。由于临滑预报非常成功，避免了人员伤亡的重大事故。

除了绘制位移-时间关系曲线图外，还应绘制各监测点的位移矢量图。图 12-3 所示是日本某滑坡用光电测距仪监测获得的位移矢量图，可以看出滑坡的位移范围、方向和各部位位移量的大小。铁路线和国道位于滑坡位移区之外，不受该滑坡的影响。

12.3.1.2　岩土体内部变形和滑动面位置监测

准确确定滑动面位置是进行滑坡稳定性分析和整治的前提条件，对正处于蠕滑阶段的滑坡效果显著。目前常用的监测方法有管式应变计、倾斜计和位移计等。它们皆借助于钻孔进行监测。下面简要介绍这几种方法。

管式应变计监测是在聚氯乙烯管上隔一定距离贴电阻应变片，随后将其埋置于钻孔中，测量由于滑坡滑动引起管子的变形的一种监测方法。其安装方法如图 12-4 所示。安装变形管时必须使应变片正对着滑动方向。测量结果可清楚地显示出滑坡体随时间不同深度的位移变形情况以及滑动面的位置。图 12-5 所示即为某滑坡用管式应变计监测的成果，滑动面深度为 4. 4m。此法较简便，在国内外使用最为广泛。

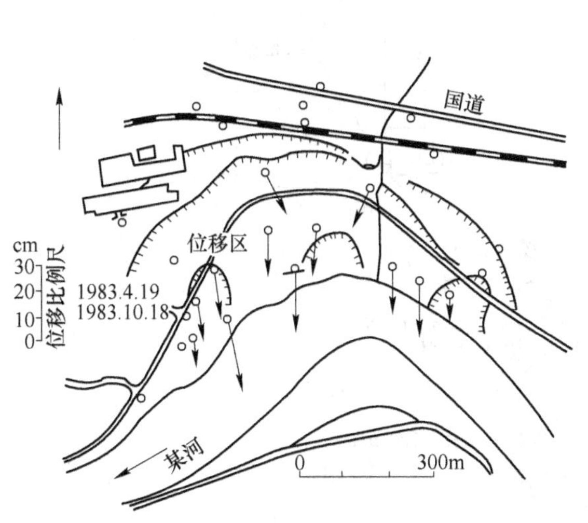

图 12-3　用光电测距仪测量的位移矢量图

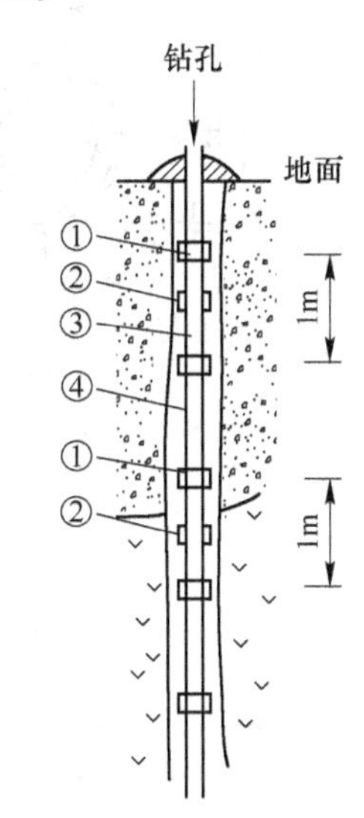

图 12-4　管式应变测量计安装图
①—接头；②—应变片；
③—管式应变计；④—附加过滤器的中间管

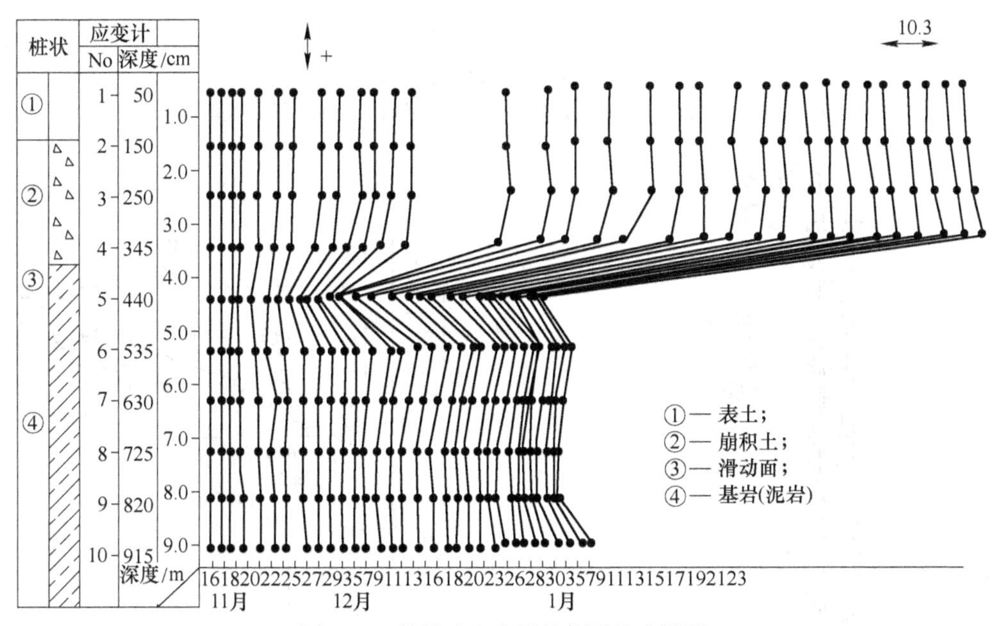

图 12-5　某管式应变测量仪测量成果图

倾斜计是一种量测滑坡引起钻孔弯曲的装置，可以有效地了解滑动面的深度。该装置有两种形式：一种是由地面悬挂一个传感器至钻孔中，量测预定各深度的弯曲（见图 12-

6)；另一种是钻孔中接深度装置固定的传感器（见图 12-7）。其监测结果如图 12-8 所示，滑动面深度为 3.5m。

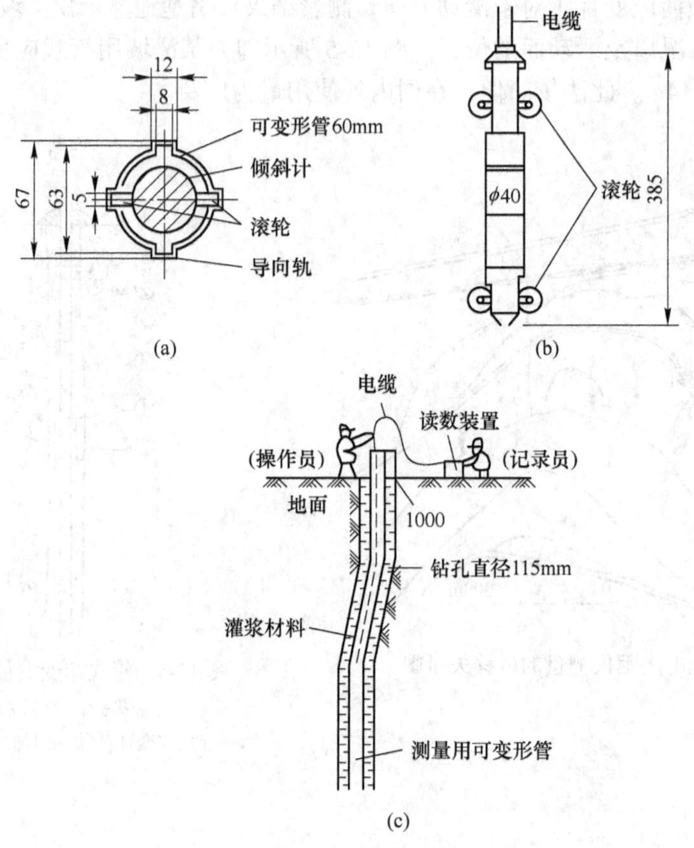

图 12-6 放入型倾斜计测量实例

（a）在可弯曲管中放置倾斜计横截面；（b）倾斜仪单体；（c）测量实例

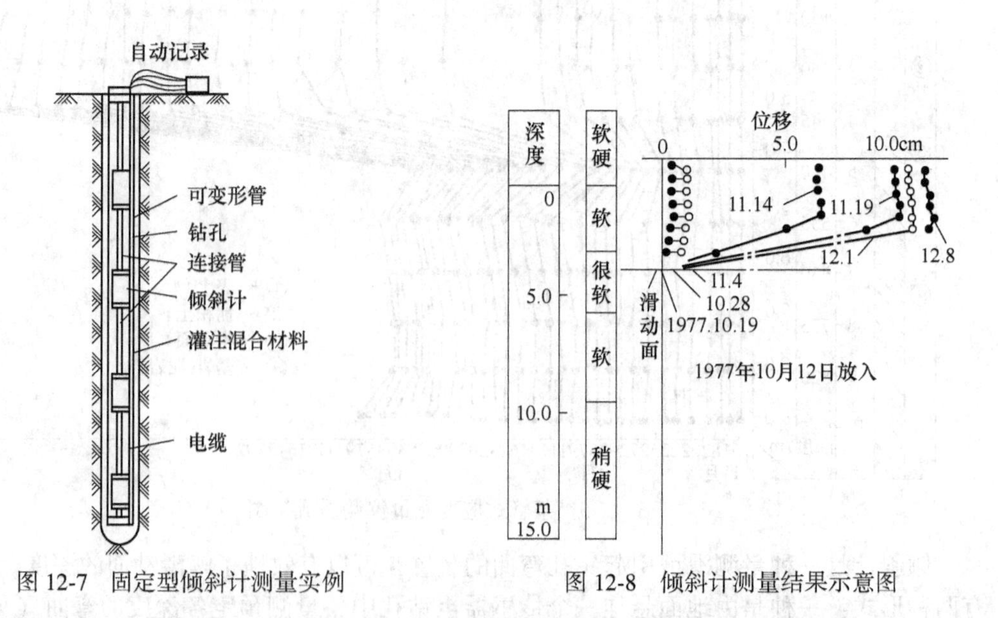

图 12-7 固定型倾斜计测量实例

图 12-8 倾斜计测量结果示意图

位移计是一种靠测量金属线伸长来确定滑动面位置的装置，一般采用多层位移计量测，将金属线固定于孔壁的各层位上，末端固定于滑床上（见图12-9）。它可以用来判断滑动面的深度和滑坡体随时间的位移变形。

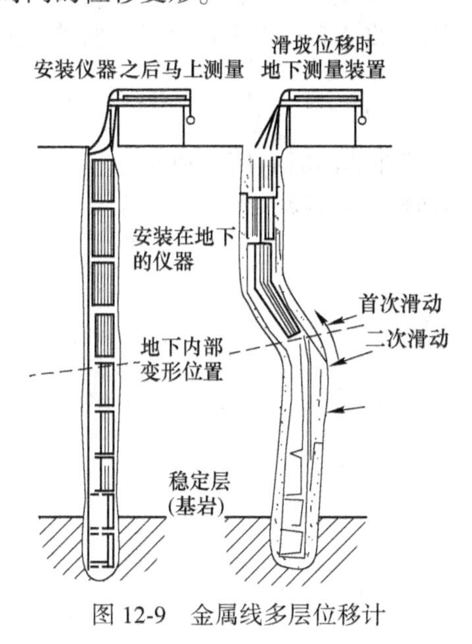

图12-9　金属线多层位移计

12.4　地下水压（水位）和水质监测

地下水压力（水位）和水质监测工作的布置，应根据岩土体的性状和工程类型确定。一般顺地下水流向布置观测线。为了监测地表水与地下水之间关系，应垂直地下表水体的岸边线布置测线。在水位变化大的地段、土层滞水或裂隙水聚集地带皆应布置观测孔。基坑开挖、工程降水的监测孔应垂直基坑长边布置测线，其深度应达到基础施工的最大降水深度，以下开挖处动态监测除布置监测孔外，还可利用地下水天然露头水井。

地下水动态监测应不少于1个水文库。观测内容除了地下水位外，还应包括水温、泉的流量，在某些监测孔中有时还应进行定期取水样作化学分析和抽水。观测时间间隔视目的和动态变化急缓时期而定。一般雨汛期加密，干旱季节放疏，可以3~5d或10d观测一次，而且各监测孔皆同时进行观测。作化学分析的水样可放宽取样时间间隔，但每年不宜少于4次。观测上述各项内容的同时，还应观测大气降水、气温和地表水体（河、湖）的水位等，借以相互对照。

监测成果应及时整理，并根据所得出的地下水和大气降水量的动态变化曲线图、地下水等值线图等资料，分析对工程设施的影响，提出防治对策和措施。

12.5　本章小结

当重要建筑物基坑较深或地基土层较软弱时，可根据需要布置监测工作。现场监测的内容有：基坑底部回弹观测、建筑物基础沉降及各土层的分层沉降观测、地下水控制措施的效果及影响监测、基坑支护系统工作状态的监测等；岩土体变形检测内容广泛，主要包括各种不良地质现象和各类工程（各种地基基础工程、边坡工程和地下工程）涉及的岩土体内部的压缩、拉伸剪切变形和表面位移量的监测；地下水监测的内容包括地下水位的升降、变化幅度及其与地表水、大气降水的关系；工程降水对地质环境及附近建筑物的影响；进行深基、硐室施工、加固软土地基等，工程过程中对孔隙水压力和地下水压力的监控，管涌和流土现象对动水压力的影响；当工程可能受腐蚀时的地下水的水质等。

12.6 习题

12-1 天然地基及改良地基在监测时有何区别？

12-2 常用的岩土变形监测设备有哪些？

13　地下工程地质

近年来，随着我国经济的发展，国防、水利、电力、交通、采矿以及储备仓库等方面的地下建筑越来越多、规模越来越大、埋藏越来越深。他们的共同特点是：都建设在地下岩土体内，都具有一定的断面形状，并且有较大的延伸长度，可统称为地下工程。

硐室周围的岩土简称为围岩。狭义上，围岩常指硐室周围受到开挖影响，大体相当于地下硐室宽度或平均直径的3倍左右范围内的岩土体。地下硐室的突出问题是围岩的稳定问题，尤其像地下飞机室、大跨度引水隧道和水电站地下厂房等大型硐室的围岩稳定性，常常是工程研究的重点；矿山井巷及采场等的围岩稳定性也是矿井生产中重点研究的内容。

硐室开挖之前，围岩处于一定的应力平衡状态；硐室的开挖使围岩应力重新分布。当围岩的强度能够适应变化后的应力状态，可不采取任何人为的措施，便能保持硐室的稳定。但有时因围岩的强度过低，或其中应力状态的变化过大，以致围岩不能适应变化后的应力状态，硐室失去稳定，若不加固或加固未保证质量，都会引起破坏事故，对施工、运营造成危害。国内外建筑及生产历史上因硐室围岩失稳造成的事故为数不少，相应的经济损失也很严重。

在硐室围岩的控制当中，如对围岩压力估计过低，则对围岩控制起不到应有的作用；若估计过高则会造成工程造价过高和浪费。所以研究地下工程围岩的稳定性具有重大意义。

13.1　地下硐室围岩应力重新分布

硐室开挖前，岩土体一般处于天然应力平衡状态，称为原岩应力场或初始应力场。但当硐室开挖之后，便破坏了这种天然应力的平衡状态，硐室周边围岩失去了原有的支撑，就会向硐室空间产生变形，形成新的应力状态。作用在硐室围岩上的外荷载一般不是建筑物的质量，而是岩土体所具有的天然的应力（包括自重应力和构造应力等）。这种由于硐室的开挖，围岩中应力、应变调整而引起原有天然应力大小、方向和性质改变的过程和现象，称为围岩应力重新分布。它直接影响围岩的稳定性。硐室内若有高压水流作用，则对围岩产生一种附加应力，它附加到开挖或衬砌后面的围岩应力上，也是影响硐室围岩稳定性的一种因素。

一般来说，硐室开挖后，根据对围岩影响程度的不同，可将围岩分为四个区（由硐室壁向远方）：破裂区、塑性区、弹性区和原岩应力区，如图13-1（a）所示。为了便于进行弹性及极限平衡分析方法的应用，常将破裂区和塑性区合并为极限平衡区，如图13-1（b）所示，其内部应力分布的特点是：应力恰好满足屈服条件或强度条件，即所有点的物理状态都处于极限平衡状态，但各点的应力与位移则不相等。

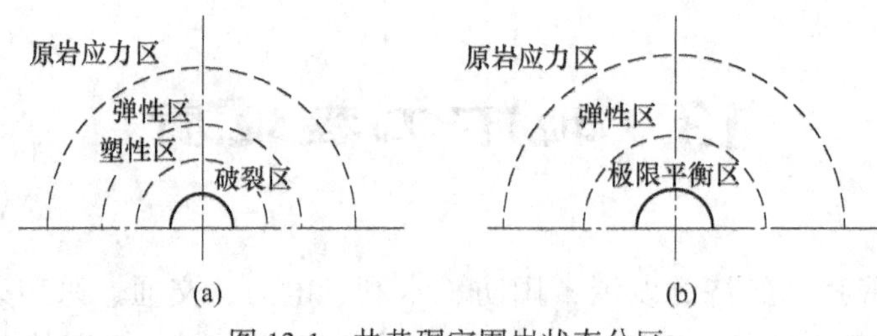

图 13-1　井巷硐室围岩状态分区

13.2　水平井巷硐室围岩应力状态分析

由于开挖后巷道空间具有复杂的几何形状，以及周围的围岩是属于非均质和各向异性的一种复杂介质，到目前为止，对于岩石及岩体的力学性质，以及原岩应力场的特征，尚未完全掌握，所以还无法用数学力学的方法精确地求解出巷道周围岩体内各处的应力分布状态。近年来虽然发展了有限元法、边界元等方法，数学工具也有了一定的进步，但仍然是经过简化的近似解。根据隧道及采矿等工程的共同特点，为了了解巷道变形的机理，粗略地求解出巷道周围的应力状态还是十分有益和必要的。为此，对复杂的地质工程条件必须做一些必要的简化。

（1）隧道（巷道）形状的简化。将形状复杂的硐室巷道简化为各种理想的单一形状的孔，如圆形、椭圆及矩形等，这些巷道之间的影响可视为孔与孔之间的影响。像岩体中的单一隧道及矿山中的巷道可近似地视为圆形孔；矿山回采工作空间从开切眼推进一定距离后，可近似地视为椭圆孔。这样就可以用解出的孔周边应力分布状态，近似地说明和解释一些巷道的变形机理。

（2）围岩性质的简化。一般先把它看作完全均质的连续弹性体，并且不考虑围岩的强度，用弹性力学方法解出各种形状孔周边应力分布的数学表达式，然后再考虑岩体力学性质的影响，最后确定出巷道及回采工作空间的应力分布曲线。

此外，还需要对孔周围的原岩应力场及其应力状态作一些假设，并使其典型化。由于井下的岩体为无限或半无限体，故可将应力场看作是由无限远处作用的均布载荷形成的；又由于地下的围岩应力状态接近于平面应变状态，而岩体内的巷道很长，因此可把均质连续无限或半无限弹性体中孔周围应力分布问题作为平面应变问题进行分析。由此得出的结论，可以作为分析和研究地下工程体围岩压力显现规律的一些理论依据。

13.3　地压的形成及其影响因素

在岩体内开挖硐室以后，岩体的原岩应力平衡状态被破坏，发生应力重新分布。随着应力重新分布，围岩不断变形并向硐室逐渐位移，一些强度较低的岩体由于应力达到强度的极限值而被破坏，产生裂缝或剪切位移，被破坏的岩体在重力作用下甚至会大量塌落，造成所谓的“冒顶”现象，特别是节理、裂隙等软弱结构面发育的岩体更为显著。为了保证围岩的稳定以及地下工程体（如隧道、巷道、地下放空调室等）的安全，常常必须在硐室中进行必要的支护与衬砌，以约束围岩的破坏和变形继续扩展。当然，并不是所有的硐室都需要支护与衬砌，有些情况下，特别是岩体较好、地质条件简单的可不进行支护与衬砌；而另一些情况是非进行支护与衬砌不可的。因此，在进行地下工程体设计和施工时，工程人员和地质技术人员必须解决这样的问题：硐室要不要支护？如果不进行支护，硐室是否稳定？硐室顶部的岩石会不会塌落？酮室侧面岩石会不会片帮？若需要支护，则对支护体的压力有多大？

由于支护的目的是防止岩体塌落和过度的变形，所以必然要受到岩体的压力。地压与任何地下工程都有密切的关系，正确确定地压的大小，探索其变化规律和特点，对地下工程具有重要的意义。如，若设计支护体时考虑的地压远大于实际所生产的数值，则设计的支护体强度就会过大，造成支护材料的浪费，使工程体的支护成本增高；反之，所考虑的地压过小，所设计的支护体强度太小，不能负担实际产生的地压，支护体就会产生破绽，不仅会使地下工程体不能正常使用，而且还会造成人员伤亡，这样的事故在矿山中经常遇到。

由于地压是作用在支护体上的重要载荷，不言而喻，如果对地压没有正确的估计，也就不可能合理地设计支护体结构和尺寸。多年来，各国岩石力学工作者对于地压进行了一系列的研究，建立了各种理论。尽管如此，到目前为止，这一问题还没有得到圆满的解决，这是因为地压不仅与岩石性质和工程体的形状有关，而且还与岩体的原岩应力状态、支护体的刚度以及施工快慢有关。确定地压的大小和方向是一个极为重要而复杂的问题。本节介绍的地压公式和理论，都是在一定的简化条件下的近似。这些公式和理论只有在特定的条件下才是正确的，今后还需通过实践逐步加以完善。

13.3.1 地压的形成

一般都认为，地压是由于硐室等工程体开挖后，岩体变形和破坏而形成的作用在围岩和支护体上的力。有些文献中，将由于岩体变形而对支护体造成的压力称为变形压力；将岩体破坏、松动对支护体造成的压力称为松动压力。在不同性质的岩体中，由于他们的变形和破坏性质不同，所以产生地压的主导因素也就不同，通常可能遇到下列三种情况：

(1) 在整体性良好的、裂隙节理不发育的坚硬岩石中，硐室围岩的应力一般总是小于岩石的强度。因此，岩石只有弹性变形而无塑形变形，岩石没有破坏和松动，硐室不会塌落。如果在开挖完成后进行支护，这时支护体上没有地压。在这种岩石的硐室支护体主要用来防止岩石的风化以及剥落碎块的掉落。

(2) 在中等质量的岩石中，硐室周围岩石的变形较大，不仅有弹性变形，而且还有塑形变形，少量岩石破碎。由于硐室围岩的应力重新分布需要一定的时间，所以在进行支护以后，围岩的变形受到支护的约束，产生地压力。因此，支护体的支护时间和结构刚度对地压的影响较大。在这类岩石中，地压主要是由较大的变形引起的，岩石的松动塌落很小。也就是说，这类岩石中主要是产生“变形动力”，较少产生“松动压力”。

(3) 在破碎和软弱的岩石中，由于裂隙纵横交错切割，岩体强度很低。在这类岩石中，塌落和松动是产生地压的主要因素，而松动压力是主要的地压力。当没有支护体时，岩石的破坏范围可能逐渐扩大发展，故需要立即进行支护，支护体的作用主要是支撑塌落岩块的重量，并阻止岩体继续变形、松动和破坏。在这种情况下，如果不及时支护，松动破坏不断发展，则可能产生很大的地压力，支护困难而且不经济。

13.3.2　影响地压的因素

地压的影响因素很多，下面介绍一些主要的影响因素。

（1）岩石的性质。这在上面的阐述中已经进行了论述，这里不再赘述。

（2）硐室的形状和大小。上节已经阐述了硐室的形状对于围岩分布的影响。可以推断，在其他条件相同时，硐室的形状对地压的大小也有影响。一般而言，圆形、椭圆形和拱形硐室的应力集中程度较小，破坏也少，岩石也比较稳定，地压也就较小；矩形断面的硐室的应力集中程度较大，尤其以转角处最大，因而地压比其他形状的地压要大些。

通常，地压是与硐室的跨度有关的，它可以随着跨度的增加而增大。从有些地压公式中可以看出，地压是随着跨度成正比增加的。而实践经验表明，这种正比关系只对跨度不大的硐室适用；对于跨度很大的硐室，由于往往容易发生局部塌落和不对称的压力，地压与跨度之间不一定成正比关系；在有些情况下，对于大跨度硐室采用地压—跨度成正比的关系；在有些情况下，对于大跨度硐室采用地压与跨度成正比的关系会造成支护体过厚的浪费现象。此外，在稳定性很差的岩体中开挖硐室时，实际的地压往往比按照常用方法计算的压力可能大得多。如在节理很发育的岩体内开挖隧道，当隧道断面的尺寸较小时，被节理切割而冒落的岩块很少，地压较小，可是，如果隧道尺寸较大，则会有大量的被切割的岩块掉落下来，地压可能比按正比关系求得的压力大得多。

（3）地质构造。地质构造对于围岩的稳定性以及地压的大小有着重要的影响。目前，有关围岩的分类和地压的经验公式大都建立在这一基础上。地质构造简单、地层完整、无软弱结构面，围岩就稳定，地压较小；反之，地质构造复杂、地层不完整、有软弱结构面，围岩就不稳定，地压相应增大。在断层破碎带、褶皱破坏带和裂隙发育的地段，地压一般都较大，因为这些地段的硐室开挖过程中常常会有大量的较大范围的冒落，造成较大的松动压力。另外，如果岩层倾斜、节理不对称以及地形倾斜，都能引起不对称的地压，即所谓的偏压。所以在估计的大小时，应当特别重视地质构造的影响。

（4）支护体的形式和刚度。前面已经阐述，地压有松动压力和变形压力之分。地压以松动压力为主时，支护的作用就是承受松动岩体或冒落岩体的质量，支护主要起到承载作用。当地压为变形压力时，支护的作用主要是限制围岩的过度变形，以维持围岩的稳定，支护主要起约束作用。在一般情况下，支护可能同时具有上述两种作用。目前采用的支护可分为两类：一类称为外部支护，也称为普通支护。这种支护作用在围岩的外部，依靠支护结构的承载能力来承受地压。在与岩石紧密结合或者回填密实的情况下，这种支护也能起到限制围岩变形、维持围岩稳定的作用。另一类是近代发展起来的支护形式，称为内撑支护或自撑支护，是通过注浆、锚杆等支护形式加固围岩，使围岩处于稳定状态。这种支护的特点是依靠增加围岩的自承作用来稳固硐室等工程体围岩。

支护的刚度和支护时间的早晚都对地压有较大的影响。支护的刚度越大，则允许的变形就越小，地压也就越大；反之地压就越小。根据研究，在一定的变形范围内支护体上的地压是随着支护以前围岩的变形量增加而减少的。目前对于稳定围岩常常采用薄层混凝土支护或具有一定柔性的外部支护，以充分利用围岩的自承能力，取得技术经济合理的支护效果。

（5）工程体所处的深度。工程体所处的深度与地压的关系目前有多种说法。在有些公式中地压与深度无关，而在有些公式中地压与深度有关。一般来说，当围岩处于弹性状态时，地压不应当与工程体的埋深有关，但当围岩中出现塑性区时，工程体的埋深对地压有影响。这是由于埋深对围岩的应力分析有影响，同时对侧向压力系数也有影响，从而对塑性区的形状和大小以及地压的大小均有影响。研究表明，当围岩处于塑性变形状态时，工程体的埋深越深，地压也就越大。深工程体的围岩通常处于高压塑性状态，所以它的地压随着深度的增加而增加，在这种情况下适宜采用柔性较大的支护，以发挥围岩的自承作用，降低地压大小。

(6) 时间。由于地压主要是由于岩体的变形和破坏造成的，而岩体的变形和破坏都有一个时间过程，所以地压一般都与时间有关。地压随着时间而变化的原因，除了变形和破坏有一个时间过程之外，岩石的蠕变也是一个重要因素，目前在这方面还研究得不够。

(7) 施工方法。地压的大小与工程体的施工方法和施工速率也有较大的关系。施工方法主要是指掘进的方法。在岩体较差的地层中，如采用钻眼爆破，尤其是放大炮，或采用高锰度炸药，都会引起围岩的破碎而增加地压力。用掘进机进行掘进，光面爆破，减少超挖量，采用合理的施工方法可以降低地压。在易风化的岩层中，需要加快施工速度，并迅速进行支护，以便尽可能地减少这些地层与水的接触，减轻他们的风化程度，避免地压增加。通常，施工作业暴露过长、支护较晚、回填不实或者回填材料不好都会引起地压增大。

13.4 围岩稳定性计算

围岩稳定性计算是根据不同的岩体结构、不同的力学属性，简化成不同的力学模型，应用相应的力学方法研究围岩的变形破坏过程，对围岩稳定性进行定量计算评价的方法。其重点是计算围岩压力。

围岩压力是指围岩作用在支护（衬砌）上的压力，是确定衬砌设计荷载大小的依据，围岩压力也称为地压。围岩压力有松动压力、变形压力和膨胀压力三种。松动压力指由于开挖造成围岩松动而可能塌落的岩体，以重力形式直接作用在支护上的压力。产生松动压力的因素有地质的，如岩体破碎程度、软弱结构面与临空面的组合关系等，也有施工方面的，如爆破、支护时间和回填密实程度等。

变形压力指围岩变形受到支护限制后，围岩对支护形成的压力。其大小取决于岩体的初始地应力、岩体的力学性质、硐室形状、支护结构的刚度和支护时间等。

膨胀压力指围岩吸水后，岩体发生膨胀崩解，引起围岩体积膨胀变形对支护形成的压力。膨胀压力也是一种变形压力，但与一般的变形压力性质不同，它严格地受地下水的控制，其定量难度更大，目前尚无完善的计算方法。

下面简单简绍一些基本的围岩计算理论。

13.4.1 散粒体理论

岩体中存在很多节理裂隙及软弱夹层，破坏岩体的整体性，由裂隙切割形成的岩块相对很小，可看作散粒体。同时岩块间还存在黏聚力，所以岩体可作为具有黏聚力的散粒体。散粒体理论有两种观点：一种是把支护结构上承受的压力看成是松散地层中应力的传递；另一种是不承认散体中存在的应力，而且假定硐顶上有一个有界的破裂区，破裂区全部散体的重量即构成作用于支护结构上的山压。下面介绍应用散粒体理论确定围岩压力的方法（以普氏压力拱理论为例）。

普氏压力拱理论又称自然平衡拱理论，是由俄国学者普罗托吉亚科诺夫于1907年提出的。普氏认为由于应力重分布，洞顶破碎岩体随时间增长而逐步坍塌，直至形成一个自然拱后围岩才稳定下来。这种自然平衡拱承担了硐顶的山岩压力，才使坍塌不再发展，所以把这个自然平衡拱称为压力拱或卸载拱。围岩压力就等于压力拱与衬砌之间松动岩体的重量。

普氏认为，平衡拱呈抛物线形，因此硐顶围岩压力可按下式计算：

$$P = \frac{4\gamma a_1^2}{3f_k}$$

$$a_1 = a + h\tan\left(45° - \frac{\varphi}{2}\right)$$

式中，a 为硐室宽度的一半，h 为硐室的高，γ 为散粒体的重度，f_k 为坚固因数，也称似摩擦系数，f_k 在数值上定义为 $\tan\varphi_k$，φ_k 称为松散岩体的折算内摩擦角，其值大于岩石的内摩擦角 φ。各种岩石 φ_k 和 f_k 的经验数据由表13-1确定。

表13-1 各种岩石的坚固因数 f_k、重度 γ 和折算摩擦角 φ_k 的数值表

等级	类别	f_k	γ/kN·m^{-3}	φ_k
极坚硬的	最坚硬的、致密及坚韧的石英岩和玄武岩，非常坚硬的其他岩石	20	27.5~29.4	87
	极坚硬的花岗岩、石英斑岩、砂质片岩，最坚硬的砂岩及石灰岩	15	25.5~26.5	85
	致密的花岗岩、极坚硬的砂岩及石灰岩、坚硬的砾岩、极坚硬的铁矿		24.5~25.5	81.5
坚硬的	坚硬的石灰岩、不坚硬的花岗岩、坚硬的砂岩、大理岩、黄铁矿、白云石	8	24.5	80
	普通砂岩、铁矿	6	23.5	75
	砂质片岩、片岩状砂岩	5	24.5	72.5
中等的	坚硬的黏土质片岩、不坚硬的砂岩、石灰岩、软质砾岩、不坚硬的片	4	25.5	70
	岩、致密的泥灰岩、坚硬的胶结黏土	3	24.5	70
	软的片岩、软的石灰岩、冻土、普通的泥灰岩、破坏的砂岩、胶结的卵石和砂砾，掺石的土砂	2	25.5	65
	碎石土、破坏的片岩、卵石和碎石、硬黏土、坚硬的煤	1.5	17.6~19.6	60
	密实的黏土、普通煤、坚硬冲积土、黏土质土、混有石子的土	2.0	17.6	45
	轻砂质黏土、黄土、砂砾、软煤	0.8	15.7	40
轻软的	湿砂、砂壤土、种植土、泥炭、轻砂壤土	0.6	14.7	30
不稳定的	散砂、小砂砾、新积土、开采出来的煤、流砂、沼泽土、含水的黄土及其他含水的土	0.5 0.3	16.7 14.7~17.6	27 9

计算硐室侧向围岩压力时，可以认为在硐室与压力拱的整个高度［$h+h_1$（压力拱高度）］范围内，侧向围岩压力是按郎肯主动土压力的三角形规律分布的。因此，硐室两侧的围压力按体形分布，硐顶与硐底处的压力 p_1 与 p_2 分别为：

$$p_1 = \gamma h\tan^2\left(45° - \frac{\varphi}{2}\right)$$

$$p_2 = \gamma(h + h_1)\tan^2\left(45° - \frac{\varphi}{2}\right)$$

硐室一侧的总围岩压力为：

$$p_e = \frac{1}{2}(p_1 + p_2)h = \frac{\gamma h}{2}(2h_1 + h)\tan^2\left(45° - \frac{\varphi}{2}\right)$$

f_k值实际上是一个随应力变化而变化的函数，并不一定是介质本身的特性参数，应看作为综合性的围岩压力系数，即普氏定义的f_k值乘一修正系数。在实际工作中，也有用1%单轴抗压强度来表示f_k值的，并乘以一定的修正系数。

13.4.2　弹塑性平衡理论

实践证明，只有断层破碎带和强烈风化岩体才接近于散粒体，而绝大部分岩体是具有多种结构的弹塑性体。20 世纪 30 年代末，芬涅尔首先运用弹塑性理论建立了著名的芬涅尔公式，后来又有卡柯、凯利塞尔等人相继做了改进，现在已成为拉勃采维奇总结的新奥隧洞施工方法的基础理论。这种理论的要点是设想在硐室周围由于应力超过岩石的强度而形成塑性区，塑性区岩体的稳定是由外围弹性区中岩体的应力和硐室内衬砌的阻力共同维持的，衬砌承受的塑性山压就是围岩压力。目前国外广泛应用的芬涅尔-塔罗勒公式就是根据衬砌与围岩发生共同变形的假定，通过计算塑性圈内的径向应力或径向位移量来确定围岩压力，假如在$\gamma=1$的岩体中，圆形断面隧洞半径为r_0，塑性圈半径为r_1，如果洞壁受衬砌阻力p_i的作用，则塑性圈的厚度（r_1-r_0）可按下式计算：

$$r_1 = r_0\left[\frac{(\sigma_0 + c\cot\varphi)(1 - \sin\varphi)}{p_i - c\cot\varphi}\right]^{(1-\sin\varphi)/2\sin\varphi}$$

衬砌阻力p_i在数值上应等于围岩对衬砌的压力。因此，围岩压力可写成

$$p_i = [(\sigma_0 + c\cot\varphi)(1 - \sin\varphi)]\left(\frac{r_0}{r_1}\right)^{2\sin\varphi/(1-\sin\varphi)} - c\cot\varphi$$

在使用这一公式时，困难在于塑性圈的半径r_1不易确定，因为塑性圈的扩展范围是随着时间而变化的，而且塑性圈的形状不总是规则的圈环，此外，在公式的推导过程中，把围岩一概看作弹塑性体，并且把侧压力因数λ假定为1，这虽然与实际情况有很大出入，但用它计算具有镶嵌结构和碎裂结构岩体的围岩压力，却能够获取比较接近实际的结果。

13.4.3　块体极限平衡理论

块体极限平衡理论通过对岩体结构分析判别不稳定体边界及其平衡条件，然后按块体平衡理论进行计算，求得围岩压力值。假定洞室顶拱上的围岩压力为塌落在顶拱上的全部岩体重量，即

$$P = 2\eta ah\gamma$$

式中，η为结构体形状因数（塌落体呈三角形取0.5，呈矩形，方块形取1）。根据塌落体的产状、重量（P）、滑动着的面积（ΔA）以及滑动界面上的c、φ值，可计算硐室边墙的稳定因数。

塌落体沿单滑面滑动：

$$K_c = \frac{P\cos\alpha\tan\varphi + \Delta A_c}{P\sin\alpha}$$

塌落体沿两个滑面的交线滑动：

$$K_c = \frac{P\cos\alpha(\sin\alpha_2\tan\varphi_1 + \sin\alpha_1\tan\varphi_2) + (\Delta A_1 c_1 + \Delta A_2 c_2)\sin(180° - \alpha_1 - \alpha_2)}{P\sin\alpha\sin(180° - \alpha_1 - \alpha_2)}$$

式中，α 除代表单滑面倾角或双滑面组合交线的倾角外，其余符号含义同前。

应用块体极限平衡理论进行计算时，必须注意，当结构面具有足够的抗滑能力时，衬砌所承受的山压并非塌落体的全部重量，如果地应力与地下水的作用比较明显，还需要考虑这些因素的影响。

确定地下硐室衬砌承受的围岩压力，除了采用理论计算的方法外，目前在一些大型的和重要的水利工程建设中，往往通过埋设压力盒、测力计、支撑电阻片等方法直接测量围岩的变形，然后再换算围岩压力，根据围压大小与方向圈出应力重分布范围。此外，还可以用声波仪测量松动圈的范围。如果按散粒体理论计算，允许将松动圈的厚度当作塌落拱高度，如果按弹塑性理论计算，则可当作塑性圈的宽度。

13.5　本章小结

硐室开挖前，岩土体一般处于天然应力平衡状态，称为原岩应力场或初始应力场。而当硐室开挖之后，便破坏了这种天然应力的平衡状态，硐室周边围岩失去了原有的支撑，就会向硐室空间产生变形，形成新的应力状态；地压是由于硐室等工程体开挖后岩体变形和破坏形成的作用在围岩和支护体上的力；围岩压力是指围岩作用在支护（衬砌）上的压力，是确定衬砌设计荷载大小的依据，围岩压力也称地压。围岩压力有松动压力、变形压力和膨胀压力三种。

13.6　习题

13-1　影响地压的因素有哪些？

13-2　硐室开挖后，根据对围岩影响程度的不同，可将围岩分为哪几个区？

14 地基工程地质

14.1 概述

随着我国经济社会发展的转型升级，各种建筑工程的数量越来越多，规模越来越大。优良的地基工程地质条件可适应建筑工程的需求，对其安全、经济和正常使用不会造成影响或损害；但是，地基工程地质条件往往有一定的缺陷，会对建筑物产生某种影响，甚至造成灾难性的后果。

任何一种建筑物的承力结构系统都是由上部结构、基础结构和地基三部分组成的。地基是工程的支撑体，接受由基础传递的全部荷载，在保证地基本身不被破坏的同时，要求地基的变形或沉降不致危及上部结构的安全与使用。然而，地基本身又是地质体，从属于建设地点自然环境条件下的表层地质构成。建设场地可能选定在地上人类能够生存的任何地方，如山陵地带、平原地带、滨海地带、沼泽地带或冻土地带等，因此地表地质的构成是千变万化的，地基也可能是岩体，但更广泛的是土体。它们的工程地质性质很不相同，对建筑工程的支撑能力也有很大差别。

14.2 地基的工程地质问题实例

浙江萧甬铁路发生地基整体下沉地质问题：2005 年 5 月 9 日，浙江萧甬铁路余姚西至驿亭区间，由于地方一砖瓦厂取土，造成铁路地基岩土体变形移位，路堤发生整体下沉事故，导致铁路中断行车。

2008 年 10 月 14 日坎帕拉当日发生一起建筑工地地基部分墙体坍塌事故。雨水导致修建地基的墙体周围土壤塌陷。

加拿大特朗斯康谷仓长 59.4m、宽 23.5m、高 31.0m，钢筋混凝土片筏基础，厚 2m，埋置深度 3.6m，谷仓于 1913 年秋建成，10 月初储存谷物 2.7 万吨时发现谷仓明显下沉，谷仓西端下沉 8.8m，东端上抬 1.5m，最后，整个谷仓倾斜近 27°。事后勘察发现：该建筑物基础下埋藏有厚达 16m 的高塑性淤泥质软黏土层。谷仓加载使基础底面上的平均荷载达到 330kPa，超过了地基的极限承载力 280kPa，因而发生地基强度破坏，整体滑动。

意大利比萨城大教堂的独立式钟楼，1173 年设计为垂直建造，在工程开始后不久便倾斜，主要原因是地基持力层为粉砂，下面为粉土和黏土层，模量较低，变形较大。后期采用了挖环形基坑卸载、基础环灌浆加固、压重法和取土法进行地基处理。

14.2.1 地基、基础概念

14.2.1.1 地基

建筑物的荷载导致岩土体中某一范围内原来的应力状态发生了变化，这部分由建筑物荷载引起应力变化的岩土体称为地基，也即承受建筑物全部荷载的那部分岩土体称为地基。地基又分持力层及下卧层两部分，直接与基础接触的岩土体称为持力层；持力层下部的岩土体称为下卧层。

按照现场施工方法不同，地基可分为天然地基及人工地基两大类。天然地基是指在天然情况下不必经过人工加固就可满足建筑物要求的地基；人工地基是指在天然情况下不能满足建筑物要求，必须事先经过人工处理才能在它上面修建建筑物的地基。人工地基可分为人工土基及桩基两种。

根据地基介质不同，地基还可分为岩质地基和土质地基两大类。岩质地基是指建筑物以岩体作为持力层的地基；土质地基则指建筑物以土体作为持力层的地基。岩质地基相对于土质地基可以承担大得多的外荷载。

14.2.1.2 基础

建筑物的基础又名建筑物的下部结构，是建筑物在地面以下的那一部分。它的作用是承受整个建筑物的质量及作用在建筑物上的所有荷载，并将它们传递给地基，起着承上传下的作用。

基础按砌置深度（地面至基础底面的距离）可分为浅基础和深基础两大类。一般认为，砌置深度小于5m者为浅基础，砌置深度大于5m者为深基础。浅基础有单独基础、条形基础、筏片基础、箱形基础、大块基础和壳体基础等。深基础主要有沉井、沉箱、桩基础和地下连续墙等。在一般情况下，天然地基上的浅基础往往是最为经济的，是设计时首先应争取采用的方案；深基础的造价高，施工复杂。一般在浅层地基的强度不够或基础荷载较大且较集中的情况下需要把基础砌置在较深处的强度较高的硬层上，才采用深基础。

14.2.2 地基的工程地质问题

14.2.2.1 岩质地基的工程地质问题

（1）岩质地基的变形问题可通过对单个岩石块体变形进行分析。由于各类岩石的矿物成分、结构构造、颗粒大小、形成条件及成岩过程不同，因而其在单轴加压条件下的应力-应变曲线也不尽相同，大致可以分为弹塑性变形型、裂纹受压变形型、弹性变形为主型、塑性变形为主型，如图14-1所示。应用岩体现场承压板载荷试验，可得到四种不同结构岩体类型的应力应变曲线：直线型、上凹型、上凸型、复合型。

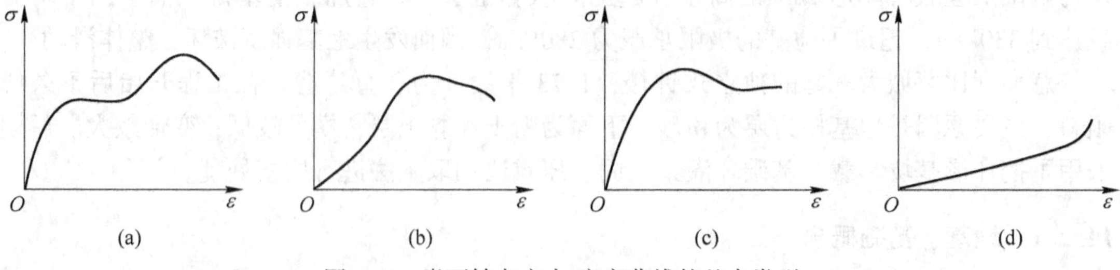

图14-1 岩石轴向应力-应变曲线的基本类型

（a）弹塑性变形型；（b）裂纹受压为主型；（c）弹性变形为主型；（d）塑性变形为主型

（2）岩质地基的强度问题研究包括岩石的强度试验及其破坏机制、岩体中结构面的抗剪强度、影响地基岩体强度的因素——岩石强度、结构面、风化程度。

14.2.2.2　土质地基的工程地质问题

土质地基的变形问题研究包括4个方面：变形及沉降计算、土质地基的剪切破坏、砂土的振动液化和地基的渗透稳定性问题。

砂土振动液化是饱和砂土在振动荷载作用下表现出类似液体的性状而完全丧失承载力的现象。地震、机械振动、打桩及爆破等都可能引起液化，其中地震引起大面积甚至深层砂土液化的危害性最大，已成为工程抗震设计的重要内容之一。影响砂土液化的因素有土类、土密度、上覆压力等。调查和研究表明，土粒粗、级配好、密度大、排水性能好、上覆压力大、振动时间短和强度低等特点有利于抗液化性能提高。

地基的渗透稳定性问题是指地基土由于渗流作用而可能出现的变形或破坏，特征为土体表面上浮隆起和土体内部孔隙中的细颗粒土被水流带走而流失等，称为渗透变形或渗透破坏。由于各种土类颗粒成分、级配及结构的差异及其在地基中分布部位的不同，土的渗透变形的表现形式有多种，对单一土层来说主要是流土和管涌。当渗流方向向上且渗流水头梯度大于临界水头梯度时就会发生流土，而且一般都发生在堤坝下游渗出处或基坑开挖渗流出口处。管涌一般发生在砂砾石地基中，土中细颗粒被渗透水流沿粗颗粒间的孔隙通道带出流失，继之较粗颗粒再发生移动，最后使土体塌陷而破坏，其防治措施一般有降低水头梯度或加长渗径，在渗流溢出处增设反滤层或加盖压重，在建筑下游设计减压井和减压沟等。

14.3　岩质地基的工程地质问题

14.3.1　岩质地基的变形问题

岩质地基是指建构筑物以岩体为持力层的地基，岩质地基的应力分析主要是对单个岩石块体受力进行分析。因岩石地基具有承载力高的特点，人们通常认为其不会产生破坏，这种思想往往会导致灾难性后果。

14.3.1.1　匀质各向同性岩石地基应力分布

（1）对于弹性半空间作用受集中荷载的情况，弹性半空间集中载荷附加应力计算模型见图14-2。根据布辛奈斯克解积分求得下式：

$$
\left.
\begin{aligned}
\sigma_z &= \frac{3P}{2\pi}\frac{z^3}{R^5} = \frac{3P}{2\pi z^2}\frac{1}{\left[1+\left(\dfrac{r}{2}\right)^2\right]^{\frac{5}{2}}} \\
\sigma_r &= \frac{P}{2\pi}\left[\frac{3zr^2}{R^5} - \frac{1-2\mu}{R(R+z)}\right] \\
\sigma_\theta &= \frac{P}{2\pi}(1-2\mu)\left[\frac{1}{R(R+z)} - \frac{z}{R^3}\right] \\
\tau_{rz} &= \frac{3P}{2\pi}\frac{z^2 r}{R^5} \\
\tau_{\theta r} &= \tau_{r\theta} = 0
\end{aligned}
\right\}
$$

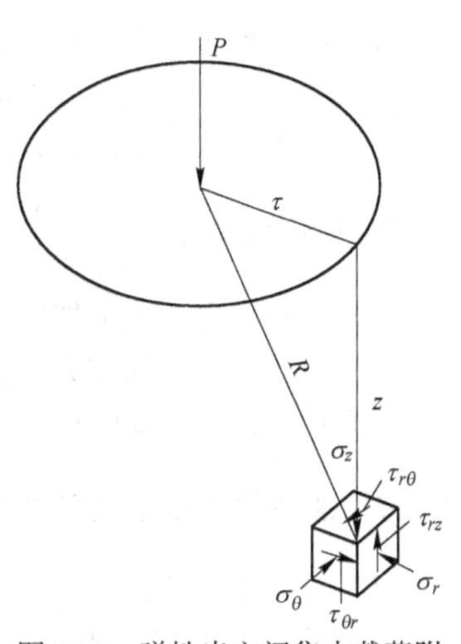

图14-2　弹性半空间集中载荷附加应力计算模型

式中 σ_r，σ_θ，σ_z——正应力；

τ_{rz}，$\tau_{\theta r}$，$\tau_{r\theta}$——剪应力；

θ——R 到线 Z 坐标轴的夹角；

r——点与集中力作用的水平距离；

μ——泊松比；

P——作用于坐标原点 O 的竖向集中力。

$$R=\sqrt{x^2+y^2+z^2}=\sqrt{r^2+z^2}=z/\cos\theta$$

（2）对于弹性半空间作用受线性荷载，弹性半空间线性载荷附加应力计算模型见图 14-3。线性荷载为点荷载的二维情况，根据布辛奈斯克解积分求得下式：

$$\sigma_x=\frac{2P}{\pi z}\sin^2\theta\cos^2\theta$$

$$\sigma_z=\frac{2P}{\pi z}\cos^4\theta$$

$$\tau_{xz}=\frac{2P}{\pi z}\sin\theta\cos^3\theta$$

$$\sigma_r=\frac{2P}{\pi z}\cos^2\theta$$

$$\sigma_{r\theta}=0$$

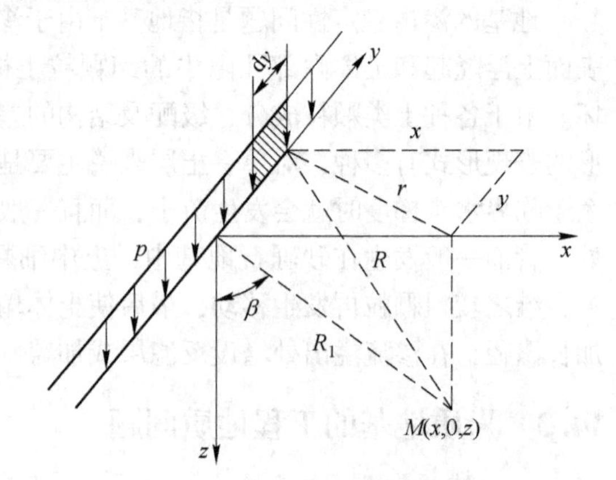

图 14-3 弹性半空间线性载荷附加应力计算模型

式中 σ_x，σ_y，σ_z——正应力；

$\sigma_{r\theta}$——剪应力；

θ——R 到线 Z 坐标轴的夹角；

r——点与集中力作用的水平距离；

μ——泊松比；

P——作用于坐标原点 O 的竖向集中力 $P=p\mathrm{d}y$。

（3）对于弹性半空间作用均布荷载情况，通过对集中荷载作用下的应力值进行积分运算可以得到均布荷载作用下的地基中应力分布。

均布的矩形荷载 $\begin{cases}P=p\mathrm{d}x\mathrm{d}y\\ \sigma_z=a_c p\end{cases}$

均布的圆形荷载 $\begin{cases}P=p\mathrm{d}x\mathrm{d}y\\ \sigma_z=a_r p\end{cases}$

矩形均布载荷角点附加应力计算模型见图 14-4。

圆形均布载荷附加应力计算模型见图 14-5。

条形基础均布载荷附加应力分布图见图 14-6。

14.3.2 影响岩质地基变形的性质的因素

（1）单个岩石块体受力不同的影响。由于各类岩石的矿物成分，结构构造、颗粒大小，形成的地质条件及成岩过程不同，因而其在压力之下的变形规律也不尽相同，大致可分为弹塑性变形型、裂纹受压变形型，弹性变形为主型、塑性变形为主型等四个类型。

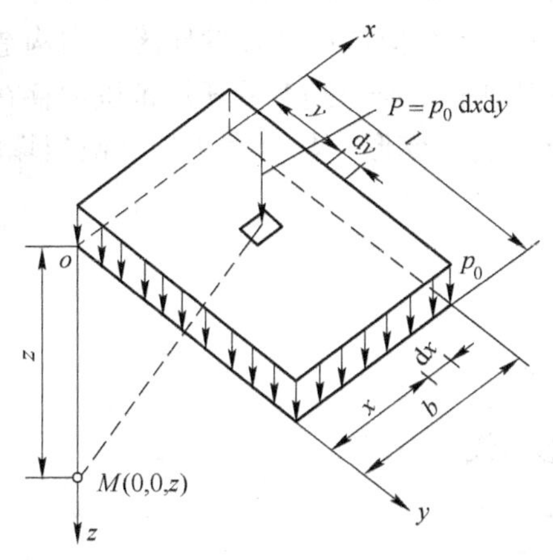

图 14-4　矩形均布载荷角点附加应力计算模型

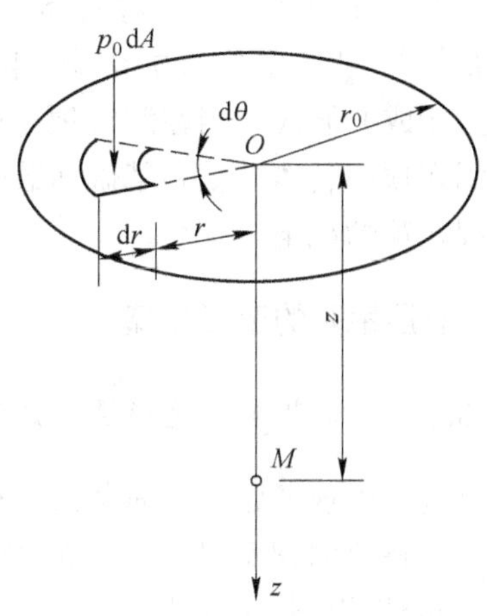

图 14-5　圆形均布载荷附加应力计算模型

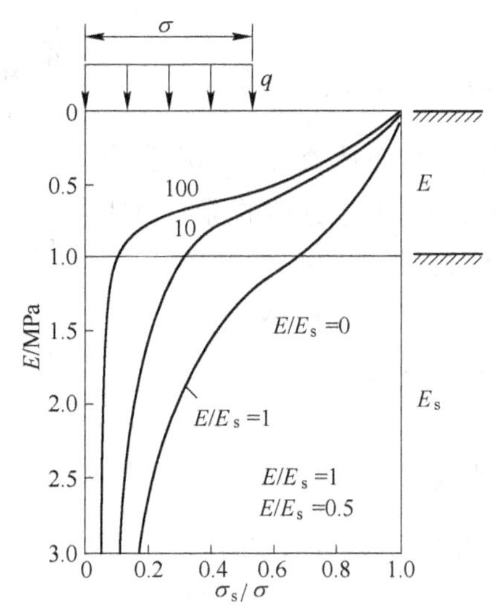

图 14-6　条形基础均布载荷附加应力分布图

（2）岩体结构面对受力变形的影响。结构面主要指在多次构造运动及长期的风化营力作用下，在岩体内形成的具有一定的延伸方向和长度，厚度相对较小的地质界面或带，它包括物质分界面和不连续面，如层面、不整合面、断层、节理面、片理面等。这些结构面在地基岩体中发育数量的多少，延伸长度、产状方向、充填物的厚度及性质，在很大程度上影响着岩体受力后的变形和强度。

（3）风化作用对岩体变形性质的影响。地壳表层的岩石，在长期风化营力作用（地表昼夜及冬夏季节的温差，大气及地下水中的侵蚀性化学成分的渗浸等）下，逐渐由完整而破裂，由坚固而松散，随着岩体受风化程度的加深，致使承受外来荷载的能力降低，变形量加大。一般情况下，岩体受风化影响的程度是从表面到深处逐渐减弱的。但各地区岩体受风化影响的程度及深度，主要受该地区风化营力的强弱、不同岩石抵抗风化的能力及该地区地质构造运动历史等方面的影响。

(4) 岩质地基内的洞穴对岩体变形性质的影响。洞穴种类主要有可溶性岩石（石灰岩、石膏等）、人工洞穴（如矿洞、隧洞、墓室）等，还有构造运动多发地区大型构造裂隙被掏空所成的洞穴。当在洞穴顶上修建工程，或基础底下岩体地基受压层范围内存在洞穴时，洞穴顶部岩体会受到基础荷载传来的附加应力发生变形，甚至发生顶部破裂塌陷，影响工程建筑的稳定与安全。

14.3.3 岩质地基的变形计算

14.3.3.1 地基岩体变形性质试验

可通过工程现场原位静荷载试验得到压力-变形曲线：

(1) 了解在各级荷载压力下的岩体竖向变形量。

(2) 可依据弹性力学理论计算出岩体的 E 值，即：

$$E = p(1 - \mu^2)b\omega/w$$

节理裂隙均匀的次坚强岩体的压力-变形曲线见图 14-7。

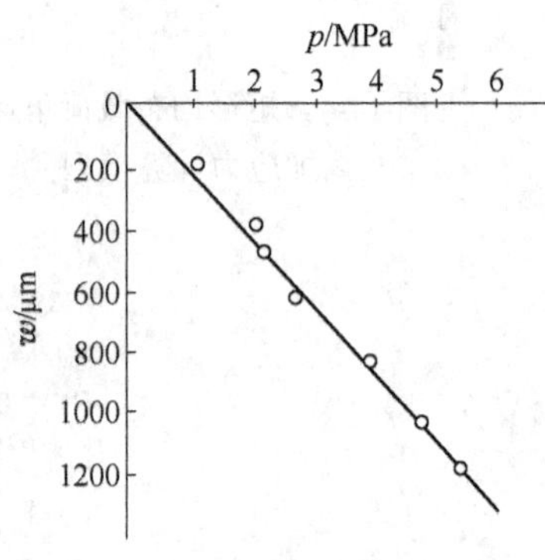

图 14-7　节理裂隙均匀的次坚强岩体的压力-变形曲线

14.3.3.2 岩质地基内的附加应力 p_z 的分布

根据弹性力学理论分析，在均布荷载 p_0（基底宽为 b）作用下，地基内的竖向附加应力 p_z 分布的等应力线如图 14-8 所示，从图中可看出，基础中心线 Q_z 上各深处的竖向附加应力 p_z 最大，向两侧逐渐降低。

14.3.3.3 岩质地基变形（沉降）计算

计算原理为 $\varepsilon = \dfrac{\sigma}{E}$，即地基应变 ε 为地基所受应力 σ 与地基 E 值的比值，由此可知，厚为 h 的岩体，在应力 σ 作用下的变形量 S 为：

$$S = \varepsilon h = \frac{\sigma h}{E}$$

若地基分布有多层不同性质的地层。

则

$$S = \sum_{i=1}^{n} \Delta Si = \sum_{i=1}^{n} \frac{\overline{P}_{zi}}{E_i} h_i$$

$\overline{P}_{zi}$ 为第 i 层的平均附加应力，E_i 为第 i 层的变形模量，h_i 为第 i 层的厚度。

14.3.4 岩质地基的强度问题

地基强度是指地基在建筑物荷重作用下抵抗破坏的能力。强度大小与岩性等地质条件和上部荷载的类型有关。

均布荷载作用下地基内的竖向附加应力分布见图 14-8。

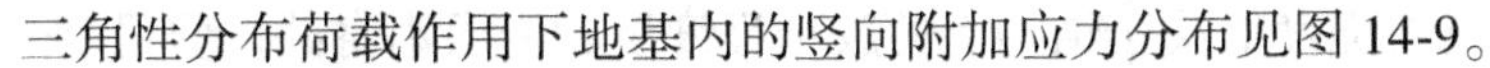
三角性分布荷载作用下地基内的竖向附加应力分布见图 14-9。

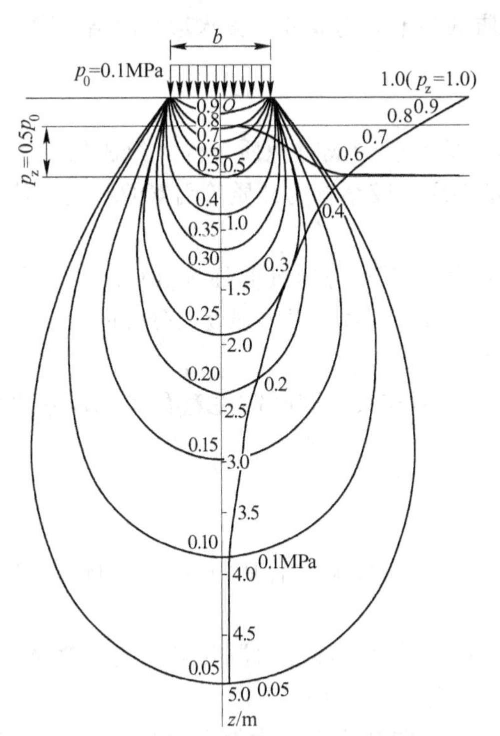

图 14-8　均布荷载作用下地基内的竖向附加应力分布

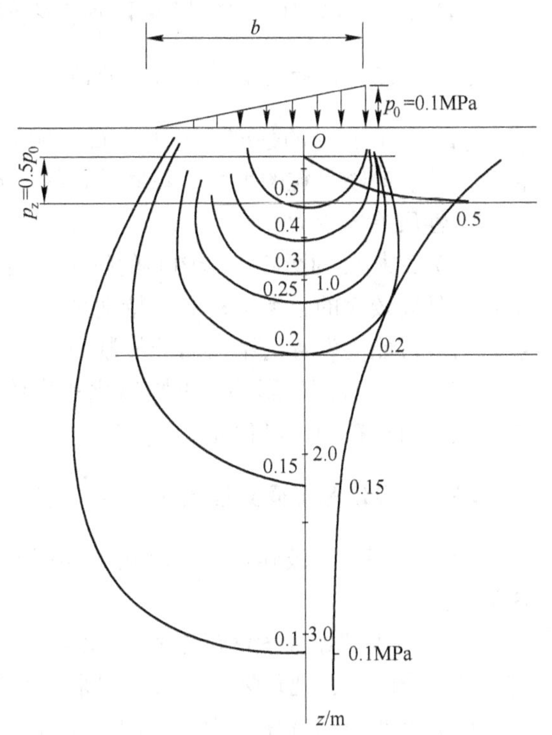

图 14-9　三角性分布荷载作用下地基内的竖向附加应力分布

14.3.4.1　岩石强度试验及破坏机制

（1）脆性张破裂。岩性较硬而脆，在围压较小、温度较低、竖（轴）向压力远大于围压时，四周发生拉张变形，由于岩石的抗拉强度远小于抗压强度，横向的拉应力将较快地超过抗拉强度，从而发生纵向的张裂隙，继续扩张就会导致岩石破裂。

（2）剪切破裂。一般坚硬的岩石，在竖向压力增大到一定量时，矿物粒间会发生错动，继而发生剪切裂隙，最后扩张而破坏。

（3）剪切塑性破裂。较软弱的岩石，在较高围压下岩石延性较强，受压后呈现一定的流塑性，产生较多细微裂隙，最后才达到裂隙扩展破坏。抗剪强度为抗压强度的 1/10～1/15，抗拉强度为抗压强度的 1/20～1/30，抗弯强度为抗压强度的 1/8～1/14。

14.3.4.2　岩体中结构面的抗剪强度

在实际工程荷载的压力下，完整岩石在可能剪裂面所受到的切应力一般不会达到其抗剪强度，不导致发生强度破坏；但当地基岩体中存在结构面时，岩体强度会受到结构面抗剪强度影响。通常结构面的抗剪强度如下：

（1）破裂结构面。抗剪强度主要取决于结构面的起伏性和粗糙度。

（2）破碎结构面。抗剪强度主要取决于充填物的组成和胶结程度。

（3）层状结构面。抗剪强度取决于结构面的胶结程度及软岩层本身的抗剪强度。

（4）泥化结构面。抗剪强度取决于泥质物质的黏土矿物成分、含水量及固结程度。

14.3.4.3　影响地基岩体强度的因素

（1）岩石自身的强度。由于岩石形成的地质原因、形成时地质条件、组成的矿物与化学成分、矿物晶粒的大小、粒间的连接或胶结性质、胶结物的性质等因素的不同，其物理力学性质差异较大。

（2）结构面的影响。结构面的抗剪强度一般较岩石本身的抗剪强度低得多。当岩体中存在延展较大的各类结构面，特别是倾角较陡的结构面时，岩体强度及受竖向荷载的承载能力就可能受发育的结构面的控制而大为降低。

（3）风化程度的影响。不同风化的岩体强度差别较大，同时需注意有些在岩体的受压层范围内存在的古风化壳。

14.3.5　不良地基加固处理措施

（1）表层风化破碎带。若风化破碎层厚度不大，一般采取清基的方式，即将破碎岩块清除掉。

（2）节理裂隙带发育较深的岩基体。一般可采用钻孔后灌注水泥砂浆（或水玻璃浆）进入节理裂隙中，把碎裂岩石胶结起来，加固并提高其力学指标。

（3）当地基岩体中发现有控制岩体滑移条件的软弱结构面。为保证地基岩体的稳定，一般可用锚固的方法，即用钻孔穿过软弱结构面深入至完整岩体一定深度，插入预应力钢筋或钢缆。

（4）当地基岩体中存在着倾角较大、埋藏较深或厚度较大的断裂破碎带和软弱夹层。若彻底清除开挖量将很大。一般采用井或槽开挖方式，将破碎物质挖除，然后回填混凝土。

（5）若基岩受压层范围内存在有地下洞穴。应探明洞穴的发育情况，即深度、宽度等，再用探井（或大口径钻孔）下入，对洞穴作填塞加固。

14.4　土质地基的工程地质问题

14.4.1　土质地基的变形问题

土体压缩性是指土在压力作用下体积缩小的特性，是土体孔隙减小的过程。土质地基变形和沉降关系到土体的压缩性。土质地基变形和沉降包括两个方面：一是压缩变形量的绝对大小，即沉积量大小；二是压缩变形随时间的变化，即固结问题。

14.4.1.1　土质地基破坏的形式

土质地基破坏的形式主要分为三种：整体剪切破坏、土质地基破坏的形式和刺入破坏，如图14-10所示。整体剪切破坏常发生在浅埋基础下的密砂或硬黏土等坚实地基中；局部剪切破坏常发生在中等密实砂土中；而刺入破坏常发生在松砂及软土中。

在密实的地基中，一般会出现整体剪切破坏，但当基础埋置深度很深时，密砂在很大荷载作用下也会产生压缩变形，从而出现刺入剪切破坏。在软黏土中，当加荷速度较慢时会产生压缩变形，从而出现刺入剪切破坏；但当加荷很快时，由于土体不能产生压缩变形，可能产生整体剪切破坏。

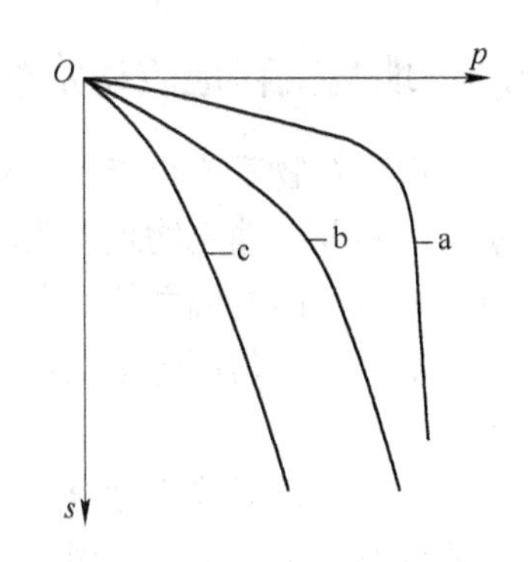

图 14-10　土质地基破坏形式
a—整体剪切破坏；b—局部剪切破坏；c—刺入剪切破坏

14.4.1.2　确定土质地基强度的方法

（1）根据载荷试验的 *p-s* 曲线确定。该曲线有典型的压密阶段、剪切阶段、破坏阶段三阶段。通常用比例界限作为地基承载力，有时可用极限荷载除以安全因数。

（2）根据建筑地基基础设计规范确定。给出确定地基承载力的基本值和标准值的表格，对于基础宽度大于3m、埋深大于 0.5 的基础，根据工程实际计算地基承载力。道路、桥梁工程可根据公路桥涵地基与基础设计规范确定地基承载力。

（3）根据地基承载力理论计算公式确定。根据建筑物的不同要求，可用临塑荷载或临界荷载作为地基承载力，除此之外，还可以按极限平衡理论和按假定滑动面求解的极限荷载公式，如普朗特尔公式和太沙基公式等，每个公式在使用时需注意考虑其假设和适用条件。

（4）根据当地经验确定。三级建筑物可根据临近建筑物的经验确定地基承载力。

14.4.2　土质地基处理方法

因地基土种类多、性质差异大，其中存在不少软弱土和不良土（软黏土、杂填土、冲填土、饱和粉细沙等），会对建筑物的安全和稳定性造成威胁，故必须对不良地基进行处理。根据地基处理原理将地基处理方法分为以下几类：

（1）排水固结法。排水固结法是使软黏土地基在加载预压期间完成大部分沉降，使建筑物在使用期间不产生过大的沉降和沉降差，从而提高地基土的强度承载力和稳定性的方法。该法主要适用软黏土的沉降和稳定问题。

（2）机械压实法。机械压实法中的碾压法是利用压路机（振动或非振动）、羊足碾等碾压手段使地基土密实度提高，孔隙比减小，达到提高强度的目的。它适用于疏松黏性土、松散砂性土、湿陷性黄土及杂填土的浅层压实和回填土的分层压实。其中重锤夯实法和强夯法对于无黏性土、杂填土、非饱和黏性土及湿陷性黄土都可适用。

（3）挤密法。采用振冲挤密法可加固砂层，可通过振动使饱和砂层液化，颗粒重排列，孔隙比减小，振冲形成的孔洞可填入回填料，以加密砂层。用土桩、灰土桩或砂桩挤密地基，形成桩间挤密土和填夯的桩体组成的人工“复合地基”，也可提高地基强度，改善地基稳定性，减少沉降量。

（4）饱和砂土换填及拌入法。以砂、碎石等材料置换软弱地基中部分软弱土体，形成复合地基；或在软弱地基中的部分土体内渗入水泥砂浆及石灰等，形成加固体，达到提高地基承载力，减少压缩量的目的。

（5）其他地基处理方法。灌浆法、加筋法、托换技术法等。

14.5　地基工程地质稳定性分析

任何建筑物都不可能是无根的空中楼阁，它们必须以岩土体做支撑点，这就引来了地基稳定性问题。建筑物地基失稳与地基所处的岩土体的强度和变形有关。地基的强度不够会引起地基土向基础两侧滑移挤出，甚至使建筑物倾覆破坏；地基土压缩会引起建筑物沉陷，地基的不均匀沉降会引起建筑物倾斜，产生裂缝。地基稳定性不足造成建筑物破坏的事例很多。

地基工程地质稳定性分析是为了避免由于建（构）筑物的兴建可能引起的地基产生过大的变形、侧向破坏、滑移，造成地基破坏从而影响正常使用。其稳定性主要指地基在外部荷载（包括基础重量在内的建筑物所有的荷载）作用下抵抗剪切破坏的稳定安全程度，或是各类工程在施工和使用过程中，地基承受荷载的稳定程度；还指地基岩土体在承受建筑荷载条件下的沉降变形、深层滑动等对工程建设安全稳定的影响程度。

14.5.1　地基稳定性问题主要包括以下两个部分

14.5.1.1　*承受垂直荷载建筑物的地基稳定性*

（1）房屋地基主要问题是强度和变形，二级以下建筑物在保证强度的前提下可不进行变形的验算。

（2）罐、仓、塔等构筑物的地基受垂直方向集中荷载，对地基不均匀沉降敏感，对倾斜的允许值有较严格的要求。

（3）铁路、高速公路、高等级公路路基基底变形为主要工程地质问题。

（4）桥墩台的地基由于桥墩台多位于河道、沟谷、阶地等特殊的地貌单元，经常遇到地基强度不一、软弱或软硬不均的现象，因而主要研究内容是合理确定承载力。

14.5.1.2　*承受斜向荷载（含垂直与水平荷载）的地基稳定性*

（1）松软土坝基局部滑动、坝坡坍滑问题及渗透稳定性问题。

（2）岩石坝基、重力坝坝基滑移稳定性问题。无论是混凝土重力坝、堆石坝、拱坝或土坝都存在坝基稳定性问题和坝区渗漏问题。

14.5.2　地基稳定性分析评价

影响地基稳定性的因素主要是场地的岩土工程条件、地质环境条件、建（构）筑物特征等。一般情况下，需要对如下建（构）筑物进行地基稳定性评价：经常受水平力或倾覆力矩的高层建筑、高耸结构、高压线塔、锚拉基础、挡墙、水坝、堤坝和桥台等，分析的内容如下。

（1）地基承载力计算与验算。验算地基稳定性，实质上就是验算地基极限承载能力是否满足要求。

（2）变形验算。建筑物的地基变形计算值不应大于建筑物地基允许变形值。在勘察阶段往往建筑物特征参数不明确，但在岩土工程勘察报告中应提供符合规范要求的岩土变形参数，供上部结构计算条件具备时按照《建筑地基基础设计规范》（GB 50007—2011）

和《建筑地基处理技术规范》（JGJ 79—2002）有关条款计算。

（3）基础埋置深度的确定。对高层建筑和高耸构筑物基础的埋置深度，应满足地基承载力、变形和稳定性要求。位于岩石地基上的高层建筑，其基础埋深应满足抗滑稳定性要求。天然地基上的箱形或筏形基础埋置深度不宜小于（1/15）H；桩箱或桩筏基础不宜小于（1/18）H，H 为建筑物高度。

（4）位于稳定土坡坡顶上的建筑。应根据建（构）筑物基础形式，按照《建筑地基基础设计规范》（GB 50007—2011）有关规定确定基础距坡顶边缘的距离和基础埋深。需要时，还应按照《建筑边坡工程技术规范》（GB 50330—2002）有关规定验算坡体的稳定性。验算方法对均质土可采用圆弧滑动条分法，对发育软弱结构面、软弱夹层及层状膨胀岩土时，应按最不利的滑动面验算。当坡体中分布膨胀岩土时应考虑坡体含水量变化的影响；对具有胀缩裂缝和地裂缝的膨胀土边坡，应进行沿裂缝滑动的验算。

（5）受水平力作用的建（构）筑物：

1）山区应防止平整场地时大挖大填引起滑坡；

2）岸边工程应考虑冲刷、因建筑物兴建及堆载引起地基失稳。

（6）土岩组合地基。该类地基下卧基岩面为单向倾斜时，应描述岩面坡度、基底下的土层厚度、岩土界面上是否存在软弱层（如泥化带）。

（7）岩石地基：1）地基基础设计等级为甲、乙级的建筑物，同一建筑物的地基存在坚硬程度不同，两种或多种岩体变形模量差异达 2 倍及 2 倍以上，应进行地基变形验算；

2）地基主要受力层深度内存在软弱下卧岩层时，应考虑软弱下卧岩层的影响进行地基稳定性验算；

3）当基础附近有临空面时，应验算向临空面倾覆和滑移的稳定性。

岩土工程勘察报告中，应提供岩层产状、岩石坚硬程度、岩体完整程度、岩体基本质量等级，以及软弱结构面特征等。

（8）软弱地基。首先，应判定地基产生失稳和不均匀变形的可能性，当工程位于池塘、河岸、边坡附近时，应验算其稳定性。其次，其承载力特征值应根据室内试验、原位测试、当地经验结合地层物理力学特征和建（构）筑物特征以及施工方法和程序等多因素综合确定。该类地基应按照《建筑地基基础设计规范》（GB 50007—2011）和《软土地区岩土工程勘察规程》有关规定分析评价其稳定性；抗震设防烈度等于或大于 7 度的厚层软土分布区，应按照（JGJ 83—2011）第 6 章判别软土震陷的可能性，并估算震陷量。

（9）岩溶和土洞。在碳酸盐岩为主的可溶性岩石地区，当存在岩溶（溶洞、溶蚀裂隙等）、土洞等现象时，应考虑其对地基稳定的影响。按照《岩土工程勘察规范》（GB 50021—2001）和《建筑地基基础设计规范》（GB 50007—2011）的规定分析评价地基稳定性。

（10）填土。当地基主要受力层中有填土分布时，如填土底面的天然坡度大于 20% 时，应验算其稳定性。

（11）桩土复合地基。对需验算复合地基稳定性的工程，提供桩间土、桩身的抗剪强度。

（12）桩基：

1）应选择较硬土层作为桩端持力层。

2）嵌岩桩深度应综合荷载、上覆土层、基岩、桩径、桩长诸因素确定；

3）嵌岩灌注桩桩端以下3倍桩径且不小于5m范围内应无软弱夹层、断裂破碎带和洞穴分布，且桩底应力扩散范围内应无临空面。

4）当基桩持力层为倾斜地层，基岩面凹凸不平或岩土中有洞穴时，应评价桩基的稳定性，并提出处理措施的建议。

（13）箱形基础。箱形基础地基的破坏形式，除地基内饱和松砂在地震液化和局部软弱夹层侧向的问题外，它的破坏形式主要表现在偏心时水平荷载下的整体倾斜或倾覆。

一般情况下，该类基础形式均匀地基同时满足以下条件时，可不进行地基稳定性分析。

基础边缘最大压力不超过地基承载力特征值20%：

1）在抗震设防区，考虑了瞬时作用的地震力，同时基础埋置深度不小于（1/10）H；

2）偏心距小于或等于（1/6）b。

特殊条件下，应根据地基岩土条件和地质环境条件进行分析评价。

（14）地下水的影响。当场地内地下水位升降时，应考虑可能引起地基土的回弹、附加沉降和附加的托浮力对地基的影响；对软质岩石、强风化岩石、残积土、湿陷土、膨胀岩土和盐渍土，应评价地下水聚集和散失所产生的软化、崩解、湿陷、胀缩和潜蚀等有害作用。

14.6 本章小结

建筑物的荷载会导致岩土体中某一范围内原来的应力状态发生了变化，这部分由建筑物荷载引起应力变化的岩土体叫地基，也即承受建筑物全部荷载的那部分岩土体叫地基。地基又分持力层及下卧层两部分，直接与基础接触的岩土体叫持力层；持力层下部的岩土体叫下卧层。建筑物的基础又名建筑物的下部结构，是建筑物在地面以下的那一部分。它的作用是承受整个建筑物的重量及作用在建筑物上的所有荷载，并将它们传递给地基，起着承上传下的作用。

土质地基的变形问题研究包括四个方面：变形及沉降计算、土质地基的剪切破坏、砂土的振动液化和地基的渗透稳定性问题。岩质地基虽然相对稳定，但仍然有变形破坏的可能。

14.7 习题

14-1　影响土质地基破坏的因素有哪些？

14-2　影响岩质地基破坏的因素有哪些？

14-3　当前主流的岩质地基变形计算理论有哪些？

15　边坡工程地质问题

15.1　概述

边坡是指因自然因素或人力因素在地表形成的坡状地形（临空的坡状地形），包括天然斜坡和人工开挖的边坡。自然界中的山坡、谷壁、河岸等各种斜坡的形成，是地质营力作用的结果。人类工程活动也经常开挖出大量的人工边坡，如路堑边坡，运河渠道、船闸、溢洪道边坡，房屋基坑边坡和露天矿坑的边帮等。边坡的形成使岩土体内部原有应力状态发生变化，出现应力重分布，其应力状态在各种自然营力及工程影响下，随着边坡演变且又不断变化，使边坡岩土体发生不同形式的变形与破坏。不稳定的天然斜坡和人工边坡在岩土体重力、水及震动力以及其他因素作用下，常常发生危害性的变形与破坏，导致交通中断、江河堵塞、塘库淤填，甚至酿成巨大灾害。在工程修建中和建成后，必须保证工程地段的边坡有足够的稳定性。边坡的工程地质问题就是边坡的稳定性问题。

云南新三公路开通后发生坍方，主要原因是由于边坡顶面地势平缓，有富水条件，雨季积水逐渐渗入松散的坡积层，随着土体含水量逐渐增加，重度加大，土体结构抗剪强度衰减，黏聚力降低，当到达临界点后，在岩体与坡积层间形成滑坡面，导致碎石土边坡失稳、滑坍。

1959 年我国云南省柘溪水库施工期间，大坝上游 1.5km 处发生大规模滑坡，滑坡体积达 $165\times104\text{m}^3$，滑入水库后涌起 21m 高涌浪，造成巨大经济损失。

15.2　岩质边坡工程地质问题及稳定性分析

我国是一个多山的国家，地质条件十分复杂。在山区，道路、房屋多傍河而建或穿越分水岭，因而会遇到大量的岩质边坡稳定问题。岩质边坡的变形是指边坡岩体只发生局部位移或破裂，没有发生显著的滑移或滚动，不致引起边坡整体失稳的现象。而岩质边坡的破坏是指边坡岩体以一定速度发生了较大位移的现象，如，边坡岩体的整体滑动、滚动和倾倒。变形和破坏在边坡岩体变化过程中是密切联系的，变形可能是破坏的前兆，而破坏则是变形进一步发展的结果。边坡岩体变形破坏的基本形式可概括为松动、松弛张裂、蠕动、剥落、滑坡、崩塌等。

- 松动：岩块向临空面松开→无大的御荷裂缝。
- 松弛张裂：岩体向临空面御荷回弹，形成御荷节理。
- 蠕动：岩体在重力下长期缓慢变形
  - 表面：表层挠曲剪变带→点头哈腰
  - 深层
    - 软弱基座蠕动
    - 坡体蠕动→沿软弱结构面蠕动
- 剥落
- 滑坡
- 崩塌、落石

15.2.1　岩质边坡变形破坏的基本形式

（1）松动。边坡形成初始阶段坡体表部往往出现一系列与坡向近于平行的陡倾角张开裂隙，被这种裂隙切割的岩体向临空方向松开、移动，这种过程和现象称为松动。实践中把发育有松动裂隙的坡体部位称为边坡松动带。坡度愈高、愈陡，地应力愈强，边坡松动裂隙便愈发育，松动带深度也便愈大。

（2）松弛张裂。松弛张裂是指边坡岩体田卸荷回弹出现的张开裂隙现象。边坡愈高愈陡，张裂带也愈宽。如通过大渡河谷的成昆铁路，有的路堑边坡堑顶紧接着高陡的自然山坡，其上的张裂带宽度可达一二百米，自地表向下的深度也可达百米以上。一般说来，路堑边坡的松弛张裂变形多表现为顺层边坡层间结合的松弛，边坡岩体中原有节理裂隙的进一步扩展以及岩块的松动等现象。

（3）蠕动。蠕动是指边坡岩体在重力作用下长期缓慢的变形，如图 15-1 所示。这类变形多发生于软弱岩体（如页岩、千枚岩、片岩等）或软硬互层岩体（如砂页岩互层、页岩灰岩互层等），常形成挠曲型变形。如贵昆线大海哨一带就有这种岩体变形。当边坡岩体为顺坡向的塑性岩层时，在边坡下部常产生揉皱型弯曲，甚至发生岩层倒转，如成昆线铁西滑坡附近就有这种变形。变形再进一步发展，可使边坡发生破坏。边坡蠕动大致可分为表层蠕动和深层蠕动两种基本类型。

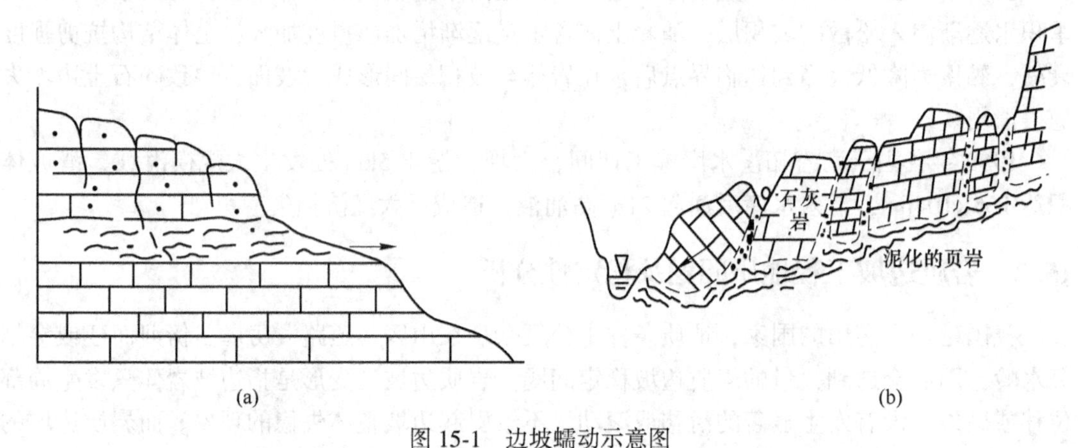

图 15-1　边坡蠕动示意图

（a）软硬互层岩体挠曲变形示意图；（b）边坡深层蠕动变形剖面图

（4）剥落。剥落指的是边坡岩体在长期风化作用下，表层岩体破坏成岩屑和小块岩石，并不断向坡下滚落，最后堆积在坡脚，而边坡岩体基本上是稳定的。产生剥落的原因主要是各种物理风化作用使岩体结构发生破坏。如阳光，温度、湿度的变化，冻胀等，都是表层岩体不断风化破碎的重要因素。对于软硬相间的岩石边坡，由于软弱易风化的岩石常常先风化破碎，风化剥落在软硬互层边坡上可能引起崩塌。

（5）滑坡。滑坡是指边坡上的岩体沿一定的面或带向下移动的现象，它是岩质边坡岩体常见的变形破坏形式之一，如图 15-2 所示。在边坡中的具体破坏形式多为顺层滑动和双面楔形体滑动。

（6）崩塌落石。崩塌是指陡坡上的巨大岩体在重力作用下突然向下崩落的现象；而落石是指个别岩块向下崩落的现象。崩塌过程示意图如图 15-3 所示。

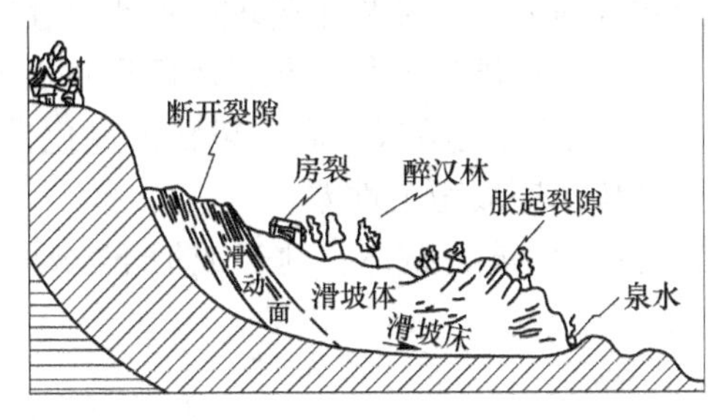

图 15-2 滑坡特征示意图

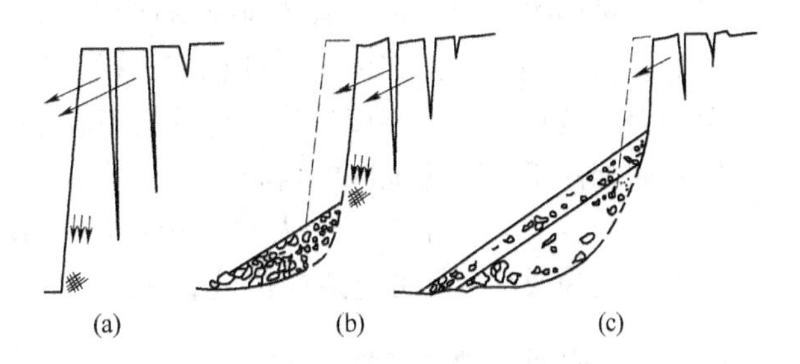

图 15-3 崩塌过程示意图

(a) 崩塌前期；(b) 崩塌中期；(c) 崩塌后期

15.2.2 影响边坡稳定性的因素

自然条件和人类活动对边坡的稳定性会产生较大影响。其中主要影响因素有岩土类型、地质构造、岩土体结构、水文条件、风化作用、人类活动等。

(1) 岩土类型的影响。岩土体是在长期的自然历史中形成的，其形成时代和成因类型不同，岩土的物质成分、结构构造、物理力学性质也不相同，因而边坡的稳定性也就不同。一些区域性土和特殊土，其物质组成和结构的差异强烈影响到边坡的稳定。如黄土地区边坡有的高达数十米，近于直立却仍可稳定；而膨胀土边坡有的仅高数米或十数米，坡度低于10°仍不能稳定。岩石边坡的稳定性与构成边坡的岩石类型有较为明显的关系，一般情况下，岩浆岩比沉积岩的强度高，由沉积岩变成的变质岩较原岩强度高（如石英岩较石英砂岩强度高），而构成的边坡可以较高、较陡。组成边坡的岩性单一的比复杂的稳定，颗粒细的岩石较颗粒粗的稳定，块状的较片状的稳定；含石英、长石多的较含云母多的片麻岩稳定。总之，只从岩性分析，密度大、强度高、抗风化能力强的岩石可形成高陡的边坡且稳定性较好。

(2) 地质构造的影响。地质构造对边坡岩体的稳定性影响是最为明显的。在区域地质构造比较复杂，褶皱比较强烈，大的断裂带比较发育，地震等新构造运动比较活跃的地区，边坡稳定性较差。如我国西南横断山脉地区、金沙江深切河谷地区，斜坡的崩塌落石、滑坡、泥石流等极发育，常出现大型崩塌、滑坡，体积可达数亿立方米。在断层附近和褶皱核部，岩层破碎，节理发育，其边坡稳定性也较差。

(3) 岩土体结构的影响。土的结构特征也是影响土坡稳定性的主要因素。通常含片状矿物多的土（如含蒙脱石、伊利石的膨胀土）更易影响边坡的稳定。岩体结构对边坡稳定性的影响有时是决定性的。沉积岩、副变质岩中存在的层理面，当岩层的产状与边坡一致时，常成为岩石边坡破坏的滑动面。岩体中存在的各种不连续面的切割组合常构成边坡上不稳定块体，影响边坡稳定。

(4) 水的影响。水对边坡稳定的影响可分为两个方面：一是水对岩土软化、侵蚀，降低岩土力学性质；二是水对边坡冲刷、冲蚀，直接破坏边坡。很多边坡岩体的变形破坏多发生在降雨的过程中或降雨后不久。降雨对坡面的冲刷、冲蚀会造成坡面破坏，水流对坡脚的冲刷，是很多边坡破坏最直接的因素。

(5) 风化作用。风化作用使岩土体强度减小，边坡稳定性降低，促进边坡的变形破坏。大量调查表明，边坡岩体风化愈严重，边坡稳定性愈差，边坡稳定的坡角愈小。在同一地区，不同岩性，其风化程度也不一样，如黏土质岩石比硬砂岩易风化，因而风化层厚度较大，坡角较小；节理裂隙发育的岩石比裂隙少的岩石风化层深，形成袋状深风化带；具有周期性干湿变化地区的岩石易于风化，风化速度快，边坡稳定性差。

（6）人类活动的影响。人类对边坡的不适当开挖、植被的破坏、地表或地下水动力条件的人为改变，都可能造成边坡破坏。

15.2.3 岩质边坡稳定性分析

边坡稳定性分析在于阐明工程地段天然边坡是否可能产生危害性的变形与破坏，论证其变形与破坏的形式、方向和规模，设计稳定而又经济合理的人工边坡，或对其维护并加大其稳定性而采取经济合理的工程措施，以保证边坡在工程运用期间不致发生危害性的变形与破坏。

边坡稳定性的评价方法可归纳为三种：（1）工程地质分析法；（2）理论计算法（公式计算、图解及数值分析）；（3）试验及观测方法。

（1）工程地质分析法。工程地质分析法最主要的内容是比拟法，是生产实践中最常用、最实用的边坡稳定性分析方法。它主要是应用自然历史分析法认识和了解已有边坡的工程地质条件，并与将要研究的边坡工程地质条件相对比；把已有边坡的研究或设计经验，用到条件相似的新边坡的研究或设计中去。

相似性包括两个主要方面：一是边坡岩性、边坡所处的地质构造部位和岩体结构的相似性；二是边坡类型的相似性。边坡岩性相似性又是成岩条件的相似性。岩石形成的地质年代不同，岩性也不同，不能忽略岩石成岩环境、条件和年代。边坡所处地质构造部位不同，对边坡稳定性评价及边坡设计具有重大影响。处于地质构造复杂部位（如断层破碎带、褶曲轴部）的边坡其稳定性及设计与处在地质构造简单部位的边坡是有很大不同的。岩体结构的相似性应特别注意结构面及其组合关系的相似性。

边坡类型的相似性，应在边坡岩性、岩体结构相似性基础上来对比。水上边坡可与河流岸坡对比，水下边坡可与河流水下边坡部分对比，一般场地边坡可与已有公路和铁道路堑边坡对比。如此对比相似的边坡，才可作为选择稳定坡角的依据。

一般情况下，在工程地质比拟所要考虑的因素中，岩石性质、地质构造、岩体结构、水的作用和风化作用是主要的，其他如坡面方位、气候条件等是次要的。

（2）理论计算法。边坡稳定性力学分析法是一种运用很广的方法，它可以得出稳定性的定量概念。力学分析法多以岩土力学理论为基础，运用松散体静力学、弹塑性理论或刚体力学的基本理论和方法，进行分析边坡稳定性。这些方面的基本假定尚不能在理论上完全解决，且因影响边坡的天然营力因素又很复杂，实际上它通常只能进行一些近似估算。目前，边坡稳定的力学计算，通常建立在静力平衡基础上，按不同边界条件去考虑力的组合，核算滑面上推滑力和抗滑力大小，进行稳定计算。

影响岩质边坡稳定的主要因素是结构面，一般可利用赤平极射投影法来表示边坡变形的边界条件，即通过表明各组结构面的组合关系，滑动体形态与边坡倾角、倾向的关系，从而对边坡的稳定性做出定性分析，并便于进一步作力学计算。

1）极射赤平投影实质是利用一个球体作为投影工具，把物体置于球体中心，将物体的几何要素（点、线、面）通过极射投影于赤平面上，化立体为平面的一种投影。

通过球心的平面与球面相交而成的圆 NESW（赤道平面），从球体下极点 R 向上半球发出射线，如 RC、RP 等，称为极射。如极点 R 向球面任意点 C 发出射线，必然通过赤平面 NESW，交点 C' 称为极射投影点。如图 15-4（a）、（b）所示。

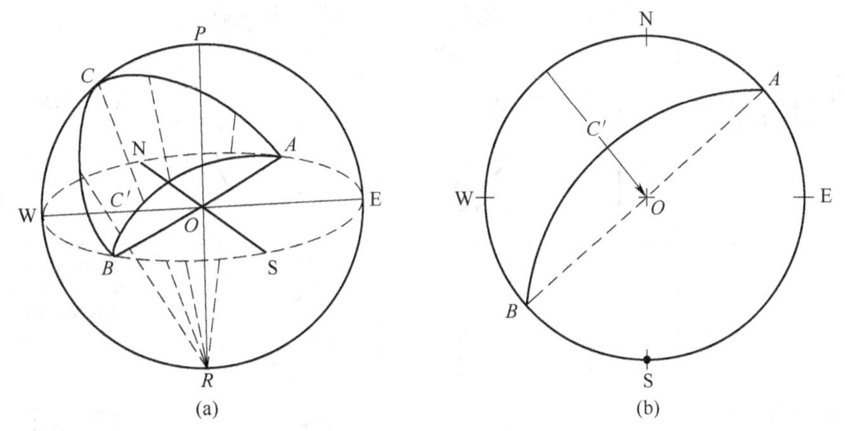

图 15-4　赤平极射投影图

2）实际中可采用吴氏投影网，以简化结构面的投影工作，吴氏投影网如图 15-5 所示。吴氏网上标有不同刻度的倾角和经度曲线，用透明纸把图 15-4（b）的赤平面投影图画成与吴氏网等直径的圆，将结构面的倾向、倾角在吴氏投影网中找到对应点；其他结构面的赤平面投影弧都可按此法作出。

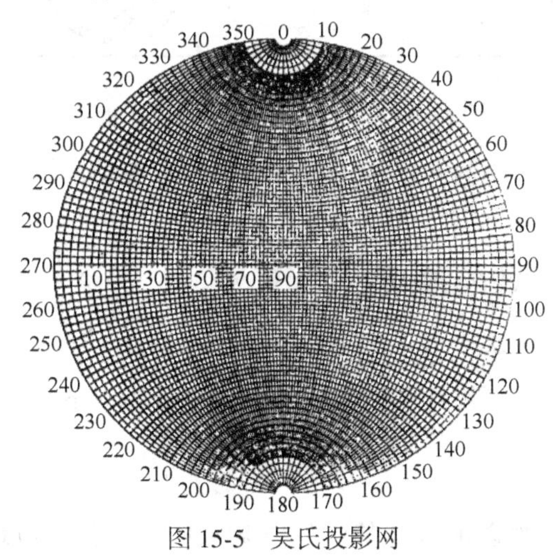

图 15-5　吴氏投影网

3）利用赤平投影图初步分析岩质边坡稳定性

分析之一：一组结构面与坡面的边坡稳定性分析如图 15-6 所示。

分析之二：两组结构面与坡面走向基本一致稳定性分析如图 15-7 所示。

（3）试验及观测方法。对那些地质条件复杂、受复杂工程荷载作用的边坡需运用各种岩石力学的理论技术和方法，进行边坡应力场、变形场位移场和变形破坏模式的分析。采用的方法主要是物理模型试验和数值模拟相结合的方法。

近年来，计算机技术的发展，促进了以数值方法为基础的大型应用软件的发展，运用

结构面与边坡关系	平面图	剖　面　图	赤 平 投 影 图	边坡稳定情况
内倾	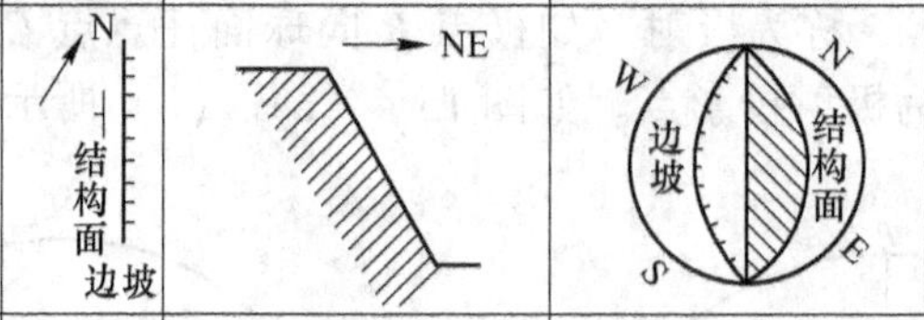 N 结构面 边坡	NE	N W E S 边坡 结构面	稳定，滑动可能性小
外倾结构面倾角β小于坡面角α	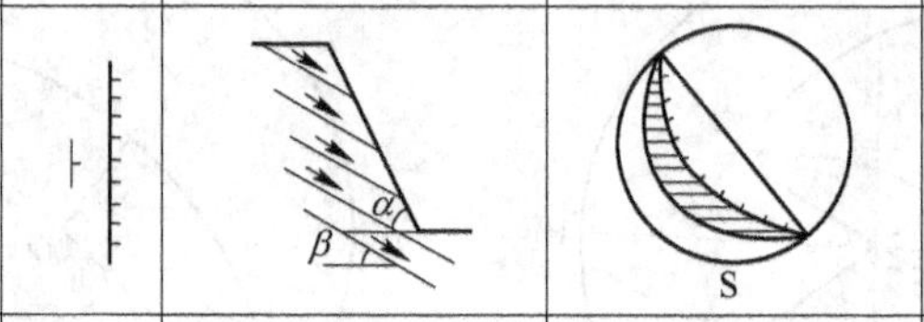	α β	S S	不稳定，易滑动
外倾 β>α	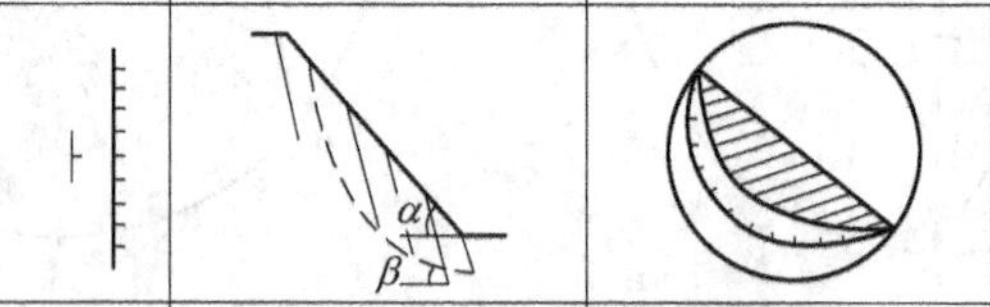	α β		滑动可能性较小，但可能沿软弱结构面产生深层滑动
斜交夹角>40°，外倾	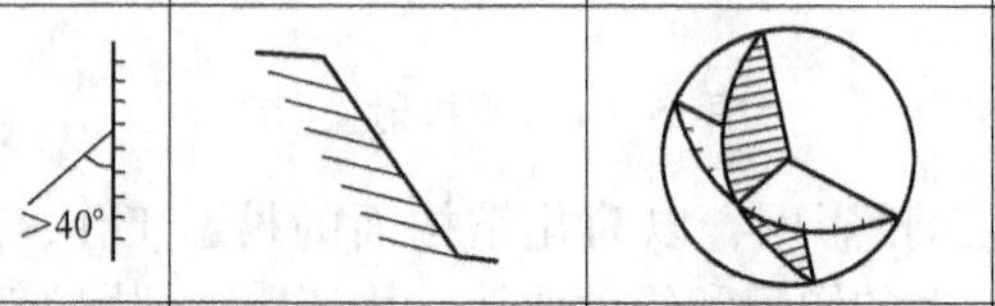 >40°			一般较稳定，坚硬岩层滑动可能性小
斜交夹角<40°，外倾	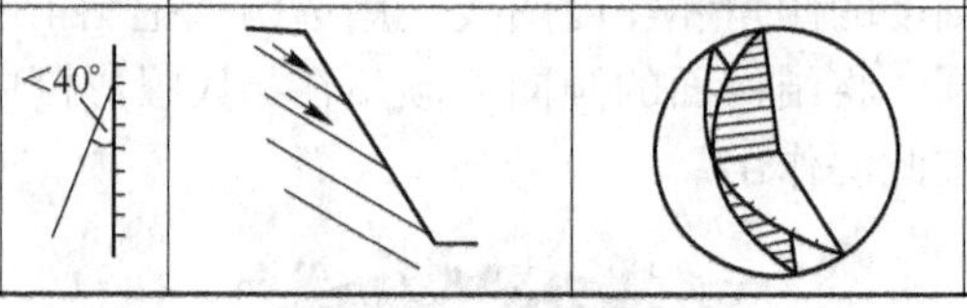 <40°			不很稳定，可能产生局部滑动

图 15-6　岩质边坡稳定性分析（一）

有限元、边界元、离散元等工具，已经可以解决很多边坡稳定性分析问题。其中模型试验研究可以观察到边坡各部分变形、破坏过程。

15. 2. 4　防治边坡变形破坏的处理措施

边坡变形破坏的防治措施详见 16. 1. 5 节。

针对不同情况，边坡变形破坏的防治措施大致可分为以下几类。

15. 2. 4. 1　排水

排除地下水可使坡体的含水量及其中的空隙水压力降低，以增强抗滑力和减小下滑力。排水的措施较多，有排水廊道、截水沟、盲沟、水平钻孔、盲洞、集水井等，如图 15-8 所示。排水措施一般是与其他措施配合使用的，如图 15-9 所示。

15. 2. 4. 2　锚固措施

如已探明可能滑动面的位置，可采用锚桩或锚杆穿过滑动面锚入稳定岩体一定深度，这是增强边坡岩体抗滑力的有效措施。有锚杆（或锚索）和混凝土锚固桩两种类型，如图 15-10 所示。

结构面与边坡关系	平面图	剖　面　图	赤平投影图	边坡稳定情况
两组内倾	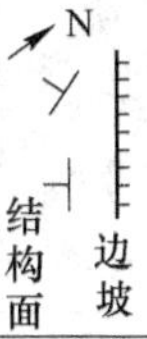 N 结构面 边坡	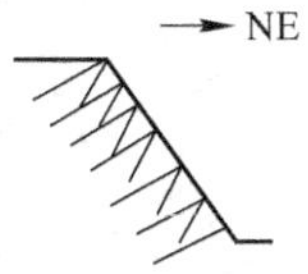 NE	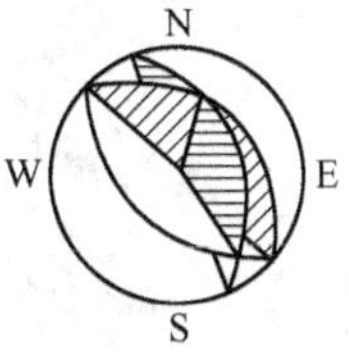 N W E S	较稳定，坚硬岩层滑动可能性小
两组外倾，$\beta<\alpha$		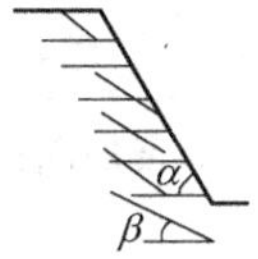 α β	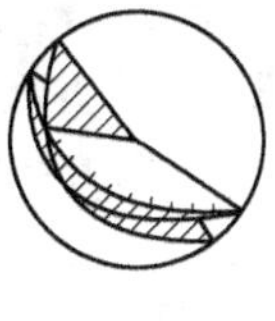	不稳定，较破碎，易滑动
两组外倾，$\beta>\alpha$		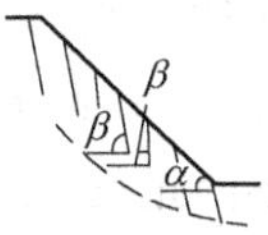 β β α	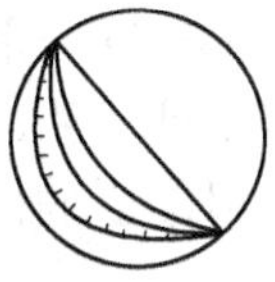	较稳定，可能产生深部滑动
一组外倾（一组内倾），$\beta<\alpha$		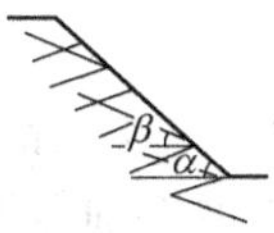 β α	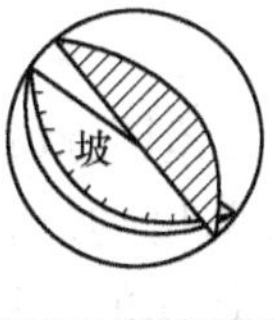 坡	不稳定，较易滑动
一组外倾（一组内倾），$\beta>\alpha$		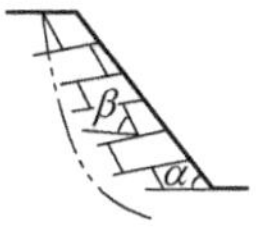 β α	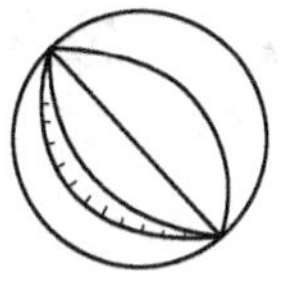	可能产生深层滑动，内倾结构面倾角越小越易滑动

图 15-7　两组结构面与走向基本一致稳定性分析

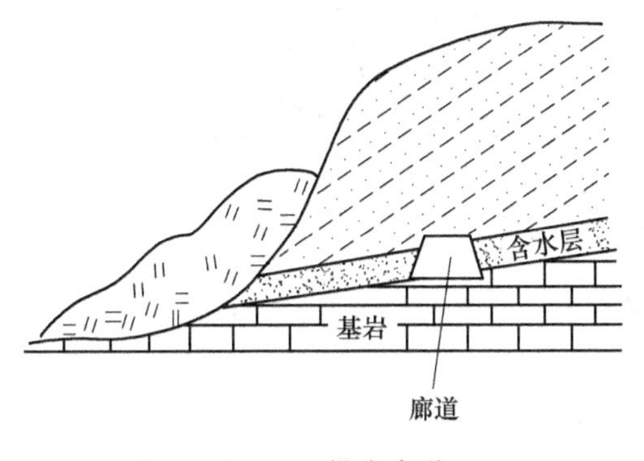

图 15-8　排水廊道

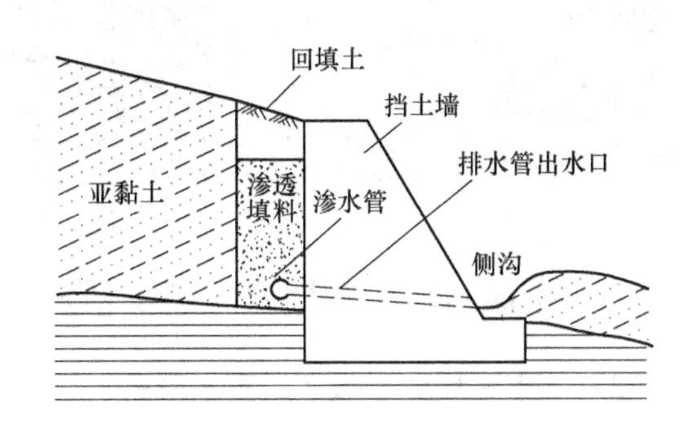

图 15-9　挡墙与排水措施结合

图 15-10　预应力锚索加固边坡

15.2.4.3　削坡减重与反压

将陡倾的边坡上部的岩体挖除一部分，使边坡变缓，同时也使可能的滑体重量减轻。削减下来的土石可填在坡脚，起反压的作用，这些都有助于岩体的稳定，如图 15-11 所示。采用这种方法时要注意滑动面的位置，不能把起抗滑作用的岩体部分削掉，造成不利于岩体稳定的因素。

15.2.4.4　其他措施

对于节理裂隙虽较细小，但数量较多又无明显的滑动面的边坡岩体，还可以采用钻孔固结灌浆来加强岩体的力学强度的措施；或在坡面铺盖混凝土护面，一方面可防止雨水的渗入，另一方面可抵挡风化作用的侵蚀。

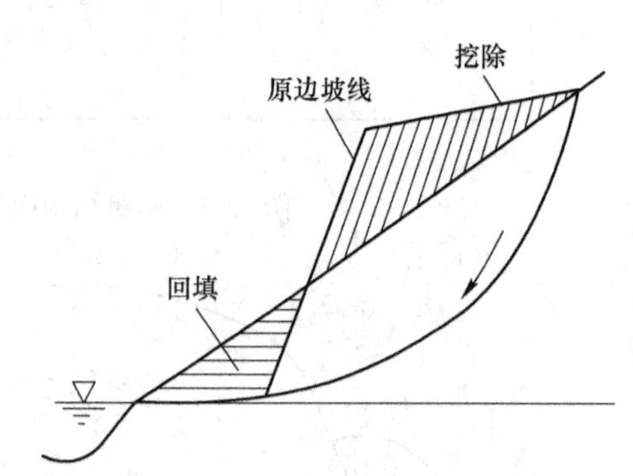

图 15-11　边坡削坡减重与反压

15.3　土质边坡工程地质问题及稳定性分析

15.3.1　土边坡变形破坏的基本形式

土质边坡的变形破坏类型因边坡一般高度不大，多为数米到二三十米，但也有个别的边坡高达数十米（如天兰线高阳至云图间的黄土高边坡）。边坡在动静荷载、地下水、雨水、重力和各种风化营力的作用下，可能发生变形和破坏。变形破坏现象可分为两大类：一类是小型的坡面局部破坏；一类是较大规模的边坡整体性破坏。

（1）坡面局部破坏。坡面局部破坏包括剥落、冲刷和表层滑塌等类型。表层土的松动和剥落是这类变形破坏的常见现象。它是由于水的浸润与蒸发、冻结与融化、日光照射等风化营力对表层土产生复杂的物理化学作用所导致。

（2）边坡整体性破坏。边坡整体坍滑和滑坡均属这类边坡变形破坏。土质边坡在坡顶或上部出现连续的拉张裂缝并下沉，或边坡中、下部出现鼓胀现象，都是边坡整体性破坏和滑动的征兆。一般地区这类破坏多发生在雨季或雨季后。对于有软弱基底的情况，则边坡破坏常与基底破坏连同在一起。

由上述可知，对于第一类边坡变形破坏只要在养护维修过程中采用一定措施就可以制止或减缓它的发展，其危害程度也不如第二类边坡破坏严重；第二类变形破坏危及行车安全，有时造成线路中断，处理起来也较费事。

15.3.2 影响边坡稳定性的因素

（1）土坡的坡度和坡高，土的性质，γ，c，φ。

（2）开挖、加载、水渗流、地震力等外界力作用的影响，可破坏土体内原来的应力平衡。

（3）自然条件及气候的变化使土变松，雨水渗入、施工震动及地震等外界其他因索影响土的抗剪强度，使其强度降低。

15.3.3 土质边坡稳定性分析

土质滑动破坏的滑面通常有平面、圆弧面及曲面三种形态。滑面的形状主要取决于土质的均匀程度、土的性质及土层的结构和构造。对于不同的滑面形态可采用不同的稳定性计算方法。

（1）砂性土的土坡稳定分析。一般假定砂性土坡的滑动面是平面。通过计算滑动土楔体下滑动面上的抗滑力和作用于滑动上楔体上的滑动力之比（滑动稳定安全因数 K）来验算土坡的稳定性。

（2）黏性土的土坡稳定分析。均质黏性土土坡失稳破坏时常假定破坏面是圆弧面，土坡滑动稳定安全因数 K 可以用滑动土体的稳定力矩（抗滑力矩）与滑动力矩的比值表示。然而最危险滑动圆弧面的位置不易确定。圆弧形滑面土坡稳定性计算常采用的方法为土力学中的条分法。条分法以极限平衡理论为基础，由瑞典人彼得森（K. E. Petteson）在 1916 年提出，20 世纪 30～40 年代经过费伦纽斯（W. Fellenius）和泰勒（D. W. Taylor）等人的不断改进，直至 1954 年简布（N. Janbu）提出了普遍条分法的基本原理，1955 年毕肖普（Bishop）明确了土坡稳定安全系数，使该方法在目前的工程界成为普遍采用的方法。

瑞典法条分法最早而又最简单的方法是瑞典圆弧法，又简称为瑞典法或费伦纽斯法，计算模型的基本假定如下：1）假定土坡稳定属平面应变问题，即可取其某一横剖面为代表进行分析计算。2）假定滑裂面为圆柱面，即在横剖面上滑裂面为圆弧；弧面上的滑动土体视为刚体，计算中不考虑土条间的相互作用力。3）定义安全系数为滑裂面上所能提供的抗滑力矩之和与外荷载及滑动土体在滑裂面上所产生的滑动力矩和之比；所有力矩都以圆心为矩心。

计算简图如图 15-12 所示。

计算公式如下：

$$F_s = \frac{\sum \left[c_i' l_i + (W_i \cos\alpha_i l_i - u_i l_i) \tan\varphi_i' \right]}{\sum W_i \sin\alpha_i}$$

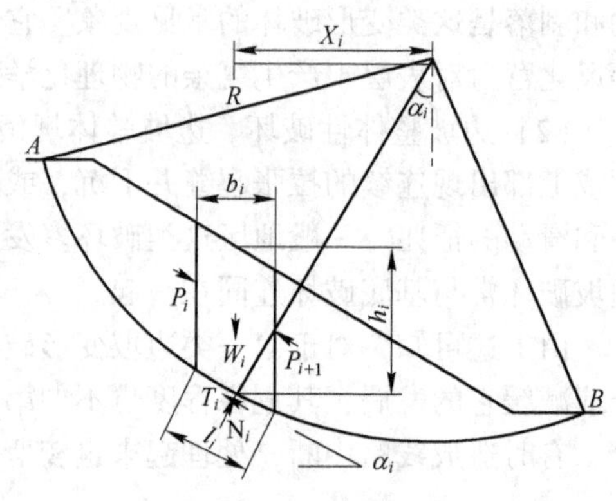

图 15-12　计算简图

式中　W_i ——土条本身的自重力；

α_i ——土条底部坡角；

l_i ——土条底部坡长；

u_i ——孔隙应力；

c_i，φ ——坡体有效抗剪强度指标。

滑弧的位置在出现滑动前并不明确，主要取决于土体的性质，边坡的形态等因素。在稳定性计算时，须先假定若干滑弧，经试算后，以稳定性系数最小的滑弧为可能的滑弧。当土坡内部有地下水渗流作用时，滑动土体中存在渗透压力，边坡稳定性计算时应考虑地下水渗透压力的影响。

15.4　本章小结

边坡是指自然因素或人力因素在地表形成的坡状地形（临空的坡状地形），包括天然斜坡和人工开挖的边坡；边坡岩体变形破坏的基本形式可概括为松动、松弛张裂、蠕动、剥落、滑坡、崩塌等；边坡稳定的主要影响因素有岩土类型、地质构造、岩土体结构、水文条件、风化作用、人类活动等。

15.5　习题

15-1　边坡的破坏形式有哪些？

15-2　如何防治边坡失稳？

15-3　目前常用的土质边坡稳定性分析方法有哪些？

16　工程地质灾害与防治

人类工程活动都是在一定的地质环境中进行的，两者之间必然产生相互制约和相互作用。地质环境对人类工程活动的制约是多方面的，如影响建筑工程的稳定和正常使用，影响工程活动的安全，提高工程造价等，具体影响视地质环境的特点和人类工程活动的方式和规模而异。人类工程活动又会以各种方式影响地质环境，如建筑荷载引起地基土层的压密，地表和地下开挖改变岩土体的边界条件等。由于人类工程活动规模越来越大，对地质环境的影响也可能波及到广大区域，如大量抽汲地下水或其他地下流体，引起大范围的地面沉降等。

由于地质环境不同、人类工程活动的类型和规模不一，故工程活动与地质环境之间的相互关联和相互制约也有多种形式。只有研究人类工程活动与地质环境之间的相互关系，才能合理开发和妥善保护地质环境及有效改造地质环境。本章论述斜坡变形破坏、泥石流、地面沉降与地裂缝、地震等常见工程地质灾害产生的地质环境条件、形成机制和发展演化规律，探讨合理的防灾对策，以便正确评价地质灾害的危害性并采取合理的工程防灾措施。

16.1　斜坡变形破坏

斜坡系指地壳表层一切具有侧向临空面的地质体，它包括自然斜坡（斜坡）和人工边坡（边坡）两种。自然斜坡是在自然地质作用过程中形成的，人工边坡是在人类工程活动过程中形成的。边坡形成过程中，岩土体原有的应力状态发生变化，为适应新的应力场环境，边坡岩土体将发生不同形式和不同规模的变形或破坏，使边坡趋于新的平衡状态。如受地表水流冲刷、地下水潜蚀、物理和化学风化等自然作用或人为的改造，边坡的外形、内部结构以及应力状态都会不断地发生变化，就有可能使边坡产生一定的变形或破坏。边坡变形破坏过程和它所造成的不良地质环境会对人类工程活动带来严重的危害，边坡稳定性预测失误往往给工程带来不可估量的损失。

16.1.1　斜坡的变形与破坏

在斜坡形成过程中，由于应力状态的变化并受各种自然或人为的内外营力作用，坡体将发生不同方式、不同规模和不同程度的变形，在一定条件下可能发展为破坏。在贯通性破坏面形成之前，斜坡岩土体的位移及局部破裂面形成的过程称为变形，边坡中已有明显变形破裂迹象的坡体称为变形体；边坡被贯通性破坏面分割，边坡岩土体沿贯通性破坏面发生变动称为破坏。边坡有多种失稳破坏方式，如滑落、崩落等，破坏后的滑落体（滑坡）或崩落体等被不同程度地解体，在特定的条件下，它们还可继续运动、演化或转化为其他运动方式，称为破坏体的继续运动。边坡变形、破坏和破坏后的继续运动，分别代表了边坡变形破坏的三个不同演化阶段。

16.1.1.1　斜坡变形的主要方式

（1）卸荷回弹。斜坡形成过程中，由于坡面卸载，坡体内积存的弹性应变能释放，使坡面向临空方向位移，称为卸荷回弹，在高地应力区的岩质边坡中卸荷回弹作用十分强烈。卸荷回弹是由岩体中积存的内能做功造成的，所以一旦失去约束的那一部分内能释放完毕，这种变形即告结束，大多在成坡以后于较短时期内完成。

（2）蠕变。蠕变是在以自重应力为主的坡体应力长期作用下发生的一种缓慢而持续的变形，这种变形包含沿原有结构面的拉张和剪切变形，及产生的一些新的表生破裂面。坡体随蠕变的发展而不断松弛，波及范围可以相当大，如我国西南一些高山峡谷地区，有深达数百米、长达数千米的巨型蠕变体，它们往往影响水电工程和线状工程的选址，并可能造成灾难性后果。

卸荷回弹和蠕变变形使坡体原有结构松弛，在集中应力作用下还可产生一系列新的表生结构面，或改造一些原有结构面。岩体结构松弛并含有表生结构面的那部分受岩体称为卸荷带。它的发育深度与组成斜坡的岩性、岩体结构特征及天然应力状态、坡形以及斜坡形成演化历史等因素有关，在深切河谷和高地应力区，卸荷带发育深度可达数十米甚至上百米。卸荷带也是边坡中应力释放的部位，相对于应力的降低带。一般情况下，卸荷带愈深，应力集中带也分布得愈深。

16.1.1.2 斜坡破坏的主要形式

（1）崩塌。边坡岩土体被陡倾的拉裂面破坏分割后突然脱离母体而快速位移，翻滚、跳跃和坠落下来，堆于崖下，即为崩塌。

按崩塌的规模可分为山崩和坠石；按物质成分又可分为岩崩和土崩。

崩塌的特征是：一般发生在高陡边坡的坡肩部位；质点位移矢量在垂直方向上较水平方向要大得多；崩塌发生时无依附面；往往是突然发生的，运动快速。

（2）滑坡。边坡岩土体沿着贯通的剪切破坏面所发生的滑移现象，称为滑坡。滑坡是某一滑移面上剪应力超过了该面的抗剪强度所致。滑坡的规模可高达数亿至数十亿立方米。

滑坡的特征是：通常是较深层的破坏；滑移面深入到坡体内部，甚至到坡脚以下；质点位移矢量水平方向大于垂直方向；有依附面（即滑移面）存在；滑移速度往往较慢。

滑坡具有分布广、危害严重的特点。世界上不少国家和地区深受滑坡灾害之苦，如欧洲阿尔卑斯山区、高加索山区，南美洲安第斯山区，日本、美国和我国等。

16.1.2 崩塌

崩塌是斜坡破坏的一种形式，它常给房屋、道路等建筑物带来威胁，并可能酿成人身安全事故。尤其对交通线路的危害最为严重，我国宝成、成昆、襄渝铁路和川藏公路沿线崩塌灾害常影响线路正常运营。因此，需对崩塌的形成和运动学特征进行详细地研究。

16.1.2.1 崩塌的形成条件

产生崩塌的先决条件是斜坡陡峻，发生崩塌的地面坡度往往大于45°，尤其是大于60°的陡坡。地形切割愈强烈、高差愈大，形成崩塌的可能性愈大，并且破坏也愈严重。

崩塌常发生在厚层坚硬脆性岩体中（见图16-1），如砂岩、灰岩、石英岩、花岗岩（见图16-2）等，因为只有这类岩体能形成高陡的边坡。陡峻边坡前缘由于应力重分布和卸荷等原因，产生拉张裂缝，并与其他结构面组合，逐渐形成连续贯通的分离面，在触发因素作用下发生崩塌。此外，近于水平产出的软硬相间的岩层组成的陡坡，由于差异风化也会形成局部崩塌（见图 16-3）。

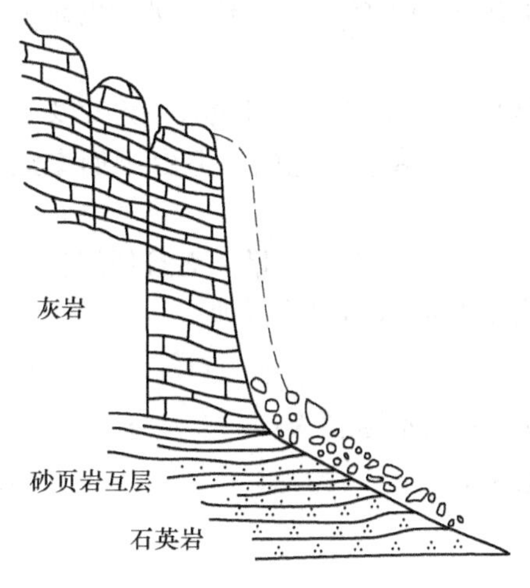

图 16-1 坚硬岩石形成崩塌

图 16-2 花岗岩体崩塌（青海都兰）

构造节理和成岩节理对崩塌的形成影响很大。坚硬脆性岩体中往往发育有两组或两组以上的陡倾节理，其中与坡面平行的一组节理常演化为拉张裂缝。当节理密度较小，但延展性、穿切性较好时，常能形成较大体积的崩塌体。

风化作用也对崩塌形成有一定影响。因为风化作用能使边坡前缘各种成因的裂隙加深加宽，对崩塌的发生起催化作用。此外，在干旱、半干旱气候区，由于物理风化强烈，导致岩石机械破碎而发生崩塌。高寒山区的冰劈作用也对崩塌的形成有一定影响。

不合理的开挖爆破往往造成边坡表面的岩土体松动破碎，同时坡脚开挖降低了边坡岩体的整体稳定性，开挖爆破是边坡产生局部崩塌或大规模崩塌的重要影响因素（见图 16-4）。

在上述诸条件制约下，崩塌的发生还与短时的裂隙水压力以及地震或爆破振动等触发因素有密切关系，尤其是强烈的地震，常会引起大规模崩塌，造成严重灾难。

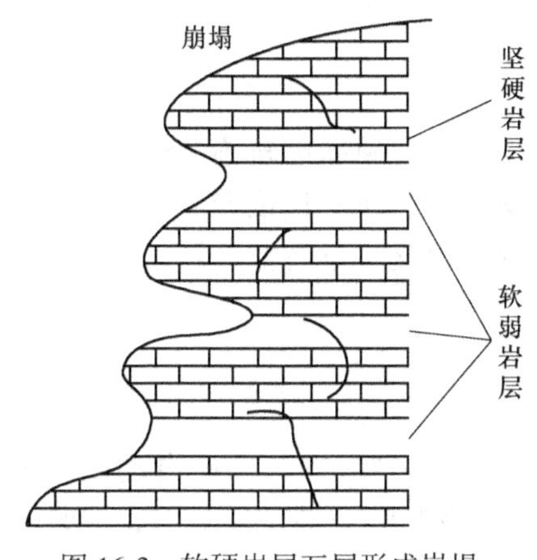

图 16-3 软硬岩层互层形成崩塌

图 16-4 公路沿线不稳定边坡崩塌（云南楚雄）

16.1.2.2 崩塌的运动学特征

边坡崩塌主要有滑动、自由飞落、碰撞弹跳和滚动等四种形式。对于某一具体的斜坡，其崩塌形式可能只是其中的一种或几种，这取决于边坡的形状、边坡坡面的地质力学特点以及滚石的力学性质等因素。

对崩塌运动学特征的研究，对进一步研究其破坏力和制定防治对策有一定意义。崩塌最受关注的两个问题是崩塌块体的破坏力（能量）和崩落影响范围。但由于崩塌运动的影响因素较为复杂，要精确计算是十分困难的。

崩塌运动的特点是质点位移矢量中垂直分量大大超过其水平分量，而且崩塌体完全与母体脱离。在悬崖峭壁的情况下，块体位移服从自由落体运动规律，即：

$$v = \sqrt{2gH} \tag{16-1}$$

但常见的情况是坡角小于90°，如是单一边坡，则运动速度为：

$$v = \sqrt{2gH(1 - K\cot\alpha)} \tag{16-2}$$

式中 g——重力加速度；

H——坡高；

α——坡角；

K——取决于石块大小、形状、岩石性质、石块运动状况等的综合影响系数，一般采取现场实验统计方法取得。

需要指出的是，大型山崩在崩塌过程中位移体附近的空气因承受临时性压缩而会产生“气垫效应”，实际运动速度将会大于理论计算值。

获得运动速度后，即可求得其动能大小（破坏力大小）。崩塌块体沿边坡运动的主要形式是跳跃和滚动。

如果崩塌块体为跳跃形式，则其动能为：

$$E = mv^2/2 \tag{16-3}$$

如果崩塌块体为滚动形式，则其动能为：

$$E = mv^2/2 + I\omega^2/2 \tag{16-4}$$

式中 m——崩塌块体的质量；

v——块体具有的线速度；

I——块体具有的转动惯量；

ω——块体具有的角速度。

崩塌块体沿边坡运动的轨迹呈抛物线形，对质点运动呈跳跃的轨迹方程可按向下抛射物体的运动规律进行推导，求得崩塌块体的落点，为设防范围提供依据。

由于各种因素的制约，实际的崩塌过程相当复杂，其运动学特征最好通过实验观测来确定。

16.1.3 滑坡

斜坡上的岩土体在重力作用下失去原有的稳定性，沿斜坡内部某些滑动面（或滑动带）整体向下滑动的现象称为滑坡。滑坡是斜坡变形破坏的一种主要类型，也是在山区公路、铁路、房屋建筑中经常遇到的一种地质灾害（见图16-5）。

16.1.3.1　滑坡要素

图16-5　山体滑坡掩盖公路（台湾基隆）

一个发育完全的滑坡，一般都具有下列各要素（见图16-6）：

（1）滑坡体（滑体）。指产生了移动的那部分岩土体，即滑坡的滑动部分。

（2）滑动面（滑面）。滑坡体与不动体之间的分界面称滑动面。

（3）剪出口。滑动面前端与斜坡面的交线。

（4）滑坡床（滑床）。滑动面以下的稳定岩土体。

（5）滑坡后壁。滑坡体与不动体脱离后在后缘形成的暴露在外面的陡壁。

（6）滑坡洼地。指滑坡后部，滑坡体与滑坡后壁之间被拉开或由次一级滑块沉陷形成的封闭洼地。有时，滑坡洼地可积水成湖，称为滑坡湖。

（7）滑坡台地。滑坡体滑动后，其表面坡度变缓并呈阶状的台地。

（8）滑坡台坎。由于滑动速度的差异，滑坡体在滑动方向上常解体为几段，每段滑坡块体的前缘所形成的台坎地形。

（9）滑坡前部。常形成滑坡鼓丘和滑坡舌。滑坡鼓丘指位于滑坡体前段由滑体推挤作用形成的丘状地形。滑坡舌指当滑坡剪出口高于坡脚时，在滑坡体前端出现的舌状形态。

（10）滑坡顶点。滑坡主轴通过滑坡后壁的交点。

（11）滑垫面。指滑坡体滑出剪出口后继续滑动和停积的原始地面。

（12）滑坡侧壁。位于滑坡体两侧的滑床呈壁状，称为滑坡侧。

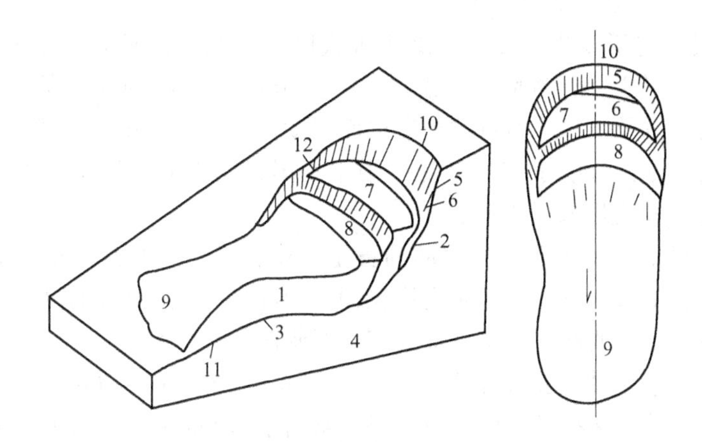

图16-6　滑坡形态特征
（图中各要素编号见文中（1）~（12））

从外表上看，滑坡体各部还会出现各种裂缝，如拉张裂缝（分布在滑坡体的上部，多呈弧形，与滑坡壁的方向大致吻合或平行，一般呈连续分布，长度和宽度都较大，它是产生滑坡的前兆）、剪切裂缝（分布在滑坡体中部的两侧，缝的两侧还常伴有羽毛状裂缝）、鼓胀裂缝（分布在滑坡体的下部，因滑坡体下滑受阻、土体隆起而形成张开裂缝，它们的方向垂直于滑动方向，分布较短，深度也较浅）以及扇形张裂缝（分布在滑坡体的中、下部，特别在滑坡舌部分较多，因滑坡体滑到下部，向两侧扩散，形成张开的裂缝，在中部的与滑动方向接近平行，在滑舌部分则成放射状）。这些裂缝是滑坡不同部位受力状况和运动差异性的反映，对判别滑坡所处的滑动阶段和状态等很有帮助。

16.1.3.2　滑坡的分类及特征

A　滑坡的分类

对滑坡进行合理的分类对于认识和防治滑坡是非常必要的，目前常见的滑坡分类方法有如下几种。

a　按滑动时力的作用分类（见图16-7）

（1）推移式滑坡。主要是由于在斜坡上方不恰当地加载（如造建筑物、弃土等）引起的先滑动而后推动下部一起滑动的滑坡。一般用卸荷的办法来整治。

（2）平移式滑坡。滑动面的许多点同时局部滑动，然后逐步发展到整体滑动。

（3）牵引式滑坡。主要是由于在坡脚任意挖方引起，下部先滑动，而后牵引上部接着下滑，好像火车头牵引车厢，一节一节牵引滑动。一般用支挡的办法来治理。

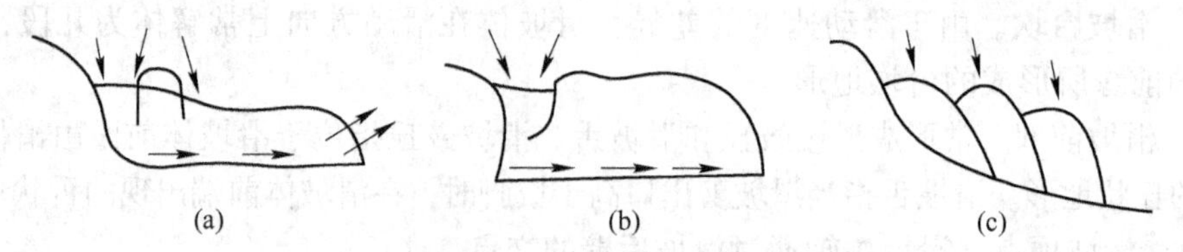

图16-7　滑坡分类（按滑动力）
（a）推移式滑坡；（b）平移式滑坡；（c）牵引式滑坡

b　按滑坡的主要物质成分分类

（1）堆积层（包括残积、坡积、洪积等成因）滑坡。这些堆积层常由崩塌、坍方、滑坡或泥石流等所形成。滑动时，或沿下伏基岩的层面滑动，或沿土体内不同年代或不同类型的层面滑动，以及堆积层本身的松散层面滑动。当它们是由于滑体下部松散湿软而滑动时，运动往往急剧；若由于其上部受土中水浸湿，则常沿较干燥的不透水层的顶面滑动。滑坡体厚度一般从几米到几十米。

（2）黄土滑坡。多发生在不同时期的黄土层中，常见于高阶地前缘斜坡上，多群集出现。大部分深、中层滑坡在滑动时变形急剧，速度快，规模和动能大，破坏力强，具有崩塌性，危害较大。它的产生常与裂隙及黄土对水的不稳定性有关。

（3）黏土滑坡。主要是指发生在平原或较平坦的丘陵地区的黏土层中的滑坡。这些黏土多具有网状裂隙，除在黏土层内滑动外，常沿下伏基岩或其他土层层面上滑动，一般以浅层滑坡居多，但有时滑坡体的厚度也可达十几米。

（4）岩层滑坡。指各种岩层的滑坡。较常见的有由砂、页岩组成的岩层，片状的岩层（如片岩、千枚岩等），泥灰岩等岩层。滑动面是层面或软弱结构面。

c　按滑动面通过各岩（土）层的情况分类（见图16-8）

（1）顺层滑坡。这类滑坡是沿着斜坡岩层面或软弱结构面发生滑动，特别当松散土层与基岩的接触面的倾向与斜坡的坡面一致时更为常见，它们的滑动面常呈平坦阶梯面。

（2）切层滑坡。这类滑坡的滑动面切割了不同岩层，并形成滑坡台阶。在破碎的风化岩层中所发生的切层滑坡常与崩塌类似。

（3）均匀土滑坡。又叫同类土滑坡，多发生在均匀土或风化强烈的岩层中，滑动面常近似为一圆筒面，均匀光滑。

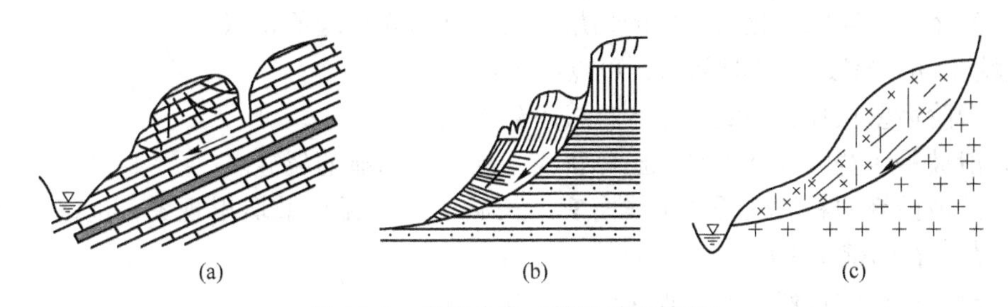

图 16-8 滑坡分类（按滑动面情况）

（a）顺层滑坡；（b）切层滑坡；（c）均质土滑坡

d 按滑坡体的体积分类

（1）小型滑坡。滑坡体体积小于 3 万 m^3。

（2）中型滑坡。滑坡体体积为 3~50 万 m^3。

（3）大型滑坡。滑坡体体积为 50~300 万 m^3。

（4）特大型滑坡。滑坡体体积大于 300 万 m^3。

e 按滑坡体的厚度分类

（1）浅层滑坡。滑坡体厚度小于 6m。

（2）中层滑坡。滑坡体厚度为 6~20m。

（3）深层滑坡。滑坡体厚度大于 20m。

B 滑坡的特征

根据滑坡地表形态的特征，有助于识别新、老滑坡，现把堆积层滑坡和岩层滑坡的一些特征扼要说明如下。

堆积层滑坡常有如下的主要特征：

（1）其外形多呈扁平的簸箕形。

（2）斜坡上有错距不大的台阶，上部滑壁明显，有封闭洼地，下部则常见隆起。

（3）滑坡体上有弧形裂缝，并随滑坡的发展而逐渐增多。

（4）滑动面的形状在均质土中常呈圆筒面，而在非均质土中多呈一个或几个相连的平面。

（5）在滑坡体两侧和滑动面上常出现裂缝，其方向与滑动方向一致。在黏性土层中，由于滑动时剧烈的摩擦，滑动面光滑如镜，并有明显的擦痕，呈一明一暗的条纹。

（6）在黏土夹碎石层中，滑动面粗糙不平，擦痕尤为明显。

（7）滑坡体上树木歪斜，称为“醉汉林”。

岩层滑坡的主要特征有：

（1）在顺层滑坡中，滑坡床的剖面多呈平面或多级台阶状，其形状受地貌和地质构造限制多呈 U 形或平板状。

（2）滑坡床多为具有一定倾角的软弱夹层。

（3）滑动面光滑，有明显的擦痕。

（4）滑坡壁多上陡下缓，它与其两侧有互相平行的擦痕和岩石粉末。

（5）在滑坡体的上、中部有横向拉张裂缝，大体上与滑动方向正交，而在滑坡床部位有扇形张裂缝。

（6）发生在破碎的风化岩层中的切层滑坡，常与崩塌现象相似。

当滑坡停止并经过较长时间后，可以看到：

（1）台阶后壁较高，长满了草木，找不到擦痕。

（2）滑坡平台宽大且已夷平，土体密实，地表无明显的裂缝。

（3）滑坡前缘的斜坡较缓，土体密实，长满树木，无松散坍塌现象，前缘迎河部分多出露含大孤石的密实土层。

（4）滑坡两侧的自然沟割切很深，已达基岩。

（5）滑坡舌部的坡脚有清澈泉水出现。

（6）原来的“醉汉林”又重新向上竖向生长，树干变成下部弯曲而上部斜向，形成所谓“马刀树”等。

以上这些特征表明滑坡已基本稳定。滑坡稳定后，如触发滑动的因素已经消失，滑坡就将长期稳定；否则，还可能重新滑动或复活。

16.1.3.3　滑坡的发展过程

滑坡的发展是一个缓慢的过程，通常将滑坡的发展分为以下三个阶段。

（1）蠕动变形阶段。在这个阶段，原本稳定的斜坡由于外界因素的影响，其内部切应力不断增加使得斜坡的稳定状态受到破坏。在斜坡内部由于某一部分因抗剪强度小于切应力而发生变形，当变形发展至坡面就会形成小的裂隙。而随着裂隙的不断加宽，加之地表水下渗作用的不断加强，滑体两侧的剪切裂缝也相继出现，坡角附近的岩土被挤出，滑动面基本形成，斜坡岩土体开始沿着滑动面整体向下滑动。从斜坡发生变形、坡面出现裂缝到斜坡滑动面全部贯通的发展阶段称为滑坡的蠕动变形阶段。这一阶段经历的时间由数天至数年不等。

（2）滑动破坏阶段。滑坡体沿着滑动面向下滑动的阶段称为滑动破坏阶段。此时滑坡壁出露明显，滑坡后缘迅速下陷，滑坡体分裂成数块，并在坡面上形成阶梯状地形。而位于滑体上的建筑物会随之变形直至倒塌，树木东倒西歪形成“醉汉林”。随着滑体向前的滑动，滑坡体向前伸出形成滑坡舌，并使位于其前方的建筑物、道路、桥梁被冲毁。这一阶段经历的时间取决于滑坡体下滑的速度，而速度的大小主要与岩土抗剪强度降低的速率有着密切关系，如果岩土的抗剪强度下降较慢，则滑坡体不会急剧下滑，经历时间较长；相反，若岩土的抗剪强度下降较快，则滑坡体会以每秒几米甚至几十米的速度下滑，而且滑动时往往伴随有巨响并产生巨大的气浪，从而危害更大。

（3）渐趋稳定阶段。滑坡体停止运动，重新达到稳定状态的阶段称为渐趋稳定阶段。由于滑面摩阻力的影响，滑坡体最终会停止下来。而在重力作用下，滑坡体上的松散的岩土体逐渐压密，地表的裂缝被充填，滑动面附近的岩土强度由于压密固结而进一步提高。

当滑坡的坡面变缓、地表没有明显裂缝，滑坡前缘无水渗出或流出清凉的泉水，滑坡表面植被重新生长时，表明滑坡已基本稳定。

滑坡在不同的发育阶段有着不同的形态（见表16-1），判断滑坡的稳定性对防止滑坡可能造成的危害有很大的意义。

表16-1 稳定滑坡与不稳定滑坡的形态特征

相对稳定的滑坡地貌特征	不稳定的滑坡地貌特征
（1）滑坡后壁较高，长满了树木，找不到擦痕和裂缝；	（1）滑坡后壁高、陡，未长草木，常能找到擦痕和裂缝；
（2）滑坡台阶宽大且已夷平，土体密实，无陷落不均现象；	（2）滑坡台阶尚保存台坎，土体松散，地表有裂缝且沉降不均；
（3）滑坡前缘的斜坡较缓，土体密实，长满草木，无松散坍塌现象；	（3）滑坡前缘的斜度较陡，土体松散，未生草木，并不断产生少量的坍塌；
（4）滑坡两侧的自然沟谷切割很深，谷底基岩出露；	（4）滑坡两侧多是新生的沟谷，切割较浅，沟底多为松散堆积物；
（5）滑坡体较干燥，地表一般没有泉水或湿地，滑坡舌泉水清澈；	（5）滑坡体湿度很大，地面泉水和湿地较多，舌部泉水流量不稳定；
（6）滑坡前缘舌部有河水冲刷的痕迹，舌部的细碎土石已被河水冲走，残留有一些较大的孤石	（6）滑坡前缘正处在河水冲刷的条件下

16.1.3.4 滑坡的形成条件

A 滑坡发育的内部条件

产生滑坡的内部条件与组成边坡的岩土的性质、结构、构造和产状等有关。不同的岩土，它们的抗剪强度、抗风化和抗水的能力都不相同。从岩土的结构、构造来说，主要是岩（土）层层面、断层面、裂隙等的倾向对滑坡的发育有很大的关系。同时，这些部位又易于风化，抗剪强度也低。当它们的倾向与边坡坡面的倾向一致时，就容易发生顺层滑坡以及在堆积层内沿着基岩面滑动；否则相反。边坡的断面尺寸对边坡的稳定性也有很大的影响。边坡越陡，其稳定性就越差，越易发生滑动。此外，滑坡若要向前滑动，其前沿就必须要有一定的空间，否则，滑坡就无法向前滑动。

实践表明：在下列不良地质条件下往往容易发生滑坡：

（1）当较陡的边坡上堆积有较厚的土层，其中有遇水软化的软弱夹层或结构面。

（2）当斜坡上有松散的堆积层，而下伏基岩是不透水的，且岩层面的倾角大于20°时。

（3）当松散堆积层下的基岩是易于风化或遇水会软化时。

（4）当地质构造复杂，岩层风化破碎严重，软弱结构面与边坡的倾向一致或交角小于45°时。

（5）当黏土层中网状裂隙发育，并有亲水性较强的（如蒙脱土）软弱夹层时。

（6）原古、老滑坡地带可能因工程活动而引起复活时等。

B 滑坡发育的外部条件

滑坡发育的外部条件主要有水的作用，不合理的开挖和坡面上的加载、振动，采矿等。调查表明：90%以上的滑坡与水的作用有关。水对滑坡的作用主要表现在以下几个方面：首先，水的加入会增大岩土体的重量和降低土体的抗剪强度；其次，水的冲刷作用和浮托作用会导致斜坡失稳或者滑坡复活。

此外，振动对滑坡的发生和发展也有一定的影响，如大地震时往往伴有大滑坡发生，大爆破有时也会触发滑坡。

16.1.4　影响斜坡稳定性的因素

影响斜坡稳定性的因素复杂多样，有自然的和人为的，其中主要是斜坡岩土类型和性质、岩体结构和地质构造、风化、水的作用、地震和人类工程活动等。正确分析各因素的作用，是斜坡稳定性评价的基础工作之一，且可为预测斜坡变形破坏的发生、发展演化趋势以及为制定有效的防治措施提供依据。

各种因素主要从三方面影响着斜坡的稳定。第一，影响斜坡岩土体的强度，如岩性、岩体结构、风化和水对岩土的软化作用等。第二，影响斜坡的形状，如河流冲刷、地形和人工开挖斜坡、填土等。第三，影响斜坡内应力状态，如地震、地下水压力、堆载和人工爆破等。它们的负影响表现在增大下滑力并降低抗滑力，促使斜坡向不稳定方向转化。

上述诸因素中，岩土类型和性质、岩土体结构是最主要的因素，其他因素只有通过它才能起作用。根据各因素对斜坡稳定性的影响程度，可将它们分为两大类：一类为主导因素，是长期起作用的因素，有岩土类型和性质、地质构造和岩体结构、风化作用、地下水活动等；另一类为触发因素，是临时起作用的因素，有地震、洪水、暴雨、堆载、人工爆破等。

16.1.4.1　*岩土类型和性质*

岩土类型和性质是影响斜坡稳定性的根本因素。在坡形（坡高和坡角）相同的情况下，显然岩土体愈坚硬，抗变形能力愈强，则斜坡的稳定条件愈好；反之，则斜坡稳定条件愈差。所以，坚硬完整的岩石（如花岗岩、石英砂岩、灰岩等）能形成稳定的高陡斜坡，而软弱岩石和土体则只能维持低缓的斜坡。一般来说，岩石中含泥质成分愈高，抵抗斜坡变形破坏的能力愈低。那些容易引起斜坡破坏的岩性组合被称为“易滑地层”。如砂泥（页）岩互层、灰岩与页岩互层、黏土岩、板岩、软弱片岩及凝灰岩等，尤其是当它们处于同向坡的条件下滑坡可成群分布。土体中的裂隙黏土和黄土类土也属“易滑地层”。

此外，岩性还制约斜坡变形破坏的形式。一般来说软弱地层常发生滑坡。而坚硬岩类形成高陡的斜坡受结构面控制其主要破坏形式是崩塌。顺坡向高陡斜坡上的薄板状岩石则往往出现弯折倾斜以至发展成为滑坡。黄土因垂直节理发育，故常有崩塌发生。

16.1.4.2　*岩体结构及地质构造*

对岩质斜坡来说，其变形破坏多数是受岩体中软弱面控制的。所以对结构面的成因、性质、延展特点、密度以及不同方向结构面的组合关系等的研究是相当重要的。在斜坡稳定性研究中。主要软弱面与斜坡临空面的关系至关重要。可以分为如下几种基本情况：

（1）平迭坡。主要软弱结构面是水平的。这种斜坡一般比较稳定，但厚层软硬相间岩层会形成崩塌破坏。厚层软弱岩（如黏土岩）会发生像均质土那样的无层滑坡。

（2）逆向坡。主要软弱结构面的倾向与斜坡倾向相反。即岩层倾向坡内。这种斜坡是最稳定的，有时有崩塌发生，但滑坡的可能性很小。

（3）横交坡。主要软弱结构面的走向与斜坡走向正交。这类斜坡的稳定性较好，很少发生滑坡。

（4）斜交坡。主要软弱结构面的走向与斜坡走向斜交。这类斜坡当软弱面倾向坡外，其交角小于40°时稳定性较差。否则较稳定。

（5）顺向坡。主要软弱结构面的倾向与斜坡临空面倾向一致。根据其倾角与坡角的相对大小，稳定性情况是不相同的。当坡角 β 大于弱面倾角 α 时如图16-9（a）所示，斜坡稳定性最差，极易发生顺层滑坡，自然界这种滑坡最为常见；当 $\alpha>\beta$ 时如图16-9（b）所示，斜坡稍稳定。但因还有其他结构面存在，特别是向坡外缓倾的结构相组合，还可能产生滑坡。

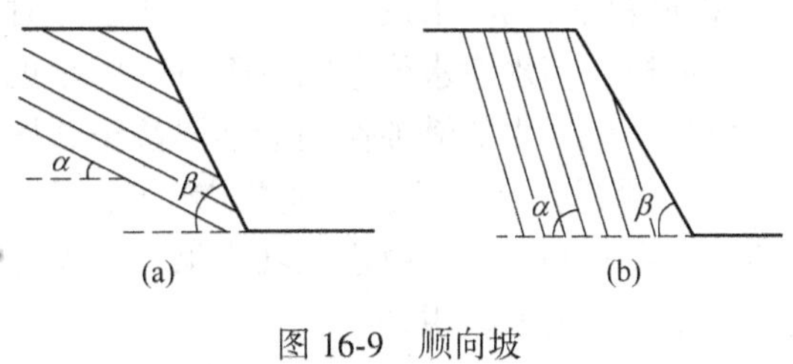

图16-9 顺向坡

（a）$\alpha<\beta$；（b）$\alpha>\beta$

以上讨论的仅是一组软弱结构面的情况。若软弱结构面有二组或二组以上时，要视它们的组合情况对斜坡的稳定性进行分析，其分析就比较复杂了。

一些大的或区域性的断层破碎带，尤其是近期强烈活动的断裂带，沿着崩塌、滑坡往往呈线性密集分布。我国川滇山区是南北向地震带的南段，由于地震强烈活动，岩体结构破坏严重。地貌上又处第一阶梯向第二阶梯过渡的边缘山地，地面高差悬殊，谷坡陡峻。因此崩塌、滑坡丛生，常酿成灾害性事件。

16.1.4.3 地形地貌条件

地形地貌对斜坡稳定性有直接影响。从区域地形地貌条件看，斜坡变形破坏主要集中发育于山地环境中，尤其在河谷强烈切割的峡谷地带。我国地处大洋板块和大陆板块相互作用制约的中心部位，西部挤压隆起，东部拉张陷落，形成了西高东低的阶梯状地形，可明显地划分出三个阶梯。处于两个阶梯转折地带的边缘山地，山谷狭窄，高耸陡峻，地面高差悬殊，因此斜坡变形破坏现象十分发育。

16.1.4.4 水的作用

水对斜坡稳定性有显著影响。它的影响是多方面的，包括软化作用、冲刷作用、静水压力和动水压力作用，还有浮托力作用等。

（1）水的软化作用。水的软化作用系指由于水的活动使岩土体强度降低的作用。对岩质斜坡来说，当岩体或其中的软弱夹层亲水性较强，有易溶于水的矿物存在时，浸水后岩石和岩体结构遭到破坏，发生崩解泥化现象，使抗剪强度降低，影响斜坡的稳定。对于土质斜坡来说，遇水后软化现象更加明显，尤其是黏性土和黄土斜坡。

（2）水的冲刷作用。河谷岸坡因水流冲刷而使斜坡变高、变陡，不利于斜坡的稳定。冲刷还可使坡脚和滑动面临空，易导致滑动。水流冲刷也常是岸坡崩塌的原因。此外，大坝下游在高速水流冲刷下形成冲刷坑，其发展的结果会使冲坑边坡不断崩落，以致危及大坝的安全。

(3) 静水压力。作用于斜坡上的静水压力主要有三种不同的情况：其一是当斜坡被水淹没时作用在坡面上的静水压力；其二是岩质斜坡张裂隙充水时的静水压力；其三是作用于滑体底部滑动面（或软弱结构面）上的静水压力。

(4) 动水压力。如果斜坡岩土体是透水的，地下水在其中渗流时由于水力梯度作用，就会对斜坡产生动水压力，因其方向与渗流方向一致，指向临空面因而对斜坡稳定是不利的。在河谷地带当洪水过后河水位迅速下降时，岸坡内可产生较大的动水压力，往往使之失稳。同样，当水库水位急剧下降时，库岸也会由于很大的动水压力而致失稳。

此外，地下水的潜蚀作用会削弱甚至破坏土体的结构联结，对斜坡稳定性也有影响。

(5) 浮托力。处于水下的透水斜坡，将承受浮托力的作用，使坡体的有效重量减轻，对斜坡稳定不利。一些由松散堆积物组成库岸的水库，当蓄水时岸坡发生变形破坏，原因之一就是浮托力的作用。

16.1.4.5　地震

地震对斜坡稳定性的影响较大。强烈地震时由于水平地震力的作用，常引起山崩、滑坡等斜坡破坏现象。国内外都有大量实例。据黄润秋等研究，汶川地震触发的崩塌滑坡数量约为 3.5 万处，分布面积约为 $10\times10^4 km^2$。地震对斜坡稳定性的影响，是因为水平地震力使法向压力削减和下滑力增强，促使斜坡易于滑动。此外，强烈地震的振动，使地震带附近岩土体结构松动，也给斜坡稳定带来潜在威胁。

16.1.5　斜坡变形破坏的防治

斜坡变形破坏的防治应贯彻“以防为主，及时治理”的原则。以防为主，指的是对不稳定结构类型的斜坡预先采取措施，以防止变形；工程布置应尽量绕避严重不稳定斜坡地段，或采取相应的设计方案。及时治理，指的是对已发生变形的斜坡应及时采取治理措施，使之不再继续向破坏的方向发展，以保证工程顺利施工和安全使用。为此要进行工程地质勘察，查清斜坡地段工程地质条件和影响斜坡稳定性的各项因素，并查明斜坡变形破坏的边界条件和规模，目前所处的演化阶段等。针对工程的重要性，因地制宜地采取不同的防治措施。

针对不同情况，斜坡变形破坏的防治措施大致可分为以下几类。

16.1.5.1　支挡工程

支挡工程是改善斜坡力学平衡条件，提高斜坡抗滑力最常用的措施，主要有挡墙、抗滑桩、锚杆（索）和支撑工程等。

挡墙也叫挡土墙，是目前较普遍使用的一种抗滑工程。它位于滑体的前缘，借助于自身的重量以支挡滑体的下滑力，且与排水措施联合使用。按建筑材料和结构形式不同，有抗滑片石垛、抗滑片石竹笼、浆砌石抗滑挡墙、混凝土或钢筋混凝土抗滑挡墙等。挡墙的优点是结构比较简单，可以就地取材，而且能够较快地起到稳定滑坡的作用。但一定要把挡墙的基础设置于最低滑动面之下的稳固层中，墙体中应预留泄水孔，并与墙后的盲沟连续起来（见图 16-10）。

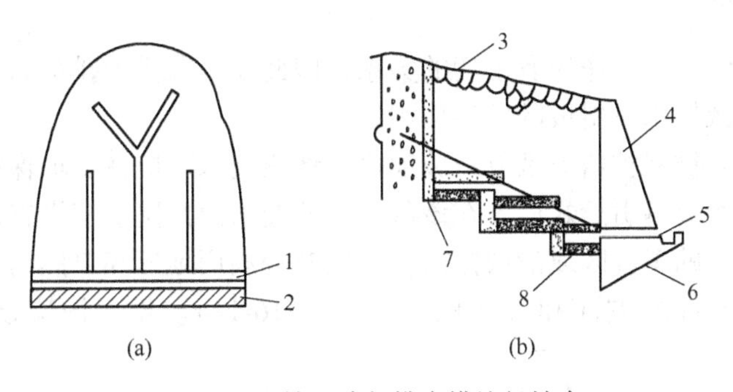

图 16-10　挡土墙与排水措施相结合

（a）挡土墙与支撑暗沟布置；（b）支撑暗沟与抗滑挡墙联合结构

1—纵向暗沟；2—抗滑挡墙；3—干砌块石片石；4—挡墙；5—泄水孔；6—滑面；7—反滤层；8—浆砌石

抗滑桩是用以支挡滑体的下滑力，使之固定于滑床的桩柱。它的优点是：施工安全、方便、省时、省工、省料，且对坡体的扰动少，所以也是国内外广为应用的一种支挡工程。它的材料有木、钢、混凝土及钢筋混凝土等。施工时可灌注，也可锤击贯入。抗滑桩一般集中设置在滑坡的前缘部位，且将桩身全长的 1/3～1/4 埋置于滑坡面以下的稳固层中（见图 16-11）。

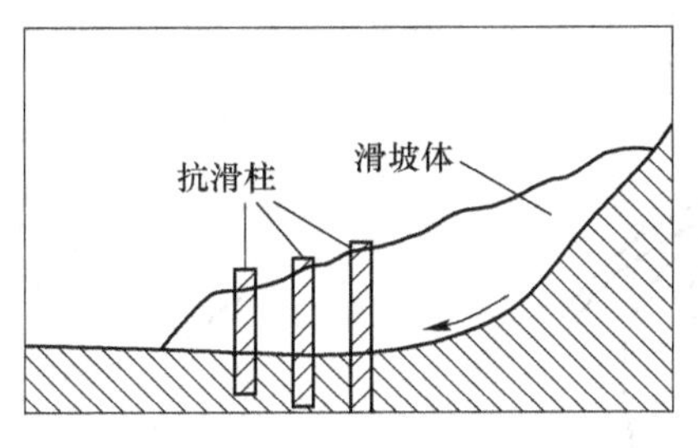

图 16-11　抗滑桩的布置

锚杆（索）是一种防治岩质斜坡滑坡和崩塌的有效措施。利用锚杆（索）上所施加的预应力，可以提高滑动面上的法向应力，进而提高该面的抗滑力，改善剪应力的分布状况（见图 16-12）。

支撑主要用来防治陡峭斜坡顶部的危岩体，制止其崩落（见图 16-13）。

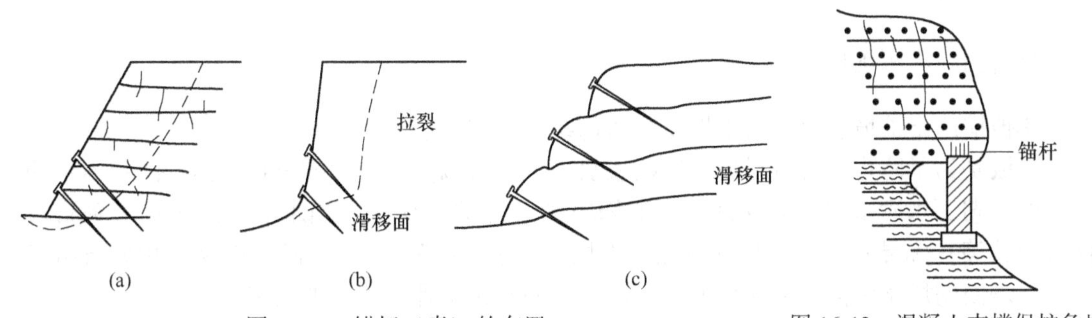

图 16-12　锚杆（索）的布置

图 16-13　混凝土支撑保护危岩

16.1.5.2　排水

斜坡变形破坏常与水的作用有密切的关系，因此要采取措施排除斜坡地段的地表水和地下水，以消除或减轻水对斜坡的危害作用。

首先要拦截流入被保护斜坡区或滑坡地段的地表流水。应在斜坡保护区或滑坡区外设置环形截水沟，将水流旁引。之后，在该截水沟的迎水面沟壁上应设置泄水孔，以排除部分地下水。在被保护的斜坡区或滑坡体内，也应充分利用地形和自然沟谷布置树枝状排水系统，以阻止地表水冲刷坡面和渗入地下（见图16-14）。排水沟应该用片石或混凝土铺砌。

排除地下水可使坡体的含水量及其中的空隙水压力降低，以增强抗滑力和减小下滑力。

16.1.5.3　减荷反压

这一方法在滑坡防治中应用较广。减荷的目的在于降低坡体的下滑力，其主要的方法，是将滑坡体后缘的岩土体削去一部分或将较陡的斜坡减缓。但是单纯的减荷往往不能起到阻滑的作用，最好与反压措施结合起来，即将减荷削下的土石堆于斜坡或滑体前缘的阻滑部位，使之既起到降低下滑力，又增加抗滑力的良好效果（见图16-15）。这种措施对防治推动式滑坡效果较好。

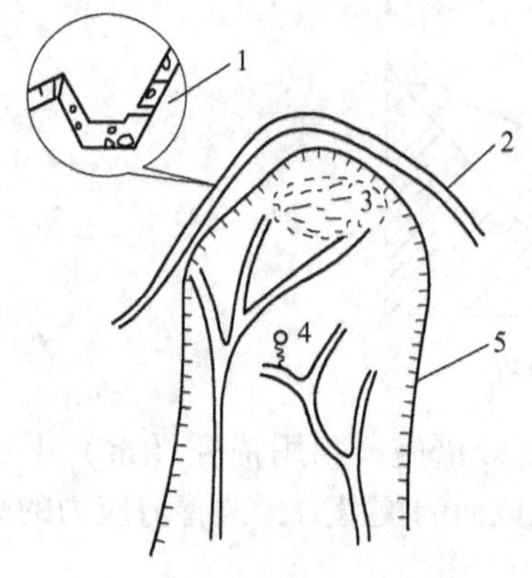

图16-14　地表排水系统

1—泄水孔；2—截水沟；3—湿地；4—泉；5—滑坡周界

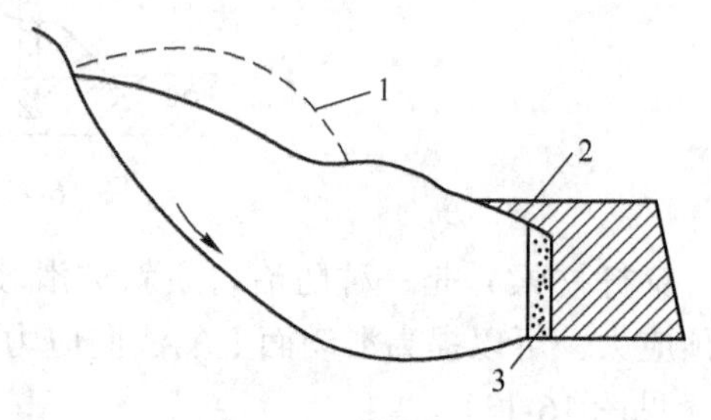

图16-15　减荷与反压

1—滑体前方减荷部分；2—反压土堤；3—渗沟

16.1.5.4　其他措施

其他措施指护坡、改善岩土性质、防御绕避等措施。

护坡是为了防止水流对斜坡的冲刷或浪蚀，也可以防止坡面的风化。为了防止河水冲刷或海、湖、水库水的波浪冲蚀，一般修筑挡水防护工程（如挡水墙、防波堤、砌石及抛石护坡等）和导水工程（如导流堤、丁坝、导水边墙等）。为了防止由易风化岩石组成的边坡表面的风化剥落，可采用喷浆、灰浆抹面和浆砌片石等护坡措施。

改善岩土性质的目的是为了提高岩土体的抗滑能力，也是防治斜坡变形破坏的一种有效措施。常用的有化学灌浆法、电渗排水法和焙烧法等。它们主要用于改善土体性质，也可用于岩体中软弱夹层的加固处理。

防御绕避措施一般适用于线路工程（如铁路、公路）。当线路遇到严重不稳定斜坡地段，处理很困难时，可考虑采用此措施。具体工程措施有明硐和御塌棚（见图16-16）、外移作桥和内移作隧等。

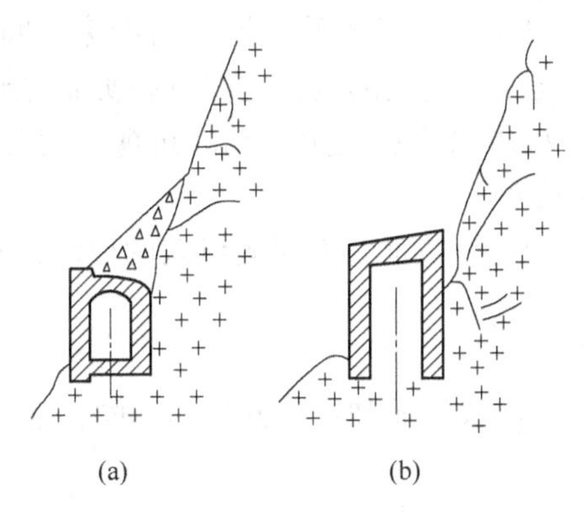

图16-16　道路通过崩塌区的防御结构

1—明硐；2—御塌棚

上述各项措施，可根据具体条件选择采用，有时可采取综合治理措施。

16.2　泥石流

泥石流是山区特有的一种自然地质现象。它是由于降水（暴雨、融雪、冰川）而形成的一种挟带大量泥砂、石块等固体物质，突然爆发，历时短暂，来势凶猛，具有强大破坏力的特殊洪流（见图16-17、图16-18）。我国泥石流主要分布于西南、西北和华北山区。

图16-17　甘肃舟曲特大泥石流

图16-18　泥石流冲毁村庄（四川绵竹）

16.2.1　泥石流的分类及形成条件

分布在不同地区的泥石流，其形成条件、发展规律、物质组成、物理性质、运动特征及破坏强度等都具有差异性。

16.2.1.1　泥石流的基本特征

泥石流具有爆发突然、历时短暂、来势凶猛、具有强大破坏力的特点，它与一般的滑坡和携砂水流有特征上的区别：

(1) 和滑坡相比。滑坡发生时，形成的滑坡体与滑床之间有一破裂面，而泥石流具有水体的流动性，即泥石流与发生流动的沟槽之间没有明显的破裂面。

(2) 和携砂水流相比。携砂水流在发生流动时抗剪强度几乎为零，而泥石流具有土体的结构性，有一定的抗剪强度。

(3) 泥石流一般多发于山谷密集而且有暴雨倾泻的地区，发生时具有较大的动能。

16.2.1.2　泥石流的分类

按照泥石流的形成环境、组成物质和流体性质的不同，常按照以下依据对泥石流予以分类。

(1) 按其流域的地质地貌特征分类：

1) 标准型泥石流。这是比较典型的泥石流。流域呈扇状，流域面积一般为十几至几十平方千米，能明显地区分出泥石流的形成区、流通区和堆积区。

2) 河谷型泥石流。流域呈狭长形，流域上游水源补给较充分。形成泥石流的固体物质主要来自中游地段的滑坡和塌方。沿河谷既有堆积，又有冲刷，形成逐次搬运的"再生式泥石流"。

3) 山坡型泥石流。流域面积小，一般不超过 $1km^2$。流域呈斗状，没有明显的流通区，形成区直接与堆积区相连。

(2) 泥石流按其组成物质分类：

1) 泥流。所含固体物质以黏土、粉土为主（占 80%~90%），仅有少量岩屑碎石，黏度大，呈不同稠度的泥浆状。

2) 泥石流。固体物质由黏土、粉土及石块、砂砾所组成。

3) 水石流。固体物质主要是一些坚硬的石块、漂砾、岩屑及砂等，粉土和黏土含量很少，一般小于10%，主要分布于石灰岩、石英岩、白云岩、玄武岩及砂岩分布地区。

(3) 泥石流按其物理力学性质、运动和堆积特征分类：

1) 黏性泥石流（又称结构泥石流）。含有大量的细粒物质（黏土和粉土）。固体物质含量为 40%~60%，最高可达 80%。水和泥砂、石块凝聚成一个黏稠的整体，并以相同的速度作整体运动，大石块犹如航船一样漂浮而下。这种泥石流的运动特点主要是具有很大的黏性和结构性。黏性泥石流在开阔的堆积扇上运动时不发生散流现象，而是以狭窄的条带状向下奔泻。停积后仍保持运动时的结构，堆积体多呈长舌状或岛状。

2) 稀性泥石流。是水和固体物质的混合物。其中水是主要的成分，固体物质中黏土和粉土含量少，因而不能形成黏稠的整体。固体物质占 10%~40%。这种泥石流的搬运介质主要是水。在运动过程中，水与泥砂组成的泥浆速度远远大于石块运动的速度。固液两种物质运动速度有显著差异，属湍流性质。其中石块以滚动或跃移的方式下泄。稀性泥石流在堆积扇地区呈扇状散流，岔道交错，改道频繁，将堆积扇切成一条条深沟。这种泥石流的流动过程是流畅的，不易造成阻塞和阵流现象。停积之后，水与泥浆即慢慢流失，粗粒物质呈扇状散开，表面较平坦。

16.2.1.3 泥石流的形成条件

（1）地形地貌的条件：

1）丰富的固体物质来源取决于地区的地质条件。凡泥石流十分活跃的地区都是地质构复杂、断裂褶皱发育、新构造运动强烈、地震烈度大的地区。由于这些原因，致使地表岩破碎，各种不良物理地质现象（如山崩、滑坡、崩塌等）层出不穷，为泥石流丰富的物质来源创造了有利条件。

2）泥石流流域的地形特征也很重要。一般是山高沟深、地势陡峻、沟床纵坡大及流域形状便于水流的汇集等。典型的泥石流流域从上游到下游一般可分为三个区：形成区、流通区和堆积区（见图 16-19）。上游多为三面环山、一面有出口的瓢状或斗状围谷。这样的地形既有利于承受来自周围山坡的固体物质，也有利于集中水流。山坡坡度多为 30°～60°，坡面侵蚀及风化作用强烈，植被生长不良，山体光秃破碎，沟道狭窄。在严重的塌方地段，沟谷横断面形状呈 V 形。中游，在地形上多为狭窄而幽深的峡谷，谷壁陡峻（坡度在 20°～40°）；谷床狭窄，纵坡降比大，沟谷横断面形状呈 U 形。泥石流的下游一般位于山口以外的大河谷地两侧，多呈扇形或锥形，是泥石流得以停积的场所。

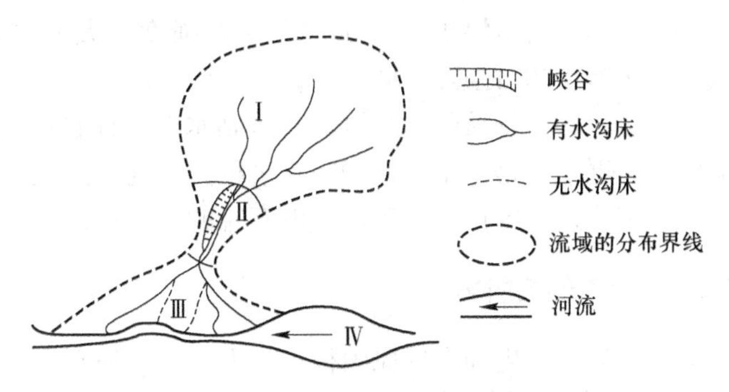

图 16-19 泥石流流域示意图

Ⅰ—形成区；Ⅱ—流通区；Ⅲ—堆积区；Ⅳ—堰塞湖

综上所述，可以总结出来泥石流形成的地形地貌条件：

1）上游形成区的地形多为三面环山一面出口的瓢状或漏斗状，地形比较开阔，周围山高坡陡。

2）中游流通区的地形多为狭窄陡深的峡谷，谷床纵坡大。

3）下游堆积区的地形为开阔平坦的山前平原或河谷阶地。

4）地质构造复杂，断层发育，新构造活动强烈，地震烈度较高。

5）岩石结构疏松软弱，易于风化，节理发育的岩层，或软硬相间成层的岩层。

（2）水文气象条件。形成泥石流的水源取决于地区的水文气象条件。我国广大山区形成泥石流的水源主要来自暴雨。暴雨量和强度越大，所形成的泥石流规模也就越大。水文气象条件在泥石流形成中的作用主要体现以下两个方面：

1）短时间内突然性的大量流水。强度较大的暴雨，冰川、积雪的强烈消融，冰川湖、高山湖、水库等的突然溃决。

2）水的作用。浸润饱和山坡松散物质，使其摩阻力减小，滑动力增大，以及水流对松散物质的侧蚀掏空作用。

（3）人类工程经济活动。除自然条件外，人类工程经济活动也是影响泥石流形成的一个因素。

在山区建设中，由于开发利用不合理，就会破坏地表原有的结构和平衡，造成水土流失，产生大面积塌方、滑坡等。如人为地滥伐山林，造成山坡水土流失；开山采矿、采石弃渣堆石等，往往提供大量松散固体物质来源。这就为形成泥石流提供了固体物质，使已趋稳定的泥石流沟复活，向恶化方向发展。

上述条件概括起来为：1）有陡峻便于集水、集物的地形；2）有丰富的松散物质；3）短时间内有大量水的来源。此三者缺一便不能形成泥石流。根据泥石流的形成条件，泥石流具有一定的区域性和时间性的特点。泥石流在空间分布上，主要发育在温带和半干旱山区以及有冰川分布的高山地区；在时间上，泥石流大致发生在较长的干旱年头之后（积累了大量的固体物质），而多集中在强度较大的暴雨年份（提供了充沛的水源动力）或高山区冰川积雪强烈消融时期。

总之，固体物质的积累过程（包括水对固体物质的浸润饱和及搅拌过程），较之泥石流的突然爆发，是一个缓慢的孕育过程。当这个过程完成时，随之而来的就是来势凶猛的泥石流了。这一特点，对于认识泥石流的分布规律、爆发率及其特征，具有重要意义。

16.2.2 泥石流的防治

泥石流的发生和发展原因很多，因此，对泥石流的防治应根据泥石流的特征、破坏强度和工程建筑的要求来拟定，以防为主，采取综合防治措施。

16.2.2.1 预防措施

（1）上游水土保持，植树造林，种植草皮，以巩固土壤，不受冲刷、不使流失。

（2）治理地表水和地下水，修筑排水沟系，如截水沟等，以疏干土壤或不使土壤受浸湿。

（3）修筑防护工程，如沟头防护、岸边防护、边坡防护，在易产生坍塌、滑坡的地段做一些支挡工程，以加固土层，稳定边坡。

16.2.2.2 治理措施

（1）拦截。在泥石流沟中修筑各种形式的拦渣坝，如石笼坝、格栅坝，以拦截泥石流中的石块。设置停淤场，将泥石流中固体物质导入停淤场，以减轻泥石流的动力作用。

（2）滞流。在泥石流沟中修筑各种低矮拦挡坝（又称谷坊坝），泥石流可以漫过坝顶。坝的作用是拦蓄泥砂石块等固体物质，减小泥石流的规模，固定泥石流沟床，防止沟床下切和谷坊坍塌，平缓纵坡，减小泥石流流速。

（3）输排和利导。在下游堆积区修筑排洪道、急流槽、导流堤等设施，以固定沟槽，约束水流，改善沟床平面等。

16.3 地面沉降与地裂缝

16.3.1 地面沉降

地面沉降是指地壳表面在自然因素（如火山、地震）和人为因素（如开采地下水、油气资源）作用下所引发的地表大规模的垂直下降现象（见图 16-20）。通常由于人为因素所引发的地面沉降一般范围较小但沉降速率较大；而自然因素所引发的地面沉降一般较前者范围大但是沉降速率较小。地面沉降一旦发生，通常难以完全复原。

图 16-20　地面沉降（浙江温岭）

16.3.1.1　地面沉降的条件

地面沉降已成为全球许多国家大城市和工业区的严重危害（见表 16-2）。

表 16-2　世界各地部分城市地面沉降主要情况

城　市	沉降面积/km^2	最大沉降量/m	最大沉降速率/$mm \cdot a^{-1}$	沉降发生的主要原因
上海	121	2.63	98	抽取地下水
天津	135	2.16	262	抽取地下水
台北	235	1.90	20	抽取地下水
拉斯维加斯	500	1.0	—	开采石油
墨西哥城	225	9.0	420	抽取地下水
东京	2420	4.6	270	抽取地下水
大阪	630	2.88	163	抽取地下水

地面沉降的发生应该具备两个条件。

A　长期过量开采地下流体资源

地面沉降主要是由于开采地下流体资源引发的土层压缩造成的。地下流体资源主要是指地下水和石油，而地面沉降尤以过量开采地下水所引发的地面沉降为重。地面沉降的机理可以用有效应力原理予以解释。以抽取地下水为例，水位下降会使得含水层土中孔隙水压力降低而土中有效应力升高，即土中孔隙水会向外排出，而土中有效应力的升高又使得土颗粒进一步挤密。土中孔隙体积的进一步减少，就引发了土层压缩变形而导致地面沉降。土中有效应力和孔隙水压力的关系式如式（16-5）所示：

$$\sigma' = \sigma - \mu \tag{16-5}$$

式中，σ'为有效应力；σ 为总应力；μ 为孔隙水压力。

此外，通过大量的观测资料还可以得出如下关系：地面沉降中心与地下水开采所形成的漏斗形中心区相一致；地面沉降的速率与地下水的开采量以及开采速率成正比；地面沉降区与地下水集中开采区域基本相一致。因此，地面沉降与地下水开采的动态变化同样有着密切的关系。

B 具有松软沉积物为主的土层

过量开采地下流体是引发地面沉降的外因，而地表下松软未固结的沉积物土层的存在则构成了地面沉降的内因。地面沉降一般多发于三角洲、河谷盆地地区，而这些区域多分布着含水量大、孔隙比高、压缩性强的淤泥质土层。一旦由于过量抽取地下水而引发土体中有效应力增长，那么上述淤泥质土层发生压缩变形就是一个必然结果。

此外，地质结构为砂层与黏土层交互的松散土层结构也易发生地面沉降。

16.3.1.2 地面沉降的危害

地面沉降的危害主要是由于地面标高的缺失引起，其危害主要表现在以下几个方面。

(1) 海水倒灌。全球许多沿海城市都面临着因地面沉降而引发的部分区域地面标高降低，遭受海水侵袭的可能性升高的问题。如，我国上海市在黄浦江沿岸就存在地面下沉，并由此引发海水倒灌问题。此外，日本的东京也是地面沉降严重的城市，其沉降范围达 2000 多平方千米，最大沉降量达 4.6m，而且部分地面的标高已降至海平面以下。

(2) 地基不均匀沉降。地面沉降还经常引发建筑物地基的不均匀沉降，而不均匀的地基沉降会造成建筑物上部墙体的开裂甚至倒塌，建筑物支承体系破坏，还会引发路面变形、桥墩下沉、管道破裂等问题。此外，在地面沉降强烈的地区，还往往伴生有比较大的水平位移，从而造成更大的损失。

(3) 港口设施失效。地面沉降如果发生在码头，则会造成码头的下沉，涨潮时海水涌上地面，造成港口货物装卸能力下降甚至失效。

16.3.1.3 地面沉降的监测与防治

A 地面沉降的监测

地面沉降虽然会造成比较严重的危害，但其发生和发展的过程比较缓慢，因此对地面沉降进行系统监测是十分必要的。

地面沉降的监测项目主要包括大地水准测量、地下水动态监测、建筑物破坏程度的监测等。监测的基本方法是首先确立各个监测项目的基准点（如设置水准点、水文观测点、基岩标识等）；其次是定期对各个项目进行监测，并依据所得到的数据，预测地面沉降速度、幅度和范围等，从而制定出相应的治理对策。

B 地面沉降的防治

地面沉降虽然具有发展缓慢的渐进性特点，但是地面沉降一旦出现，治理起来却比较困难，因而地面沉降的防治主要在于“预防为主，治理为辅”。

对还没有发生严重地面沉降的区域，可以采取如下措施：

(1) 合理开发利用地下水，防止由于过量抽取地下水造成地面沉降的进一步发展。

(2) 加强对地面沉降的监测工作，做好地面沉降发展趋势的预测，做到及早防范。

(3) 重要工程项目的建设应避免在可能发生严重地面沉降的地区进行建设。

(4) 在进行一般的工程项目建设时，应严格做好规划设计，预先确定引起地面沉降的因素，并能够正确估计发生地面沉降后对拟建项目可能造成的破坏，从而制定出相应的防治措施。

对已经发生比较严重地面沉降区域，可采取如下补救措施：

（1）压缩地下水开采量，必要时应暂时停止对地下水的开采，避免加剧地面沉降。

（2）调整地下水的开采层次，从主要开采浅层地下水转向深层地下水的开发。

（3）向含水层进行人工回灌，避免地面沉降的加剧。回灌时应严格注意控制回灌水的水质标准，防止造成对含水层的污染。

16.3.2 地裂缝

16.3.2.1 地裂缝的基本概念

地裂缝是指地表岩体在地质构造作用和人为因素的影响下，产生开裂并在地面上形成具有一定长度和宽度裂缝的构造。地裂缝的特征有如下三个方面：

（1）地裂缝发育的方向性和延展性。在同一地区发育的地裂缝具有延伸方向相同，平面上呈直线状或雁行状排列的特点。而地裂缝所造成的建筑物破坏也与其同地裂缝的交角有关，通常与地裂缝的交角越大，建筑物的破坏程度也就越高。以地裂缝发育具有代表性的西安为例，西安市区有 7 条明显的地裂缝，大体呈平行展布，总体走向为 NE70°。

（2）地裂缝灾害的不均一性。地裂缝灾害效应在地裂缝两侧的影响宽度内呈非对称的特征。如西安地裂缝的两侧具有明显的差异沉降，南盘相对下降而北盘相对上升，各条地裂缝之间、同一条地裂缝各段之间速率很不一致。

（3）地裂缝灾害的渐进性和周期性。地裂缝所经之处，无论是何种工程均会遭到不同程度的破坏，而且地裂缝的影响和破坏还会随着地裂缝的不断扩展而日益加重。在地裂缝上的建筑物在建成后少则一年，多则三五年，必将出现开裂现象。

地裂缝的周期性主要体现在人为因素的影响。如当某一个时期在已经存在有地裂缝的地区过度抽取地下水，就会使地裂缝的活动加剧，从而导致破坏作用增强；反之则会减弱。此外，如果某一个时期地质构造运动强烈，也会促使该地区地裂缝活动加剧。

16.3.2.2 地裂缝的形成条件

地裂缝按其成因的不同分为两类：一类为构造地裂缝；另一类为非构造地裂缝。

A 构造地裂缝

这类地裂缝的形成主要是由于地质构造作用的结果。构造地裂缝大多形成在断裂带上，这是由于断裂带往往会导致地面的张拉变形而形成裂缝；同时，断裂构造在构造应力地不断作用下的蠕变同样会引发地裂缝的发展；此外，岩体中构造应力场的改变也会诱发此类地裂缝产生。

B 非构造地裂缝

这类地裂缝的形成原因比较复杂，其形成条件可以归于以下三类：

（1）由于其他不良地质条件所产生的地裂缝。如滑坡、崩塌、地面沉降等均会伴随地裂缝的发展。

（2）人为活动因素的干扰。如过度抽取地下水，矿山开挖等都会进一步加剧地裂缝的发展。

（3）第四纪沉积物的差异。如黄土的湿陷、膨胀土的胀缩等也会造成地裂缝的发展。

应当指出，在工程实践中，上述地裂缝的形成条件不是相互孤立的，多数地裂缝的形成是上述两类地裂缝形成条件综合作用的结果。因此，在分析地裂缝的形成条件时应结合具体的地质条件予以分析。就总体情况而言，控制地裂缝活动的首要条件是目前该地区地质构造活动的情况，其次是诸如滑坡、崩塌、地面沉降等地质灾害的动力活动情况。

16.3.2.3　地裂缝的危害

从地裂缝的特征可以看出，地裂缝的危害主要是由于地裂缝两侧相对差异沉降、水平方向相对错动造成的。地裂缝的危害表现在地裂缝发育的地区，地表建筑物会发生开裂、错动甚至倒塌，道路变形、开裂，地下输排水管道断裂。

16.3.2.4　地裂缝的防治措施

无论是构造成因的地裂缝，还是非构造成因的地裂缝，都可以通过一些工程技术手段加以防治，以避免或减轻地裂缝带来的灾害。

A　构造地裂缝的防治措施

在现今科技水平下，要想避免构造地裂缝的发生几乎不可能。因此，对构造地裂缝的防治宜采取以下减灾措施。

（1）避让防灾。对于构造成因的地裂缝，因其规模大、影响范围广，因此，在构造地裂缝分布地区进行工程建设时，绕避地裂缝是一种最为有效的措施。构造地裂缝的发育有比较稳定的方向性和成带性，因此，在工程建设之前，认真勘察建设场地，避免建筑物直接建在活动断层上，就可避免断层蠕滑型地裂缝灾害。若发现建设场地内存在活动断层，一般应考虑另行选址。如果受条件限制不能另行选址，则需准确测定活动断层的位置、产状、活动性及其影响宽度，使建筑物避开活动断层及其影响带，避开距离视情况而定，一般不应小于10~30m，并采用建筑物走向与活动断层走向平行分布的布局。对已发生构造地裂缝的地段，可在确定地裂缝的发展趋势后设法予以避让。

（2）裂缝置换法。裂缝置换法作为地基土的特殊处理方法，是一种以裂治裂方法，其理论依据在于地裂缝的扩展也遵循能量最小的原理。这样，就可在地裂缝通过处或预测其可能通过处的附近，避开建筑物开挖一条堑壕，并使其与地裂缝贯通，成为一条“人造地裂”，引导构造地裂缝追踪“人造地裂”发育，并切断建筑物地基与构造地裂缝的联系，从而使建筑物避免破坏。

（3）部分拆除法。利用拆除局部、保留整体的方法，对于正交（或大角度交叉）建在并横跨构造地裂缝上的建筑，可将已受到破坏的建筑物拆除，将一幢建筑分割为两幢建筑，以免整幢建筑受到地裂缝的影响而破坏。如果是多层建筑且仅有底层受到破坏，可将已受破坏的底层拆除，并切断该层地基与地裂缝的联系，同时对其上各层采用加固与支撑，也能收到较好的减灾效果。

（4）抗剪梁加固法。对于靠近地裂缝但尚未遭受地裂缝破坏的建筑物，或者仅边缘受到地裂缝破坏的建筑物，采用此法加固可取得一定效果。

B　非构造地裂缝的防治对策

非构造地裂缝的成因有多种，对不同成因的非构造地裂缝需采用不同的防治对策。如由于城市大量抽取地下水引起的地面开裂，防治对策主要是控制地下水开采量以及进行地下水回灌，以减缓地面沉降来达到防治的目的。再如，有些沿海城镇，地表数米以下存在厚度较大的海淤层，一旦遇有适宜的气象、水文及荷载条件，即可触发海淤层胀缩、压实、蠕动甚至滑动，产生地裂缝，因而这些沿海城镇防治地裂缝的首要任务就是处理海淤层。

(1) 去除不良地基。该措施是防治非构造地裂缝的根本措施，可采用挖除、换土等方法将建筑地基中的膨胀土、软土、回填土等去除干净。对于厚度、面积较大的软土层(如海淤层)，还可采用强夯挤淤置换、砂井固结、爆炸挤淤填石和爆炸夯实等方法处理。

(2) 局部浸水法。该法适用于湿陷性黄土地基。通过地基的局部浸水，可矫正因地裂缝、地面沉陷而倾斜的建筑物。

(3) 其他方法。对于有较稳定走向的非构造地裂缝，也可采取防治构造地裂缝的方法（如避让法等）予以防治。

16.4　习题

16-1　影响斜坡稳定性的因素有哪些？

16-2　如何识别滑坡？

16-3　泥石流分为哪几区？

参考文献

[1] 孔思丽. 工程地质学［M］. 重庆：重庆大学出版社，2005.
[2] 李智毅，杨裕云. 工程地质学概论［M］. 武汉：中国地质大学出版社，1994.
[3] 张有良. 最新工程地质手册［M］. 北京：中国知识出版社，2006.
[4] 王雅丽. 土力学与地基基础［M］. 重庆：重庆大学出版社，2008.
[5] 杨建中. 岩石力学［M］. 北京：冶金工业出版社，2008.
[6] 荣传新，汪江林. 岩石力学［M］. 武汉：武汉大学出版社，2014.
[7] 陈仲颐. 土力学［M］. 北京：清华大学出版社，2007.
[8] 张荫. 工程地质学［M］. 北京：冶金工业出版社，2013.
[9] 中华人民共和国国家质量监督检验检疫总局，中国国家标准化管理委员会. DZ/T0156—1995，区域地质及矿区地质图清绘规程［S］. 北京：中国标准出版社，1995.
[10] 中华人民共和国地质矿产部. DZ/T0159—1995，1∶500 000 1∶1 000 000 省（市、区）地质图地理底图编绘规范［S］. 北京：中国标准出版社，1995.